高等院校精品教材

U0192561

软件基础简明教程

鲁晓锋　胡元义　主　编

刘　晶　梁　琨　副主编

电子工业出版社
Publishing House of Electronics Industry
北京·BEIJING

内 容 简 介

本书在内容上强调计算机知识的基础性和实用性，为了突出重点、化繁为简，摒弃了软件基础知识中一些不太重要的内容，重点介绍了实用性很强的数据结构存储、遍历、查找、排序等内容，以提高学生的动手能力。此外，着眼于计算机知识的基础性，本书介绍了如何控制、管理计算机的操作系统，使学生能够对计算机有全面、深入的了解。

本书可供非计算机专业的大学本科、专科学生使用，也可供从事计算机相关工作的专业技术人员参考。

图书在版编目（CIP）数据

软件基础简明教程 / 鲁晓锋，胡元义主编. — 北京：电子工业出版社，2024.4

ISBN 978-7-121-47582-5

Ⅰ. ①软… Ⅱ. ①鲁… ②胡… Ⅲ. ①电子计算机－高等学校－教材 Ⅳ. ①TP3

中国国家版本馆 CIP 数据核字（2024）第 063173 号

责任编辑：孟　宇
印　　刷：中煤（北京）印务有限公司
装　　订：中煤（北京）印务有限公司
出版发行：电子工业出版社
　　　　　北京市海淀区万寿路 173 信箱　　邮编：100036
开　　本：787×1092　1/16　印张：16　　字数：420 千字
版　　次：2024 年 4 月第 1 版
印　　次：2024 年 4 月第 1 次印刷
定　　价：59.80 元

凡所购买电子工业出版社图书有缺损问题，请向购买书店调换。若书店售缺，请与本社发行部联系，联系及邮购电话：（010）88254888，88258888。

质量投诉请发邮件至 zlts@phei.com.cn，盗版侵权举报请发邮件至 dbqq@phei.com.cn。

本书咨询联系方式：mengyu@phei.com.cn。

前　言

　　"软件基础"课程从本质上讲是为非计算机专业的学生提供的必需的计算机基础知识与基本的应用软件开发能力。因此，本书在内容上强调计算机知识的基础性和实用性，使之更加符合理工科学生对计算机的认知规律。

　　本书重点介绍了实用性很强的数据结构存储、遍历、查找、排序等内容，以提高学生的动手能力。此外，着眼于计算机知识的基础性，本书还介绍了如何控制、管理计算机的操作系统，使学生能够对计算机有全面、深入的了解。

　　本书在内容的组织和编排上，注意掌握知识的难度、把握理论的深度、追求应用的广度；在内容的讲解上，注重条理性和连贯性，做到化繁为简、化难为易，引导学生从基本概念出发，思考软件基础的实质及其实现方法，并由此深化对软件基础基本概念的理解，培养学生分析问题和解决问题的能力。

　　本书共分为6章。第1章简要介绍了计算机、数据结构及算法的基本概念；第2章介绍了线性表及其两种存储结构的有关概念；第3章介绍了栈、队列、字符串和数组的概念、特点及实现；第4章介绍了树、二叉树及图的有关概念和应用；第5章介绍了各种静态、动态查找表的方法，并详细介绍了4种排序方法；第6章介绍了操作系统的原理和实现。

　　为了便于正确理解软件基础的概念和相关内容，本书除了采用大量有针对性的实例，还采用图示方式来帮助学生理解软件基础的有关内容。本书中各章习题的概念性强、覆盖面广、内容全面，具有典型性和代表性，这对加深各章知识的理解来说是必不可少的。习题中的算法设计题选材得当、针对性强，可提高学生的动手能力与程序设计能力。

　　本书示例与习题中出现的算法的完整实现程序（C语言版）在《数据结构实践教程（第3版）》（黑新宏、胡元义主编，电子工业出版社出版）一书中给出。

编　者

2023年10月

目　录

1.1 计算机和计算机软件

1.1.1 计算机系统的组成

计算机是一种能够自动、高速处理数据的工具。一个完整的计算机系统包括硬件和软件两大部分，其组成如图 1-1 所示。

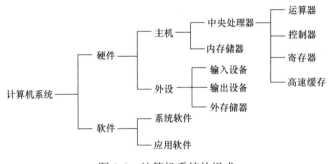

图 1-1 计算机系统的组成

1．硬件

硬件是指计算机的机器部分，即我们所见到的物理设备和器件的总称。计算机硬件结构如图 1-2 所示。

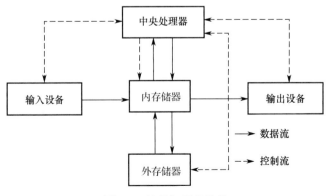

图 1-2 计算机硬件结构

中央处理器（CPU）是计算机的核心，由运算器、控制器、寄存器和高速缓存构成。控制器是计算机的神经中枢，它统一指挥和控制计算机各部分的工作；运算器用来对数据进行运算和处理。

计算机存储器分为内存储器和外存储器两种。内存储器简称内存，也称主存，是计算机用于直接存取程序和数据的地方。内存可直接与 CPU 交换信息。内存存取信息的速度快，但容量有限。外存储器简称外存，也称辅存，常用的外存有磁盘和 U 盘等。由于内存容量的限制，常用外存来存放大量暂时不用的信息，这些信息一般以文件的形式存放在外存中。CPU 不能直接处理外存中的信息，必须先将这些信息由外存调入内存，再进行处理，因此程序只有装入内存后才能运行。外存的特点是存储容量大，信息可以长期保存，但存取信息的速度较慢。

输入、输出设备是计算机与外界传递信息的通道。输入设备用于把数据、图像、命令、程序等信息输入计算机，最常用的输入设备是键盘。输出设备将计算机执行的结果输出并反馈给使用者，主要的输出设备有显示器和打印机。磁盘和 U 盘既是输入设备，又是输出设备。

2．软件

软件通常指计算机系统中的程序和数据，按功能可将软件分为系统软件和应用软件两类。系统软件是指为管理和使用计算机系统而必须配置的那部分软件，如操作系统、汇编程序和编译程序等。应用软件是指针对某类专门应用的需要而配置的软件，如计算机辅助教学（CAI）软件、财务管理软件，以及火车票、飞机票订票系统等。由于软件具有易于修改和复制的优点，因此很快被推广应用。

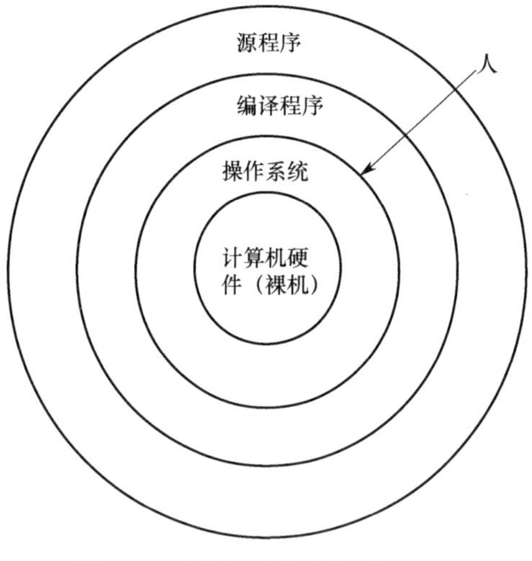

仅有硬件的计算机(称为裸机)是难以工作的。为了对计算机所有软、硬件资源进行有效的控制和管理，在裸机的基础上形成了第一层软件，这就是操作系统。

图 1-3　计算机硬件功能的扩展和
人机交互的界面

操作系统是最基本的系统软件，是对硬件的首次扩充，其他软件都是建立在操作系统基础上的，通过操作系统对硬件功能进行进一步扩充，并在操作系统的统一管理和支持下运行（见图 1-3）。因此，操作系统在整个计算机系统中具有特殊的地位，它不仅是硬件与其他软件的接口，还是整个计算机系统的控制、管理中心，它为人们提供了与计算机交互的良好界面。

综上所述，硬件是计算机的物质基础；软件是建立在硬件基础之上的，用来对硬件功能进行扩充与完善。两者缺一不可，没有软件，计算机的硬件难以工作；没有硬件，软件的功能无法实现。

1.1.2　计算机语言与程序

1．计算机语言——程序设计语言的发展

计算机不懂人类的语言，要使计算机能够完成人们指定的工作，就必须把工作的具体实现步骤用计算机语言编成计算机能够识别并执行的一条条指令，这样的指令序列就是程序。把程序装入计算机内存，在 CPU 的控制和指挥下，按程序设计的逻辑顺序逐条执行这个指令序列，

就能完成指定的任务，因此，程序就是由人编写的，用于指挥和控制计算机完成特定功能的指令序列。编写程序所使用的计算机语言称为程序设计语言，它是人与计算机进行信息通信的工具，而设计、编写和调试程序的过程则称为程序设计。计算机发展到今天，程序设计语言经历了机器语言、汇编语言和高级语言三个阶段。

我们知道，使计算机能够执行一项操作的计算机语言称为一条指令，使计算机能够执行所有操作的全部指令集合就是该计算机的指令系统。计算机硬件的器件特性决定了计算机本身只能直接接收由 0 和 1 编码的二进制指令和数据，这种二进制指令集合称为计算机的机器语言，它是计算机唯一能够直接识别并接收的语言。

用机器语言编写程序很不方便且容易出错，编写出来的程序也难以调试、阅读和交流。因此，出现了用助记符代替机器语言的另外一种语言，即汇编语言。汇编语言是建立在机器语言之上的，因为它是机器语言的符号化形式，所以比机器语言直观。但是计算机并不能直接识别这种符号化的语言，因此用汇编语言编写的程序必须先翻译成机器语言才能被计算机识别，这种“翻译”是通过专门的软件——汇编程序来实现的。

汇编语言与机器语言相比，在阅读和理解上有了很大的进步，但其依赖具体机器的特性并没有改变。要想编写好汇编程序，除了需要掌握汇编语言，还必须了解计算机的内部结构和硬件特性，再加上不同计算机的汇编语言又各不相同，这无疑给程序设计增加了难度。

随着计算机应用需求的不断增长，出现了更加接近人类自然语言的功能更强、抽象级别更高的面向各种应用的高级语言。由于高级语言接近人类的自然语言，使用方便，编写的程序也符合人类的语言习惯，因此能够较自然地描述各种问题，进而极大地提高了编程的效率，编写的程序也便于查错、阅读和修改。更为重要的是，高级语言已经从具体机器中抽象了出来，解决了依赖具体机器的问题，用高级语言编写的程序几乎在不需要改动的情况下就能够在任意一台计算机上运行，并且编程人员在编写程序时也无须了解计算机内部的硬件结构。这些都是机器语言和汇编语言难以做到的。

与汇编语言一样，用高级语言编写的程序也不能被计算机直接识别，必须先经过编译程序的分析、加工，将其翻译成机器语言程序再执行。编译程序是一种能够把高级语言程序翻译成等价的机器语言程序的程序。在编译方式下，高级语言程序的执行分为两个阶段：编译阶段和运行阶段。编译阶段把高级语言程序翻译成机器语言程序，运行阶段则真正执行这个机器语言程序，如图 1-4 所示。

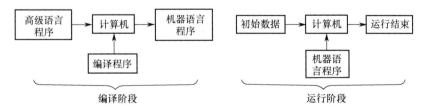

图 1-4　高级语言程序的执行过程

例如，要实现给内存中十六进制地址为 1000 的单元中的数据加十进制数 10，则用机器语言、汇编语言和高级语言实现的程序分别如下。

（1）用 8086/8088 机器语言实现。

```
10100001 11010000 00000111    //将十六进制地址为 1000 的单元中的数据存入 AX 寄存器
10000011 00001010             //给 AX 寄存器中的数据加十进制数 10
```

10100011 11010000 00000111   //将 AX 寄存器中的数据存入十六进制地址为 1000 的单元

（2）用 8086/8088 汇编语言实现。

MOV AX, [1000]   //将十六进制地址为 1000 的单元中的数据存入 AX 寄存器

ADD AX, 10   //给 AX 寄存器中的数据加十进制数 10

MOV [1000], AX   //将 AX 寄存器中的数据存入十六进制地址为 1000 的单元

（3）用 C 语言高级语言实现。

X=X+10;   //X 为十六进制地址为 1000 的单元的变量名

2．程序的特征

一般来说，计算机程序具有以下特征。

（1）程序由程序设计语言编写而成，目前广泛使用的程序设计语言有 FORTRAN 语言、Pascal 语言、C 语言、C++语言、Ada 语言、Java 语言等。用程序设计语言编写好的程序存储在计算机中，并在程序启动运行后才能完成该程序设定的任务。

（2）程序是用程序设计语言表示的算法（Algorithm）。计算机解决任何问题的过程都是由一定的求解步骤组成的。通常，对求解问题的过程所做的准确且完整的描述称为算法，即程序就是用程序设计语言表述的算法，流程图则是图形化的算法。既然算法是解决给定问题的方法和步骤，那么算法的处理对象就必然是该问题涉及的相关数据。因此，算法与数据是程序设计过程中密切相关的两个方面。

（3）程序处理的对象是数据，而如何加工处理数据则是算法要解决的问题。所以，从本质上讲，程序是数据结构与算法的统一。著名计算机科学家、Pascal 语言的设计者 Niklaus Wirth 教授曾提出著名公式：

程序=算法+数据结构

这个公式的重要性在于，不能离开数据结构去抽象地分析程序的算法，也不能脱离算法去孤立地研究程序的数据结构，只能将算法与数据结构作为一个统一的整体去认识，即程序就是在数据的某些特定的表示方式和结构的基础上，对抽象算法用程序设计语言进行的表述。

1.1.3　软件的概念与软件的发展

1．软件的概念

在计算机出现的早期（20 世纪 50 年代—20 世纪 60 年代），人们对计算机的研究主要集中在硬件的可靠性和稳定性等方面，当时的人们认为软件就是程序，如汇编程序、解释程序及各种管理程序等。那时的软件规模较小且完全靠手工方式开发，从程序的设计、编写到调试，通常都是由一个人完成的。如果采用这种方式设计开发一个大型软件，不但效率低下、开发周期长，而且各模块间的联系和接口很难协调，出错率极高，因此软件维护的成本非常高。20 世纪 60 年代出现了软件危机，人们认识到要有一定的规范文档来保证软件设计、调试和成功运行。从 20 世纪 70 年代开始，人们认为软件不仅仅是程序，还包括开发、使用、维护这些程序的文档，以及运行该程序所需要的数据。这一观点强调了文档在软件中的重要性。1983 年，IEEE（美国电气与电子工程师学会）给出了软件的明确定义：软件是计算机程序、方法、规则和相关的文档，以及在计算机上运行它所必需的数据。因此，软件是计算机系统执行某项任务所需的程序、数据及文档的集合，它是计算机系统的灵魂。其中，程序是软件的主体，单独的

文档一般不被认为是软件；数据指的是程序运行过程中需要处理的对象和必须使用的一些参数；文档指的是与程序开发、维护及操作有关的一些资料（如设计报告、维护手册和使用指南等）。通常，软件（特别是商品软件或大型软件）必须有完整、规范的文档来支持。软件除了具备程序的特征，还具有以下特征。

（1）软件是设计较成熟、功能较完善的程序系统。

（2）软件是一种工业产品，具有一般工业产品的基本特征。

（3）软件是高价值的知识产品，渗透了大量的脑力劳动。人的逻辑思维、智力活动和技术水平是软件产品的决定性因素。

（4）软件很容易被复制和传播。

（5）软件的开发和运行依赖于特定的计算机系统环境。为了减少对硬件的依赖，开发中提出了软件的可移植性。

（6）软件不会像硬件一样老化、磨损，但存在缺陷维护和技术更新等问题。

（7）软件有不断演变性。软件在投入使用后，其功能、运行环境和操作方法等通常都在不断地发展变化。故软件开发和维护人员还需不断地对软件进行修改、完善，减少其错误、扩充其功能，以适应不断变化的计算机系统环境，这就是软件版本的升级。

2．软件的发展

计算机软件作为一种新生事物，其发展也经历了由小到大、由简单到复杂的历程。归纳起来，计算机软件的发展可分为以下三个阶段。

（1）程序设计时代（20 世纪 50 年代—20 世纪 60 年代）。

计算机出现的早期，其中没有安装任何软件。当时电子管是计算机的主要元器件，其价格昂贵且稳定性、可靠性比较差，这一时期人们在研究计算机时把主要精力放在硬件性能的改进和计算指标的提升上，软件处于次要地位。计算机应用主要针对科学计算，如求解复杂的方程、大型矩阵的求逆计算等。这一阶段，程序设计者的程序设计语言主要采用机器语言和汇编语言，程序规模小，编程方式主要是封闭式个体手工开发。

这一阶段由于受到硬件条件的限制，程序设计者需要通过一些编程技巧来提高程序的运行效率，且程序设计者往往也是程序使用者，程序还未成为产品，大多是为某个具体应用而编写的，功能单一，仅限于在专门的计算机上执行，可移植性较差。

（2）软件时代（20 世纪 60 年代—20 世纪 70 年代）。

这一阶段，计算机硬件技术获得了很大的发展，计算机的主要元器件是晶体管和集成电路，其优点是体积小、稳定性高。软件的应用领域不再局限于科学计算，而是拓展至商业、办公等多个领域。社会对软件的需求迅速增加，软件的地位和作用也不断提升。这一阶段的主要特点是开发工具为高级程序设计语言，产生了结构化编程思想和方法。随着软件规模的不断扩大，软件开发遇到了一系列问题，如软件开发进度难以预测、质量难以保证、成本难以控制等，这就产生了软件危机。人们认识到不能用手工作坊式的生产方式来生产软件产品，应借鉴现代工程的概念和原理，沿用成熟的工业化管理经验，采用工程技术与方法进行计算机程序的开发及文档资料的编写。这样做的目的是提高软件开发的效率并保证软件产品的质量。这一阶段，人们用软件的方法来解决软件危机问题。

（3）软件工程时代（20 世纪 70 年代至今）。

这一阶段，计算机硬件方面出现了大规模集成电路和超大规模集成电路，计算机的运算和数据处理能力进一步提高，尤其是微处理器的诞生，开启了大众化使用计算机的新时代。由于传统的软件开发方法不能适应大型软件的生产，于是人们想到了用工程化的思想来开发软件，主要是研究软件开发的方法、技术和原理，由此软件生产进入软件工程时代。人们重点关注软件的设计方法，提出了诸如自顶向下、逐步求精的结构程序设计方法。自 20 世纪 90 年代起，面向对象的程序设计方法为人们提供了新的软件设计思路，并很快被应用到软件开发中。软件工程是从管理和技术两个方面来研究和解决如何更好地开发和维护计算机软件的一门新兴的工程学科，它以系统性的、规范化的、可量化的过程化方法来开发和维护软件，并把经过时间考验证明正确的管理技术和当前能够得到的最好的技术方法结合起来。

随着 20 世纪末因特网的快速发展与普及，使软件所面临的环境开始从静态、封闭的环境逐步走向开放、动态及多变的环境。面对这种新型的软件形态，传统的软件理论、方法、技术和平台面临着一系列挑战。近年来，信息化应用环境正经历着新的变化，如"云计算""大数据""物联网""智慧地球"的出现与发展，必然促使软件技术为适应这种新变化而发生巨大的变革与发展。未来软件技术的总体发展趋势可归结为软件平台网络化、方法对象化、系统构件化、应用智能化、开发工程化，并且伴随着新技术的快速涌现呈现出新特点和新内涵。

1.2 数据结构概述

计算机在发展的初期主要应用于数值计算问题，即所处理的数据都是整型、实型、布尔型等简单数据。但随着计算机应用领域的不断扩大，非数值计算问题占据了目前计算机应用的绝大部分，计算机所处理的数据也不再是简单数据，而是包含字符串、图形、图像、声音、视频等复杂数据，这些复杂数据不仅数量大，还具有一定的结构。例如，一幅图像是由简单数据组成的矩阵，一个图形中的几何坐标可以组成表。语言编译程序中使用的栈、符号表和语法树，操作系统中用到的队列、树形目录等，这些都是有结构的数据。要想有效地组织和管理好这些数据，设计出高质量的程序从而高效率地使用计算机，就必须深入研究这些数据自身的特性，以及它们之间的相互关系。

人们利用计算机的目的是解决实际问题。在明确所要解决问题的基础上，经过对问题的深入分析和抽象，首先在计算机中为其建立一个数学模型；然后用恰当的数据结构表示该数学模型；接着在此基础上设计合适的算法；最后根据设计的数据结构和算法进行相应的程序设计，来模拟和解决实际问题。这就是计算机求解实际问题的一般过程。因此，用计算机解决实际问题的软件开发一般分为以下四个步骤。

（1）分析阶段：分析实际问题，从中抽象出一个数学模型。

（2）设计阶段：设计出解决数学模型的算法。

（3）编程阶段：用适当的程序设计语言编写出实现该算法的可执行程序。

（4）测试阶段：对程序进行测试、修改，直到解决该实际问题。

数据结构的研究主要集中在软件开发过程中的设计阶段，同时涉及分析阶段和编程阶段的若干基本问题。此外，为了构造出恰当的数据结构及其实现，还需考虑数据结构及其实现的评价与选择。

数据结构的核心内容是分解与抽象。通过对实际问题的抽象，舍弃数据元素（含义见后文）

的具体内容，就得到逻辑结构。类似地，通过分解将处理要求划分成各种功能，再通过抽象舍弃实现的细节，就得到基本运算的定义。上述两个方面的结合使人们将实际问题转换为数据结构，这是一个从具体（实际问题）到抽象（数据结构）的过程。通过增加对实现细节的考虑，进一步得到存储结构和实现算法，从而完成设计任务，这是一个从抽象（数据结构）到具体（实际实现）的过程。

在系统地学习数据结构知识之前，我们先对一些基本概念和术语予以说明。

1.2.1 数据与数据元素

数据是人们利用文字符号、数学符号及其他规定的符号对现实世界的事物及其活动所做的抽象描述。简而言之，数据是信息的载体，是对客观事物的符号化表示。从计算机的角度看，数据是计算机程序对所描述的客观事物进行加工处理的一种表示，凡是能够被计算机识别、存取和加工处理的符号、字符、图形、图像、声音、视频、信号等都可以称为数据。

我们日常涉及的数据主要分为两类：一类是数值数据，包括整数、实数、复数等，它们主要用于工程、科学计算及商业事务处理；另一类是非数值数据，主要包括字符、字符串及文字、图形、语音等，它们多用于控制、管理和数据处理等领域。

数据元素是数据集合中的一个"个体"，是数据的基本单位。在计算机中，通常把数据元素作为一个整体进行考虑和处理。在有些情况下，数据元素也称为元素、顶点、节点、记录等。一个数据元素可以由一个或多个数据项组成。数据项是具有独立含义的数据最小单位，有时也称为字段或域。

例 1.1 学生信息（数据）表如表 1-1 所示，请指出表中的数据、数据元素及数据项，并由此得出三者之间的关系。

表 1-1 学生信息（数据）表

姓名	性别	年龄	专业	其他
刘小平	男	21	计算机	…
王红	女	20	数学	…
吕军	男	20	经济	…
⋮	⋮	⋮	⋮	⋮
马文华	女	19	管理	…

【解】表 1-1 构成了全部学生信息的数据。表中的每一行是记录一个学生信息的数据元素，该行中的每一项为一个数据项。数据、数据元素和数据项实际上反映了数据结构的三个层次，数据由若干数据元素构成，数据元素又由若干数据项构成。

1.2.2 数据结构

数据结构是指数据元素与数据元素之间的相互关系，即数据的组织形式，它可以看作相互之间存在着某种特定关系的数据元素集合。因此，可以把数据结构看作带结构的数据元素集合。进一步来说，数据结构可以描述按照一定逻辑关系组织起来的待处理数据元素的表示方式及相关操作，涉及数据的逻辑结构、存储结构和运算。所以，数据结构包含以下三个方面的内容。

（1）数据元素之间的逻辑关系，即数据的逻辑结构。数据的逻辑结构是从逻辑关系（主要指相邻关系)方面来描述数据的，它与数据如何存储无关，是独立于计算机之外的。因此，数据的逻辑结构可以看作从具体问题中抽象出来的数学模型。

（2）数据元素及其逻辑关系在计算机存储器中的存储方式，即数据的存储结构（物理结构）。数据的存储结构是指数据的逻辑结构在计算机存储器中的映像表示，即在反映数据逻辑关系的前提下，该数据在存储器中的存储方式。

（3）施加在数据上的操作，即数据的运算。数据的运算是对数据所施加的一系列操作，这个过程称为抽象运算，它只考虑这些操作的功能，暂不考虑如何完成的，只有在确定了数据的存储结构后，才会具体实现这些操作，即抽象运算是定义在逻辑结构上的，运算的具体实现则是建立在数据的存储结构上的。最常用的运算包括检索、插入、删除、更新、排序等。

1. 逻辑结构

数据的逻辑结构是对数据元素之间逻辑关系的描述，它与数据在计算机中的存储方式无关。根据数据元素之间逻辑关系的不同，可以划分出四种基本逻辑结构，如图1-5所示。

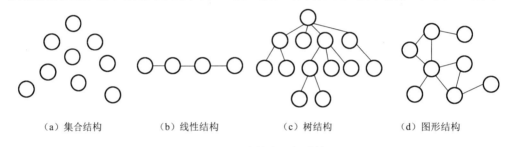

（a）集合结构　　　　（b）线性结构　　　　（c）树结构　　　　（d）图形结构

图1-5　四种基本逻辑结构

（1）集合结构：数据元素之间除属于同一个集合外，没有其他关系。

（2）线性结构：数据元素之间存在着"一对一"的关系。数据元素之间存在前后顺序关系，除第一个数据元素和最后一个数据元素外，其余数据元素都有唯一一个前驱元素和唯一一个后继元素。

（3）树结构：数据元素之间存在着"一对多"的关系。数据元素之间存在层次关系，除根节点（第一个数据元素）外，其余数据元素都有唯一一个前驱元素，但可以有多个后继元素。

（4）图形结构（或称网状结构）：数据元素之间存在着"多对多"的关系，即每个数据元素都可以有多个前驱元素和多个后继元素。

由于集合结构的简单性和松散性，因此通常只讨论其他三种逻辑结构。数据的逻辑结构可分为线性结构和非线性结构两类，若数据元素之间的逻辑关系可以用一个线性序列表示出来，则称为线性结构，否则称为非线性结构。树结构和图形结构就属于非线性结构。现实生活中，楼层编号属于线性结构，行政区域的划分属于树结构，城市交通图属于图形结构。

关于逻辑结构需要注意以下三点。

（1）逻辑结构与数据元素本身的形式和内容无关。例如，给表1-1中的每个学生增加一个数据项"学号"，就得到另一个数据，但由于所有的数据元素仍是一个接一个排列的，因此新数据的逻辑结构与原来数据的逻辑结构相同，仍然是线性结构。

（2）逻辑结构与数据元素的相对位置无关。例如，将表1-1中的学生按年龄由大到小的顺序重新排列，就得到另一个数据，但这个新数据中的所有数据元素仍然是一个接一个排列的，性质并没有改变，其逻辑结构与原数据相同，还是线性结构。

（3）逻辑结构与所含数据元素的个数无关。例如，在表 1-1 中增加或删除若干学生信息（数据元素），得到的数据仍为线性结构。

2．存储结构

数据的存储结构是数据结构在计算机中的表示方法，即数据的逻辑结构在计算机存储器中的映像，包括数据结构中数据元素的表示及数据元素之间的逻辑关系。数据元素与数据元素之间的逻辑关系在计算机中有以下四种基本存储结构。

（1）顺序存储结构：借助数据元素在存储器中的相对位置来表示数据元素之间的逻辑关系。通常顺序存储结构利用程序设计语言中的数组来描述。顺序存储结构的主要优点是节省存储空间，即分配给数据的存储单元全部用于存放数据元素的数据信息，数据元素之间的逻辑关系没有占用额外的存储空间。采用顺序存储结构可以实现对数据元素的随机存取，即每个数据元素都对应一个序号，由该序号可以直接计算出数据元素的存储地址。例如，对于数组 A，其序号为数组元素的下标，数组元素 $A[i]$ 可以通过 $*(A+i)$ 进行存取。顺序存储结构的主要缺点是不便于修改，对数据元素进行插入、删除操作时可能会移动一系列的数据元素。

（2）链式存储结构：在数据元素上附加指针，并借助指针来指示数据元素之间的逻辑关系。通常链式存储结构是利用程序设计语言中的指针类型来描述的。链式存储结构的主要优点是便于修改，在进行插入、删除操作时仅需修改相应数据元素的指针，不必移动数据元素。与顺序存储结构相比，链式存储结构的主要缺点是存储空间的利用率较低，因为除了用于数据元素的存储空间，还需要额外的存储空间来存储数据元素之间的逻辑关系。此外，由于逻辑上相邻的数据元素在存储空间中不一定相邻，因此不能对数据元素进行随机存取。

（3）索引存储结构：在存储数据元素的同时，建立附加索引表。索引表中表项的一般形式是（关键字，地址）。关键字是数据元素中某个数据项的值，它唯一标识该数据元素；地址则是指向该数据元素的指针。由关键字和地址可以立即找到该数据元素。线性结构的数据元素在采用索引存储结构后就可以对数据元素进行随机访问。在进行插入、删除操作时，只需改动存储在索引表中数据元素的地址，不必移动数据元素，所以仍能保持较高的数据修改和运算效率。索引存储结构的缺点是增加了索引表，从而降低了存储空间的利用率。

（4）哈希存储结构（散列存储结构）：此方法的基本思想是根据数据元素的关键字通过哈希函数（散列函数）直接计算出该数据元素的存储地址。哈希存储结构的优点是查找速度快，只要给出待查找数据元素的关键字，就可以立即计算出该数据元素的存储地址。与前面三种存储结构不同的是，哈希存储结构只存储数据元素，不存储数据元素之间的逻辑关系。哈希存储结构一般适用于快速查找和插入数据元素的场合。

图 1-6 所示为表 1-1 在不同存储结构下的示意图。

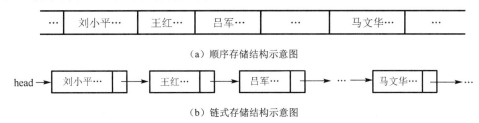

（a）顺序存储结构示意图

（b）链式存储结构示意图

图 1-6　表 1-1 在不同存储结构下的示意图

1.3 算法与算法分析

概要地说，算法是程序的逻辑抽象，是解决某类客观问题的过程。计算机求解问题的核心就是算法设计，而算法设计又高度依赖于数据结构，这是因为在算法设计时必须先确定相应的数据结构，并且在讨论某种数据结构时也必然会涉及相应的算法。

1.3.1 算法的定义与描述

算法是建立在数据结构基础上的，对特定问题求解步骤的一种描述，是由若干条指令组成的解决问题的有限序列，其中每条指令表示一个或多个操作。算法必须满足以下要求。

（1）有穷性：一个算法必须在有穷步之后结束，即必须在有限时间内完成。

（2）确定性：算法的每一步都必须有确定的含义，即没有二义性。对于相同的输入，算法执行的路径是唯一的。

（3）可行性：算法所描述的操作都可以通过可实现的基本运算在有限次执行后完成。

（4）输入：一个算法可以有零个或多个输入。

（5）输出：一个算法具有一个或多个输出，且输出与输入之间存在着某种特定的关系。

算法的含义与程序十分相似但又有区别。一个程序不一定满足有穷性。例如，对操作系统来说，操作系统程序执行后只要计算机不关机就可以一直运行下去，永不终止，因此操作系统不是一个算法。此外，程序中的语句最终都要转化（编译）成计算机可执行的指令；而算法中的指令则无此限制，即一个算法可以采用自然语言（如英语、汉语）描述，也可以采用图形方式（如流程图、拓扑图）描述。算法给出了对一个问题的求解步骤，而程序仅是算法在计算机上的实现。一个算法若用程序设计语言来描述，则此时该算法也是程序。

对某个特定问题的求解究竟采用何种数据结构及选择什么算法，需要考虑问题的具体要求和现实环境的各种条件；数据结构的选择是否恰当将直接影响算法的效率，只有把数据结构与算法有机地结合起来，才能设计出高质量的程序。

例 1.2 对于两个正整数 m 和 n，请给出求它们最大公因数的算法。

【解】此算法也称为欧几里得算法或辗转相除法，算法设计如下。

（1）求余数：用 n 除 m，余数为 r 且 $0 \leq r < n$。

（2）判断余数 r 是否等于零：若 $r=0$，则输出 n 的当前值，即最大公因数，算法结束；否则执行步骤（3）。

（3）将 n 赋值给 m，将 r 赋值给 n，转到步骤（1）。

也可以用流程图描述该算法，如图 1-7 所示。

上述算法给出了三个计算步骤，而且每个步骤意义明确并切实可行。虽然出现了循环，但 m 和 n 都是已给定的有限整数，并且每次 m 除以 n 后得到的余数 r 即使不为零也总有 $r < \min(m,n)$，这就保证了循环执行有限次后必会终止，即满足算法的所有特征，所以该算法是一个正确的算法。

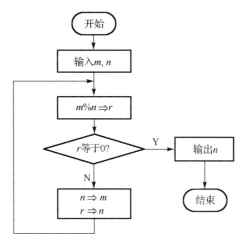

图 1-7 求最大公因数的算法流程图

1.3.2 算法分析与复杂度计算

算法设计主要考虑可解算法的设计，而算法分析则研究和比较各种算法的性能与优劣。算法的时间复杂度和空间复杂度是算法分析的两个主要方面，其主要目的是考察算法的时间效率和空间效率，以改进算法或对不同的算法进行比较。

（1）时间复杂度：一个程序的时间复杂度是指从开始运行程序到结束所需的时间。

（2）空间复杂度：一个程序的空间复杂度是指从开始运行程序到结束所需的存储量。

在复杂度计算中，实际上是把求解问题的关键操作（如加法、减法和比较运算）指定为基本操作，把算法执行基本操作的次数作为算法的时间复杂度，把算法执行期间占用存储单元的数量作为算法的空间复杂度。

在此，涉及频度的概念，语句（指令）的频度是指它在算法中被重复执行的次数。一个算法执行耗费的时间就是该算法中执行所有语句（指令）的频度之和，记作 $T(n)$，它是该算法求解的问题规模 n 的函数 $f(n)$。当问题规模 n 趋向于无穷大时，$T(n)$ 的数量级称为时间复杂度，即

$$T(n) = O(f(n))$$

式中，O 的文字含义为 $T(n)$ 的数量级，其严格的数学定义为，若 $T(n)$ 和 $f(n)$ 是定义在正整数集合上的两个函数，则存在正常数 C 和 n_0，使得当 $n \geqslant n_0$ 时满足：

$$0 \leqslant T(n) \leqslant C \cdot f(n)$$

例如，若一个程序的实际执行时间 $T(n) = 2.7n^3 + 8.3n^2 + 5.6$，则 $T(n) = O(n^3)$。当 n 趋向于无穷大时，n^3 前的系数 2.7 可以忽略，即该程序的时间复杂度的数量级是 n^3。

算法的时间复杂度采用这种数量级的形式表示，会给分析算法的时间复杂度带来很大的方便，即对于一个算法，只需分析影响该算法时间复杂度的主要部分即可，无须对该算法的每一个语句都进行详细的分析。

若一个算法中的两个部分的时间复杂度分别为 $T_1(n) = O(f(n))$ 和 $T_2(n) = O(g(n))$，则：

（1）在"O"下的求和准则为 $T_1(n) + T_2(n) = O(\max(f(n), g(n)))$。

（2）在"O"下的乘法准则为 $T_1(n) \times T_2(n) = O(f(n) \times g(n))$。

当算法转换为程序后，每条语句执行一次所需的时间取决于机器的性能、速度及编译所生成的代码质量，这是难以确定的。因此，我们假设每条语句执行一次所需的时间均是单位时间，

则程序计算时间复杂度的方法如下。

（1）执行一条读写语句或赋值语句所用的时间为 $O(1)$。

（2）计算依次执行一系列语句所用的时间采用求和准则。

（3）执行条件语句 if 耗费的时间主要是当条件为真时执行语句体所用的时间，而检测条件是否为真需耗费的时间为 $O(1)$。

（4）对于 while、do-while 和 for 这样的循环语句，其耗费的时间为每次执行循环体的时间及检测是否继续循环的时间，故常用乘法准则计算。

例 1.3 试求以下程序的时间复杂度。

```
for(i=0;i<n;i++)
    for(j=0;j<n;j++)
    {
        C[i][j]=0;
        for(k=0;k<n;k++)
            C[i][j]=C[i][j]+A[i][k]*B[k][j];
    }
```

【解】先给程序中的语句进行编号，再在其右侧列出该语句的频度。

```
(1)     for(i=0;i<n;i++)                        //n+1
(2)       for(j=0;j<n;j++)                      //n(n+1)
          {
(3)           C[i][j]=0                         //n²
(4)           for(k=0;k<n;k++)                  //n²(n+1)
(5)               C[i][j]=C[i][j]+A[i][k]*B[k][j];  //n³
          }
```

语句（1）中的 i 由 0 递增到 n，并且测试到当 $i=n$ 时（条件 $i<n$ 为假）才会终止，故它的频度为 $n+1$，但它的循环体只能执行 n 次。语句（2）作为语句（1）循环体中的一个语句应该被执行 n 次，而语句（2）自身又要被执行 $n+1$ 次，所以语句（2）的频度为 $n(n+1)$。同理可得语句（3）、语句（4）和语句（5）的频度分别为 n^2、$n^2(n+1)$ 和 n^3，即该程序段所有语句的频度之和为

$$T(n) = 2n^3+3n^2+2n+1$$

因此 $T(n)=O(n^3)$。实际上，由算法的三重 for 循环且每重循环进行 n 次及 "O" 下的乘法准则可直接得到 $T(n)=O(n^3)$。

此外，要说明的是，时间复杂度按数量级递增排列的顺序为

$$O(1)<O(\log_2 n)<O(n)<O(n\log_2 n)<O(n^2)<O(n^3)<O(2^n)$$

习题 1

1. 单项选择题

（1）研究数据结构就是研究_____。

　　A．数据的逻辑结构

    B．数据的存储结构

    C．数据的逻辑结构和存储结构

    D．数据的逻辑结构、存储结构及其在运算上的实现

（2）下列说法中正确的是_____。

    A．数据元素是数据的最小单位

    B．数据项是数据的基本单位

    C．数据结构是带有结构的数据元素集合

    D．数据结构是带有结构的数据项集合

（3）数据的_____包括集合结构、线性结构、树结构和图形结构四种基本类型。

    A．存储结构   B．逻辑结构   C．基本运算   D．算法描述

（4）数据的存储结构包括顺序存储结构、链式存储结构、哈希存储结构和_____存储结构四种基本类型。

    A．向量   B．数组   C．集合   D．索引

（5）关于逻辑结构，下列说法中错误的是_____。

    A．逻辑结构与数据元素本身的形式和内容无关

    B．逻辑结构与数据元素的相对位置有关

    C．逻辑结构与所含数据元素的个数无关

    D．一些表面很不相同的数据可能有相同的逻辑结构

（6）数据的逻辑结构分为_____。

    A．动态结构和静态结构   B．紧凑结构和非紧凑结构

    C．内部结构和外部结构   D．线性结构和非线性结构

（7）根据数据元素之间关系的不同特性，以下四类基本逻辑结构反映了四类基本数据的组织形式。下列解释中错误的是_____。

    A．集合中任何两个数据元素之间都有逻辑关系，但组织形式松散

    B．线性结构中数据元素按逻辑关系依次排列成一条"锁链"

    C．树结构具有分支、层次的特点，其形态像自然界中的树

    D．图形结构中各数据元素按逻辑关系互相缠绕，任意两个数据元素都可以邻接

（8）一个算法应该_____。

    A．是程序   B．是问题求解步骤的描述

    C．满足五个基本特性   D．选项 A、C 均正确

（9）下列关于算法的说法中，错误的是_____。

    A．算法最终必须由计算机程序实现

    B．解决某个问题的算法和为该问题编写的程序含义是相同的

    C．算法的可行性是指指令不能有二义性

    D．以上说法均错误

（10）以下程序的时间复杂度为_____。

```
for(i=0;i<m;i++)
```

```
for(j=0;j<n;j++)
    A[i][j]=i*j;
```

    A. $O(m^2)$ B. $O(n^2)$ C. $O(m×n)$ D. $O(m+n)$

2．判断题

（1）顺序存储方式只能存储线性结构。（　　　）

（2）数据元素是数据的最小单位。（　　　）

（3）算法可以用不同的语言描述，若用 C 语言编写一个程序，则该程序就是算法。（　　　）

（4）数据结构是带有结构的数据元素的集合。（　　　）

（5）数据的逻辑结构是指各数据元素之间的逻辑关系，是根据用户需要而建立的。（　　　）

（6）数据结构、数据元素、数据项在计算机中的表示（映像）分别称为存储结构、节点、数据域。（　　　）

（7）数据元素可以由不同类型的数据项构成。（　　　）

（8）数据结构抽象操作的定义与具体实现有关。（　　　）

（9）数据的逻辑结构与数据元素本身的内容和形式无关。（　　　）

（10）算法独立于具体的程序设计语言，与计算机系统无关。（　　　）

3．名词解释

（1）软件   （2）软件工程   （3）程序设计语言   （4）操作系统

（5）数据   （6）数据元素   （7）数据项   （8）数据结构

（9）逻辑结构 （10）存储结构

4．计算机软件有几个发展阶段？分别是什么？

5．计算以下程序段的时间复杂度。

```
y=0;
while((y+1)*(y+1)<=n)
y=y+1;
```

6．已知程序段如下。

```
for(i=1;i<=n;i++)
    for(j=1;j<=i;j++)
    for(k=1;k<=j;k++)
        s=s+1;
```

试分析每条语句执行的次数及时间复杂度。

第 2 章

线性表

线性表是最简单、最基本、最常用的一种线性结构。线性表在很多领域，尤其是在程序设计语言和程序设计过程中被大量使用。本章介绍线性表的基本概念及其逻辑结构和存储结构，并针对不同存储结构给出实现线性表的建立及在线性表中插入、删除和查找数据元素的算法。

2.1 线性表及其逻辑结构

2.1.1 线性表的定义

线性表是一种线性结构。线性结构的特点是数据元素之间是线性关系，数据元素一个接一个地排列，并且在一个线性表中所有数据元素的类型都是相同的。简单地说，一个线性表是 n 个数据元素的有限序列，其特点如下。

（1）在数据元素的非空集合中存在唯一一个称为"第一个"的数据元素。

（2）在数据元素的非空集合中存在唯一一个称为"最后一个"的数据元素。

（3）除第一个数据元素外，序列中的每个数据元素只有一个前驱元素。

（4）除最后一个数据元素外，序列中的每个数据元素只有一个后继元素。

因此，我们可以给出线性表的定义如下。

线性表是具有相同数据类型的 n（$n \geqslant 0$）个数据元素的有限序列，通常记为

$$(a_1, a_2, \cdots, a_{i-1}, a_i, a_{i+1}, \cdots, a_n) \tag{2-1}$$

式中，n 为表长，当 $n=0$ 时线性表为空表。

式（2-1）给出的线性表中相邻元素之间存在着顺序关系：a_{i-1} 称为 a_i 的前驱元素，a_{i+1} 称为 a_i 的后继元素。也就是说，对于 a_i，当 $i=2,3,\cdots,n$ 时，有且仅有一个前驱元素 a_{i-1}；当 $i=1,2,\cdots,n-1$ 时，有且仅有一个后继元素 a_{i+1}；而 a_1 是表中的第一个数据元素，它没有前驱元素；a_n 是表中的最后一个数据元素，它没有后继元素。由于存在数据元素相邻的这种线性关系，因此线性表是线性结构的。

由式（2-1）可知，对于非空线性表，每个数据元素在表中都有一个确定的位置，即数据元素 a_i 在表中的位置仅取决于数据元素 a_i 本身的序号 i。

从逻辑关系上看，线性结构的特点是数据元素之间存在着"一对一"的逻辑关系，通常把具有这种特点的数据结构称为线性结构。反之，任何一个线性结构（该线性结构中的数据元素必须具有相同数据类型）都可以用线性表的形式表示出来，只需根据数据元素的逻辑关系把它们按顺序排列即可。

由线性表的定义可以看出，线性表具有如下特征。

（1）均匀性：线性表中的所有数据元素必须具有相同的数据类型，无论该数据类型是简单类型还是结构类型，即线性表中每个数据元素的长度、大小和类型都相同。

（2）有序性：线性表中各数据元素是有序的，且各数据元素之间的顺序是不可改变的。为了反映这种有序性，线性表中的每个数据元素都用序号标识，且所有序号均为整数。

2.1.2　线性表的基本操作

数据结构的运算定义在逻辑结构层面上，而运算的具体实现则建立在存储结构上。因此，下面定义的线性表基本运算是逻辑结构的一部分，每个操作的具体实现只有在确定了线性表的存储结构之后才能完成。

归纳起来，对线性表实施的基本操作有以下六种。

（1）置线性表为空：L=Init_List()。操作结果为生成一个空的线性表。

（2）求线性表的表长：Length_List(L)。操作结果为求得线性表中数据元素的个数。

（3）查找表中的第 i 个数据元素：Get_List(L,i)。当 $1 \leqslant i \leqslant$ Length_List(L)时，操作结果为返回线性表中的第 i 个数据元素的值或地址。

（4）由给定值 x 查找数据元素：Locate_List(L,x)。若线性表中存在值为 x 的数据元素，则操作结果为返回首次出现在线性表中值为 x 的数据元素的序号或地址，即查找成功；否则返回 0。

（5）插入操作：Insert_List(L,i,x)。当 $1 \leqslant i \leqslant n+1$（$n$ 为插入前线性表的表长）时，在线性表的第 i 个位置上插入一个值为 x 的新数据元素，这样使序号为 $i,i+1,\cdots,n$ 的数据元素序列变为序号为 $i+1,i+2,\cdots,n+1$ 的数据元素序列。插入后新线性表的表长等于原线性表的表长加 1。

（6）删除操作：Delete_List(L,i)。当 $1 \leqslant i \leqslant n$（$n$ 为删除前线性表的表长）时，在线性表中删除序号为 i 的数据元素，删除后使序号为 $i+1,i+2,\cdots,n$ 的数据元素序列变为序号为 $i,i+1,\cdots,n-1$ 的数据元素序列。删除后新线性表的表长等于原线性表的表长减 1。

2.2　线性表的顺序存储结构及运算实现

2.2.1　顺序表

线性表的顺序存储结构是指用一组地址连续的存储单元按顺序依次存放线性表中的每个数据元素，这种存储方式存储的线性表称为顺序表。在这种顺序存储结构中，逻辑上相邻的两个数据元素在物理位置上也相邻，即无须增加额外的存储空间来表示线性表中数据元素之间的逻辑关系。

由于顺序表中的每个数据元素都具有相同的类型，即每个数据元素的大小相同，故顺序表中第 i 个数据元素 a_i 的存储地址为

$$\text{Loc}(a_i)=\text{Loc}(a_1)+(i-1)\times L, \quad 1 \leqslant i \leqslant n$$

式中，$\text{Loc}(a_1)$ 为顺序表的起始地址（第一个数据元素的地址）；L 为每个数据元素所占存储空间的大小。由此可知，只要知道顺序表的起始地址和每个数据元素所占存储空间的大小，就可以求出任意一个数据元素的存储地址，即顺序表中的任意一个数据元素都可以随机存取（随机存取的特点是存取每个数据元素所花费的时间相同）。

在程序设计语言中，一维数组在内存中占用的存储空间是一组连续的存储区域，并且每个

数组元素的类型相同，故用一维数组来存储顺序表非常合适。在 C 语言中，一维数组的数组元素下标是从 0 开始的，因此顺序表中序号为 i 的数据元素 a_i 存储在一维数组中时，其下标为 $i-1$。为了避免这种不一致性，我们约定：顺序表中的数据元素存放在一维数组中时是从下标为 1 的位置开始的，这样，数据元素的序号即其下标。

此外，考虑到顺序表的运算有插入、删除等操作，即顺序表的表长是可变的，因此数组的容量需要设计得足够大。我们用 data[MAXSIZE] 来存储顺序表，MAXSIZE 是根据实际问题定义的一个足够大的整数，此时顺序表中的数据元素由 data[1] 开始依次存放。由于当前顺序表中的实际数据元素个数可能还未达到 MAXSIZE-1，因此需要用 len 变量来记录当前顺序表中最后一个数据元素在数组中的位置（下标），即 len 起着指针的作用，它始终指向顺序表中的最后一个数据元素，空表的 len=0。

从结构上来说，可将 data 和 len 组合在一个结构体中作为顺序表的类型，即

```
typedef struct
{
    datatype data[MAXSIZE];              //存储顺序表中的数据元素
    int len;                             //顺序表的表长
}SeqList;                                //顺序表的类型
```

其中，datatype 为顺序表中数据元素的类型，在具体实现中可以是 int、float、char 或其他结构类型。我们约定，data 数组存放顺序表的数据元素是从下标 1 开始的，即顺序表中的数据元素可存放于 data 数组中下标为 1～MAXSIZE-1 的任何一个位置。这样，第 i 个数据元素的实际存放位置就是 i；len 为顺序表的表长。

知道了顺序表类型，就可以按以下方式定义顺序表和指向顺序表的指针变量。

```
SeqList List,*L;
```

其中，List 是一个结构体变量，它的内部含有一个可存储顺序表数据元素的 data 数组及一个表示顺序表表长的整型变量 len；L 是指向 List 这类结构体变量的指针变量，如 "L=&List;"；或者动态生成一个顺序表存储空间并由 L 指向该空间，如 "L=(SeqList*)malloc(sizeof(SeqList));"。在这种定义下，List.data[i] 或 L->data[i] 均表示顺序表中第 i 个数据元素的值；而 List.len 或 L->len 均表示顺序表的表长。线性表顺序存储的不同表示如图 2-1 所示。

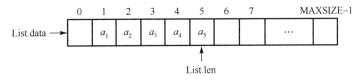

（a）用 List.data 表示数组，用 List.len 表示顺序表的表长

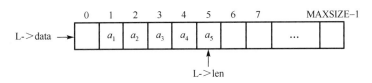

（b）用 L->data 表示数组，用 L->len 表示顺序表的表长

图 2-1　线性表顺序存储的不同表示

2.2.2 顺序表基本运算的实现

1. 顺序表的初始化

顺序表的初始化就是构造一个空顺序表。首先设 L 为指针变量，然后采用动态分配的方法生成顺序表的存储空间，最后由 L 指向该顺序表并将顺序表的表长（len）置为 0。

算法如下。

```
SeqList *Init_SeqList()
{
  SeqList *L;
  L=(SeqList*)malloc(sizeof(SeqList)); //生成顺序表的存储空间
  L->len=0;                            //初始顺序表的表长为 0
  return L;                            //返回指向顺序表表头的指针
}
```

2. 顺序表的建立

先输入顺序表的表长 n，再根据 n 依次输入 n 个顺序表数据元素，完成顺序表的建立。算法如下。

```
void CreatList(SeqList *L)
{
  int i;
  printf("Input length of List:");
  scanf("%d",&L->len);                  //输入顺序表的表长
  printf("Input elements of List:\n");
  for(i=1;i<=L->len;i++)                //按顺序表的表长输入相应个数的顺序表数据元素
    scanf("%d",&L->data[i]);
}
```

3. 插入运算

在顺序表的第 i 个位置上插入一个值为 x 的新数据元素，使得原表长为 n 的顺序表 $(a_1, a_2, \cdots, a_{i-1}, a_i, a_{i+1}, \cdots, a_n)$ 变为表长为 $n+1$ 的顺序表 $(a_1, a_2, \cdots, a_{i-1}, x, a_i, a_{i+1}, \cdots, a_n)$。插入新数据元素的过程如下。

（1）按 a_n 到 a_i 的顺序依次将 $a_n \sim a_i$ 后移一个数据元素位置，为待插入的新数据元素腾出第 i 个存储位置。

（2）将新数据元素放入第 i 个位置。

（3）修改表长 len 的值（len 同时是指向顺序表最后一个数据元素的指针），使其指向插入后的顺序表表尾数据元素。

插入时可能会出现以下非法情况。

（1）当 L->len = MAXSIZE-1 时，顺序表已放满数据元素。

（2）当 i<1 或 i ≥MAXSIZE 时，插入位置 i 已超出顺序表允许范围。

（3）当 L->len+1< i <MAXSIZE 时，插入位置 i 虽然没有超出顺序表允许范围，但是插入位置 i 使得顺序表的数据元素不再连续，破坏了顺序表连续存放的特性。

注意：情况（2）、（3）中的语句都可以用语句"i<1||i>L->len+1"来表示。

算法如下。

```
void Insert_SeqList(SeqList *L,int i,datatype x)
{
  int j;
  if(L->len==MAXSIZE-1)
    printf("The List is full!\n");              //表满
  else
    if(i<1||i>L->len+1)
      printf("The position is invalid !\n");     //插入位置非法
    else                                         //找到插入位置i
    {
      for(j=L->len;j>=i;j--)                      //将an~ai顺序后移一个数据元素位置
        L->data[j+1]=L->data[j];
      L->data[i]=x;                              //将x插到第i个位置
      L->len++;                                  //顺序表的表长加1
    }
}
```

顺序表进行插入运算的时间主要花费在表中数据元素的移动上。对 n 个数据元素的顺序表来说：

（1）可插入的位置为 $1\sim n+1$，共 $n+1$ 个位置。

（2）在第 i 个位置上插入新数据元素时需要移动的数据元素个数为 $n-(i-1)=n-i+1$，如图 2-2 所示。

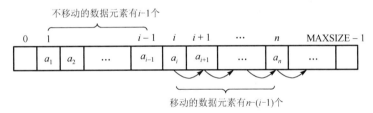

图 2-2　插入新数据元素时需要移动数据元素的示意图

设在第 i 个位置上插入数据元素的概率为 p_i，则在等概率 $\left(p_i=\dfrac{1}{n+1}\right)$ 的情况下，数据元素的平均移动次数为

$$E=\sum_{i=1}^{n+1}p_i(n-i+1)=\frac{1}{n+1}\sum_{i=1}^{n+1}(n-i+1)=\frac{n}{2}$$

在顺序表上进行插入操作平均需要移动表中一半的数据元素，显然时间复杂度为 $O(n)$。

4．删除运算

删除运算是将第 i 个数据元素从顺序表中删除，删除后使原表长为 n 的顺序表 $(a_1,a_2,\cdots,a_{i-1},a_i,a_{i+1},\cdots,a_n)$ 变为表长为 $n-1$ 的顺序表 $(a_1,a_2,\cdots,a_{i-1},a_{i+1},\cdots,a_n)$。删除数据元素 a_i 的过程如下。

（1）按 a_{i+1} 到 a_n 的顺序依次将 $a_{i+1}\sim a_n$ 前移一个数据元素位置，移动的同时就完成了对 a_i 的删除。

（2）修改 len 使其指向删除后的顺序表表尾的数据元素。

删除时可能会出现下述非法情况。

（1）当 L->len = 0 时，顺序表为空表，从而无法进行删除操作。

（2）当 $i<1$ 或 $i>L$->Len 时，指定的删除位置 i 中没有数据元素，即删除位置非法。

算法如下。

```
void Delete_SeqList(SeqList *L,int i)
{
  int j;
  if(L->len==0)
    printf("The List is empty!\n");                    //顺序表为空表
  else
    if(i<1||i>L->len)
      printf("The position is invalid!\n");            //删除位置非法
    else                                               //找到删除位置 i
    {
      for(j=i+1;j<=L->len;j++)   //按a_{i+1}～a_n的顺序前移一个数据元素位置实现对a_i的删除
        L->data[j-1]=L->data[j];
      L->len--;                                        //顺序表的表长减 1
    }
}
```

与插入运算相同，删除运算的时间主要花费在表中数据元素的移动上。对有 n 个数据元素的顺序表来说：

（1）可删除的位置为 $1 \sim n$，共 n 个。

（2）删除第 i 个数据元素时需要移动的数据元素的个数为 $n-i$，如图 2-3 所示。

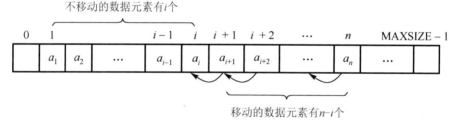

图 2-3　删除 a_i 时要移动数据元素的示意图

设在第 i 个位置上删除数据元素的概率为 p_i，则在等概率$\left(p_i = \dfrac{1}{n}\right)$的情况下，数据元素的平均移动次数为

$$E = \sum_{i=1}^{n} p_i(n-i) = \frac{1}{n} \sum_{i=1}^{n}(n-i) = \frac{n-1}{2}$$

在顺序表中进行删除操作大约平均需要移动顺序表中一半的数据元素，显然算法的时间复杂度为 $O(n)$。

5. 查找运算

查找运算是指在顺序表中查找与给定值 x 相等的数据元素。在顺序表中完成该运算最简单的方法是从第一个数据元素 a_1 开始依次与 x 比较，直到找到一个与 x 相等的数据元素，此时返回该数据元素的存储位置（下标）；若查遍整个顺序表都没找到与 x 相等的数据元素，则返回 0。

算法 1：

```
int Location_SeqList(SeqList *L,datatype x)
{
  int i=1;                          //从第一个数据元素开始查找
  while(i<L->len && L->data[i]!=x)  //顺序表未查完且当前数据元素不是要找的数据元素
    i++;
  if(L->data[i]==x)
    return i;                       //若找到则返回其位置编号
  else
    return 0;                       //若未找到则返回 0
}
```

算法 2：

```
int Location_SeqList1(SeqList *L,datatype x)
{
  int i=L->len;                     //指针 i 指向顺序表的最后一个数据元素
  L->data[0]=x;                     //将待查的 x 暂时存于 L->data[0]
  while(L->data[i]!=x)              //从顺序表的最后一个数据元素起按顺序向前查找
    i--;
  return i;                         //若找到则返回其位置编号，若未找到则返回 0
}
```

算法 2 先将待查找的 x 暂时存于 L->data[0]，再从顺序表的最后一个数据元素起按顺序向前查找，若找到则返回其位置编号；若查找完整个顺序表并到达 L->data[0]处（i 为 0），L->data[0]值必然与 x 相等，则返回该位置编号 0，而 0 正好是没找到时的返回值。算法 2 的优点是在 while 循环中省去了对查找位置是否超出顺序表范围的判断。

查找算法的主要运算是做比较。显然比较的次数与 x 在表中的位置有关，当 $a_i=x$ 时，算法 1 需要比较 i 次，算法 2 需要比较 $n-(i-1)$ 次，在等概率 $p_i = \dfrac{1}{n}$ 的情况下，查找成功的平均比较次数分别为

$$E = \sum_{i=1}^{n} p_i i = \frac{1}{n} \sum_{i=1}^{n} i = \frac{n+1}{2}$$

$$E = \sum_{i=n}^{1} p_i (n-i+1) = \frac{1}{n} \sum_{i=n}^{1} (n-i+1) = \frac{n+1}{2}$$

因此，查找算法的时间复杂度为 $O(n)$。

例 2.1　已知线性表 A 的长度为 n，试写出将该线性表逆置的算法。

【解】 实现对线性表数据元素逆置的示意图如图 2-4 所示。由图 2-4 可知，对 n 个数据元素进行逆置的 for 语句只能循环 $n/2$ 次。

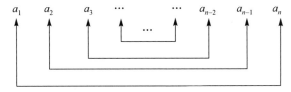

图 2-4　实现对线性表数据元素逆置的示意图

算法如下。

```
void Coverts(SeqList *A)
{
  int i,n,x;
  n=A->len;                         //n 为线性表 A 的表长
  for(i=1;i<=n/2;i++)               //实现逆置
  {
    x=A->data[i];
    A->data[i]=A->data[n-i+1];
    A->data[n-i+1]=x ;
  }
}
```

例 2.2　顺序表 A、B 中的数据元素均按由小到大的顺序排列。编写一个算法将它们合并成一个顺序表 C，并要求顺序表 C 中的数据元素也按由小到大的顺序排列。

【解】算法实现如下。

```
SeqList *Merge(SeqList *A,SeqList *B,SeqList *C)
{                                   //将两个升序的顺序表 A、B 合并为一个升序的顺序表 C
  int i=1,j=1,k=1;
  if(A->len+B->len>=MAXSIZE)
  {
    printf("Error ! \n");
    return NULL;
  }
  else
  {
    C=(SeqList *)malloc(sizeof(SeqList));   //生成顺序表的存储空间
    while(i<=A->len && j<=B->len)
      if(A->data[i]<B->data[j])
        C->data[k++]=A->data[i++];
      else
        C->data[k++]=B->data[j++];
    while(i<=A->len)                //当顺序表 A 未复制完时
      C->data[k++]=A->data[i++];
    while(j<=B->len)                //当顺序表 B 未复制完时
      C->data[k++]=B->data[j++];
    C->len=k-1;                     //存储顺序表 C 的表长
    return C;
  }
}
```

注意：若主调函数中定义指向顺序表 A、B、C 的指针变量语句为"SeqList *A,*B,*C;"，则主调函数调用 Merge 函数的语句为"C=Merge(A,B,C);"。

算法的时间复杂度都是 $O(m+n)$，其中，m 是顺序表 A 的表长，n 是顺序表 B 的表长。

2.3　线性表的链式存储结构及运算实现

用顺序表表示的线性表的特点是用物理位置上的邻接关系来表示数据元素之间的逻辑关系，这个特点使我们可以随机存取顺序表中的任意一个数据元素，但也产生了在插入和删除操作中大量移动数据元素的问题。线性表的链式存储可用连续或不连续的存储单元来存储线性表中的数据元素，在这种存储方式下，数据元素之间的逻辑关系已无法再用物理位置上的邻接关系来表示。因此，需要用指针来指示数据元素之间的逻辑关系，即通过指针连接数据元素之间的邻接关系，而这种指针是要额外占用存储空间的。链式存储方式失去了顺序表可以随机存取数据元素的功能（链式存储下存取每个数据元素所花费的时间不同），换来了存储空间操作的方便性，即进行插入和删除操作时无须移动大量的数据元素。

2.3.1　单链表

由于线性表中的每个数据元素至多只有一个前驱元素和一个后继元素，因此数据元素之间是“一对一”的逻辑关系。为了在数据元素之间建立这种线性关系，采用链表存储最简单也最常用的方法是在每个数据元素中除了有数据信息，还有一个指针用来指向它的后继元素，即通过指针建立数据元素之间的线性关系，我们称这种数据元素为节点，节点中存放数据的部分称为数据域，存放指向后继节点的指针的部分称为指针域，如图 2-5 所示。因此，线性表中的 n 个数据元素通过各自节点的指针域"链"在一起，称为链表，因为每个节点中只有一个指向后继节点的指针，所以称其为单链表。

图 2-5　单链表节点的结构

链表是由一个一个的节点构成的，单链表节点的定义如下。

```
typedef struct node
{
  datatype data;                    //data 为节点的数据信息
  struct node *next;                //next 为指向后继节点的指针
}LNode;                             //单链表节点类型
```

图 2-6 所示为线性表($a_1, a_2, a_3, a_4, a_5, a_6$)对应的链式存储结构示意图。必须将第一个节点的地址 200 放入一个指针 H，最后一个节点由于没有后继节点，因此其指针域必须置空（NULL）以表明链表到此结束。我们通过指针 H 就可以由第一个节点的地址开始"顺藤摸瓜"地找到链表中的每个节点。

可以看出，线性表的链式存储结构具有以下特点。

（1）逻辑关系相邻的元素在物理位置上可以不相邻。

（2）链表中的数据元素只能顺序访问而不能随机访问。

（3）链表的大小可以动态变化。

（4）插入、删除等操作只需修改指针（地址），无须移动数据元素。

链表作为线性表的一种存储结构，我们关心的是节点之间的逻辑关系，对每个节点的实际存储地址并不感兴趣。所以通常将单链表形象地画为图 2-7 所示的形式，而不再用图 2-6 所示的形式来表示。

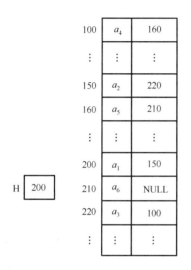

图 2-6 线性表$(a_1,a_2,a_3,a_4,a_5,a_6)$对应
的链式存储结构示意图

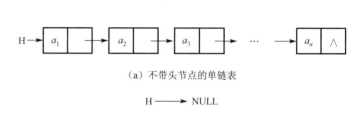

（a）不带头节点的单链表

$$H \longrightarrow NULL$$

（b）不带头节点的空单链表

图 2-7 不带头节点的单链表存储结构

通常我们用头指针来标识一个单链表，如单链表 L、单链表 H 等均是指单链表中第一个节点的地址存放在指针 L 或指针 H 中。若头指针为 NULL，则表示单链表为空。通常需要 3 个指针来完成一个单链表的建立。例如，我们用指针 head 指向单链表的第一个节点（头节点）；指针 q 指向单链表的尾节点；指针 p 指向新产生的链表节点。并且，新产生的链表节点*p 总是插到尾节点*q 的后面而成为新的尾节点。因此，插入结束时还要使指针 q 指向这个新的尾节点*q（q 始终指向链表的尾节点）。单链表建立的过程如下。

（1）头节点的建立。

```
p=(LNode *)malloc(sizeof(LNode));      //动态申请一个节点空间
scanf("%d",p->data);                    //给节点中的数据成员赋值
p->next=NULL;                           //置尾节点标志
head=p;                                 //第一个产生的链表节点是头节点
q=p;                                    //第一个产生的链表节点同时是尾节点
```

（2）其他链表节点的建立。

```
p=(LNode *)malloc(sizeof(LNode));      //动态申请一个节点空间
scanf("%d",p->data);                    //给节点中的数据成员赋值
p->next=NULL;                           //置尾节点标志
q->next=p;                              //将这个新节点连接到原尾节点的后面
q=p;                                    //使指针 q 指向这个新的尾节点
```

由于指针 head 总是指向单链表的头节点，因此头节点的建立过程与其他链表节点的建立

过程是有区别的。另外，新产生的链表节点*p 同时又是尾节点，故除了给节点*p 的数据成员赋值，还应置节点*p 的指针域 p->next 为空（NULL）来表示节点*p 是新的尾节点。链表头节点的建立如图 2-8（a）所示，在图 2-8（a）中我们用"^"表示空指针。

对于其他链表节点的建立，多了一个将新产生的链表节点*p 连接到原节点*q 后面的操作。由于指针 q 总是指向单链表的尾节点，因此待新链表节点*p 产生后，原尾节点*q 的指针 q->next 应指向这个新链表节点*p，这样才能使新链表节点*p 连接到尾节点*q 之后，从而成为新的尾节点，这个操作是由语句"q->next = p;"完成的。此外，还应使指针 q 指向这个新的尾节点*p，即通过语句"q = p;"使指针 q 指向新的尾节点*p，从而使得指针 q 始终指向尾节点。其他链表节点的建立如图 2-8（b）所示。

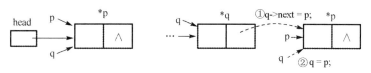

(a) 链表头节点的建立　　　　　　(b) 其他链表节点的建立

图 2-8　链表节点的建立

在线性表的链式存储结构中，为了便于单链表的建立并且在各种情况下使插入和删除操作的实现能够统一，通常在单链表的第一个节点之前添加一个头节点，该头节点不存储任何数据，只是用其指针域中的指针指向单链表中第一个有数据的节点，即通过头指针指向头节点，这样就可以依次访问单链表中所有的数据节点，如图 2-9 所示。

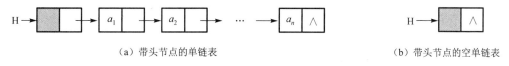

(a) 带头节点的单链表　　　　　　　　　　　　　　　　(b) 带头节点的空单链表

图 2-9　带头节点的单链表的建立

添加头节点后，无论单链表中的节点如何变化（如插入新节点、删除单链表中任意一个数据节点），头节点都保持不变，这使得单链表的运算变得简单。

2.3.2　单链表基本运算的实现

1. 建立单链表

（1）以在链表头部插入节点的方式建立单链表（头插法）。

链表与顺序表不同，它是一个动态的生成过程，链表中每个节点占用的存储空间不是预先分配的，而是在程序运行中动态生成的。在 C 语言中，动态生成的节点其存储空间都取自堆（堆是一种可按任意次序申请和释放的存储结构，本书不再详细介绍），而堆不属于函数，故在被调函数中生成的单链表在被调函数运行结束后仍然存在，但只有将单链表的头指针传回给主调函数才能在主调函数中访问这个单链表。一种方法是通过在被调函数中返回指针来完成；另一种方法是使用二级指针（如**head）来完成。此外，为了保证以后在单链表中插入、删除操作变得简单，所生成的单链表还应有头节点。

单链表的建立是从空表开始的，每读入一个数据就申请一个节点，插在头节点之后，图 2-10

给出了存储线性表('A','B','C','D')的单链表建立过程，因为是在单链表头部插入节点，所以生成节点的顺序与线性表中数据元素的顺序正好相反。另外，本节中算法出现的节点，其类型均默认为char。

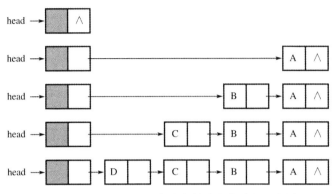

图 2-10   在头部插入节点建立单链表的过程示意图

算法如下。

```
LNode *CreateLinkList()
{
    LNode *head,*p;                      //head 为单链表的头指针, p 为生成单链表的暂存指针
    char x;
    head=(LNode *)malloc(sizeof(LNode));   //生成单链表头节点
    head->next=NULL ;                     //head 为单链表头指针
    printf("Input any char string : \n");
    scanf("%c",&x);                       //节点的数据类型为 char, 读入数据
    while(x!='\n')                        //生成链表的其他节点
    {
        p=(LNode *)malloc(sizeof(LNode));   //申请一个节点空间
        p->data=x ;
        p->next=head->next ; //头节点的指针 next 赋值给新节点*p 的指针 next 以保证不断链
        head->next=p ;        //头节点的指针 next 指向新节点*p 实现在表头插入节点
        scanf("%c",&x);                    //继续生成下一个节点
    }
    return head;                          //返回单链表头指针
}
```

这种生成单链表的方法是先在算法所在的函数空间中生成单链表，再将所生成单链表的头指针返回给主调函数。

（2）以在链表的尾部插入节点的方式建立单链表（尾插法）。

在链表头部插入节点生成单链表的方式虽然较为简单，但生成节点的顺序与线性表中的数据元素顺序正好相反。若希望两者的顺序一致，则可采用尾插法来生成单链表。由于每次都是将新节点插到链表的尾部，因此必须增加一个指针 q 来始终指向单链表的尾节点，以便新节点的插入。图 2-11 所示为在尾部插入节点生成单链表的过程示意图。

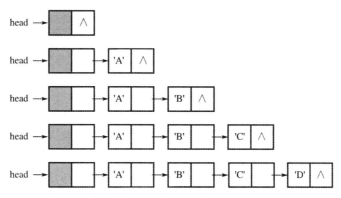

图 2-11 在尾部插入节点生成单链表的过程示意图

算法如下。

```
LNode *CreateLinkList()
{
    LNode *head,*p,*q;
    char x;
    head=(LNode*)malloc(sizeof(LNode));    //生成头节点*head 的存储空间
    head->next=NULL;                       //初始时链表为空，即*head 既是头节点又是尾节点
    q=head;                                //指针 q 始终指向尾节点
    printf("Input any char string : \n");  //以字符方式输入链表数据
    scanf("%c",&x);                        //输入字符
    while(x!='\n')                         //当输入的字符不是回车符时，生成链表的其他节点
    {
        p=(LNode*)malloc(sizeof(LNode));   //生成待插入节点*p 的存储空间
        p->data=x;                         //将输入字符放入节点*p 的数据域
        p->next=NULL;                      //置待插入节点*p 为尾节点
        q->next=p;                         //在单链表尾部插入节点*p
        q=p;                               //指针 q 指向新的尾节点*p
        scanf("%c",&x);                    //继续输入字符
    }
    return head;                           //返回单链表头指针
}
```

2. 求表长

算法如下。

```
int Length_LinkList(LNode *head)
{
    LNode *p=head;          //指针 p 指向单链表的头节点
    int i=0;                //i 为节点个数计数器
    while(p->next!=NULL)    //遍历单链表统计节点个数（表长）
    {
        p=p->next;
        i++;
    }
```

```
    return i;                              //返回表长 i
}
```

求表长算法的时间复杂度为 $O(n)$。

3．查找

（1）按序号查找。从单链表的第一个数据节点开始查找，若当前节点是第 i 个节点则返回指向该节点的指针；否则继续向后查找。若整个单链表都没有序号为 i 的节点（i 大于单链表中节点的个数），则返回空指针。

算法如下。

```
LNode *Get_LinkList(LNode *head,int i)
{                                       //在单链表 head 中查找第 i 个节点
  LNode *p=head;                        //从第一个数据节点开始查找
  int j=0;
  while(p!=NULL && j<i)                 //当未查到单链表尾部且 j 小于 i 时，继续查找
  {
    p=p->next;
    j++;
  }
  return p;            //若找到则返回指向该节点的指针；若找不到则返回空指针
}
```

（2）按值查找。从单链表的第一个数据节点开始查找，若当前节点值等于 x 则返回指向该节点的指针；否则继续向后查找。若整个单链表都找不到值为 x 的节点则返回空指针。

算法如下。

```
LNode *Locate_LinkList(LNode *head,char x)
{                                       //在单链表中查找值为 x 的节点
  LNode *p=head->next;                  //从第一个数据节点开始查找
  while(p!=NULL && p->data!=x)  //当未查找到单链表尾部且当前节点不等于 x 时，继续查找
    p=p->next;
  return p;                //若找到则返回指向值为 x 的节点的指针；若找不到则返回空指针
}
```

两种查找算法的时间复杂度均为 $O(n)$。

4．插入

因为链表中的各个节点是通过指针连接起来的，所以我们可以通过改变链表节点中指针的指向来实现链表节点的插入与删除。由前文可知，数组进行插入或删除操作时需要移动大量的数据元素，但是链表的插入或删除操作仅需修改有关指针的指向即可，操作变得非常容易。

在节点*p 后插入节点*q 的示意图如图 2-12 所示。实现插入操作的语句如下。

```
① q->next=p->next;
② p->next=q;
```

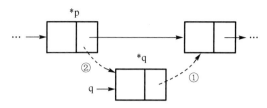

图 2-12　在节点*p 后插入节点*q 的示意图

在涉及改变各指针的操作中一定要注意指针的改变次序，否则容易出错。假如上面实现插入操作的语句顺序改为

```
① p->next=q;
② q->next=p->next;
```

此时，语句①将使节点*p 的指针 p->next 指向节点*q，语句②将节点*p 的指针 p->next 的值（指向节点*q）赋给节点*q 的指针 q->next，这使得节点*q 的指针 q->next 指向节点*q 自身，这种操作将导致单链表由此断为两截，而后面的一截链表就"丢失"了。因此，在插入节点*q 时，应将链表节点*p 的指针 p->next 的值（指向后继节点）先赋给节点*q 的指针 q->next（语句"q->next=p->next;"），以免链表断开，再使节点*p 的指针 p->next 改为指向节点*q（语句"p->next=q;"）。

算法如下。

```
void Insert_LinkList(LNode *head,int i,datatype x)
{                        //在单链表 head 的第 i 个位置上插入值为 x 的节点
  LNode *p,*q;
  p=Get_LinkList(head,i-1);           //查找第 i-1 个节点
  if(p==NULL)
    printf("Error ! \n");            //第 i-1 个位置不存在导致无法插入
  else                  //找到第 i-1 个节点，此时在其后（第 i 个位置）插入值为 x 的节点
    {
      q=(LNode *)malloc(sizeof(LNode)); //申请待插入节点*q 的存储空间
      q->data=x;                     //将 x 赋值给待插入节点*q 的数据域
      q->next=p->next;               //完成插入操作①
      p->next=q;                     //完成插入操作②
    }
}
```

该算法的时间主要花费在寻找第 $i-1$ 个节点上，故该算法的时间复杂度为 $O(n)$。

5．删除

要删除一个节点必须知道它的前驱节点，只有使指针 p 指向这个前驱节点时，我们才可以通过下面的语句实现所需要的删除操作，如图 2-13 所示。

```
① p->next= p->next->next;
```

通过改变节点*p 中指针 p->next 的指向，使它由指向待删除节点改为指向待删除节点的后继节点，从而达到从链表中删去待删除节点的目的。

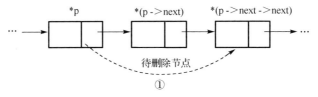

图 2-13　删除待删除节点的方法

在多数情况下，在删除待删除节点*q 前都要先找到这个待删除节点*q 的前驱节点，这就需要借助一个指针（如指针 p）来定位这个前驱节点，然后才能通过下面的语句删除节点*q，如图 2-14 所示。

```
q=p->next;                              //指针 q 指向第 i 个节点
p->next=q->next;                        //从链表中删除第 i 个节点
```

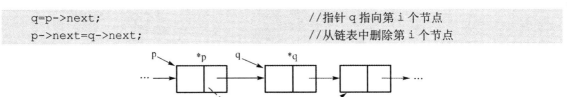

图 2-14　先找到待删除节点*q 的前驱节点再删除待删除节点的方法

算法如下。

```
void Del_LinkList(LNode *head,int i)
{                                       //删除单链表 head 上的第 i 个节点
    LNode *p,*q;
    p=Get_LinkList(head,i-1);           //查找第 i-1 个节点
    if(p==NULL)                         //待删除节点前面的第 i-1 个节点不存在,故无待删除节点
        printf("第 i-1 个节点不存在!\n ");
    else                                //找到第 i-1 个节点
        if(p->next==NULL)               //第 i-1 个节点为尾节点
            printf("第 i 个节点不存在!\n");  //待删除节点不存在
        else                            //待删除节点存在，删除待删除节点
        {
            q=p->next;                  //指针 q 指向待删除节点（第 i 个节点）
            p->next=q->next;            //从链表中删除第 i 个节点
            free(q);                    //系统回收第 i 个节点的存储空间
        }
}
```

删除算法的时间复杂度为 $O(n)$。

2.3.3　循环链表

所谓循环链表就是将单链表中尾节点的指针由空改为指向单链表的头节点，整个链表形成一个环。这样，从循环链表中的任意节点位置出发都可以找到循环链表的其他节点，如图 2-15 所示。在循环链表上的操作与单链表基本相同，只是将原来判断指针是否为空改为判断是否为头节点指针，其他的不变化。

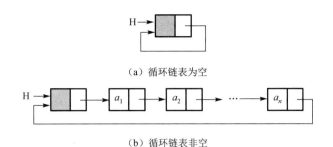

（a）循环链表为空

（b）循环链表非空

图 2-15 带头节点的循环链表

例如，在带头节点的循环链表中查找值为 *x* 的节点，其实现算法如下。

```
LNode *Locate_CycLink(LNode *head,datatype x)
{
    LNode *p=head->next;             //从第一个数据节点开始查找
    while(p!=head && p->data!=x)     //未查找完循环链表且当前节点值不等于 x
        p=p->next;                   //继续查找
    if(p!=head)          //若指针 p 没有指向头节点*head，则找到值等于 x 的节点*p
        return p;                    //返回节点*p 的指针
    else
        return NULL;    //若指针 p 又查找到头节点，则没有值等于 x 的节点，故返回空值
}
```

由于链表的操作通常是在表头或表尾进行的，因此也可改变循环链表的标识方法，即不用头指针而用一个指向尾节点的指针 R 来标识循环链表，这种标识的好处是可以直接找到尾节点，找到头节点也非常容易，R->next 即指向头节点的指针。

例如，对两个循环链表 H1 和 H2 做连接操作，将循环链表 H2 的第一个数据节点连接到循环链表 H1 的尾节点 R1 之后，并将循环链表 H2 的尾节点 R2 中的指针 next 指向循环链表 H1 的头节点。若采用头指针标识方法，则需要遍历整个循环链表 H1 直到尾节点，其时间复杂度为 *O*(*n*)；若采用尾指针来分别标识 H1、H2 这两个循环链表，则其时间复杂度为 *O*(1)。具体操作如下。

```
① P=R1->next;             //保存尾节点 R1 中指向链表 H1 头节点的指针
② R1->next=R2->next->next; //使节点 R1 的指针 next 指向链表 H2 的第一个数据节点
   free(R2->next);         //根据节点 R2 的指针 next 回收链表 H2 头节点空间
③ R2-next->p;             //使尾节点 R2 的指针 next 指向链表 H1 头节点而形成循环链表
```

这个过程如图 2-16 所示。

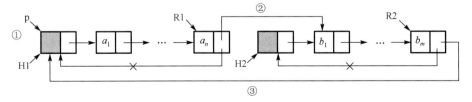

图 2-16 两个用尾指针标识的循环链表连接成一个循环链表

2.3.4 双向链表

循环链表虽有优点但仍存在不足。因为从循环链表中的某个节点出发只能顺着指针方向寻找其后继节点，无法直接找到该节点的前驱节点，所以要想找到其前驱节点，只能循环遍历整个链表。在链表中需要删除某个节点时也存在着同样的问题，仅仅知道待删除节点的地址是不够的，还必须知道待删除节点的前驱节点的地址才能够实现删除待删除节点的操作，而要找到这个前驱节点则又要对链表进行循环遍历。为了克服循环链表的单向性缺点，可以采用双向链表来解决那些经常沿两个方向查找链表的问题。

图 2-17 双向链表节点的结构

所谓双向链表，顾名思义是指链表中的每个节点除了数据域，还设置了两个指针域：一个用来指向该节点的前驱节点；另一个用来指向该节点的后继节点。双向链表节点的结构如图 2-17 所示。

双向链表的节点定义如下。

```
typedef struct dlnode
{
  datatype data;                  //data 为节点的数据信息
  struct dlnode *prior,*next;
                                  //prior 和 next 为指向前驱节点和后继节点的指针
}DLNode;                          //双向链表节点的类型
```

双向链表也用头指针来标识，通常也采用带头节点的循环链表结构。图 2-18 所示为带头节点的双向循环链表，即在双向链表中可以通过某个节点的指针 p 直接得到指向它的后继节点指针 p->next，也可直接得到指向它的前驱节点指针 p->prior。这样，在查找前驱节点的操作中就无须循环遍历链表。

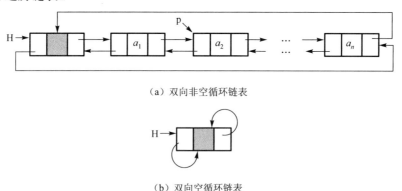

（a）双向非空循环链表

（b）双向空循环链表

图 2-18 带头节点的双向循环链表

设 p 是指向双向循环链表中某个节点的指针，则指针 p->prior->next 表示节点*p 的前驱指针 prior 所指向的前驱节点的后继指针（该前驱节点的后继节点为节点*p），与指针 p 的值相等。类似地，指针 p->next->prior 也与指针 p 的值相等，因此有以下等式成立。

```
p=p->prior->next=p->next->prior
```

设指针 p 指向双向循环链表中的某个节点，指针 s 指向待插入的值为 x 的新节点，则插入新节点可分为两种情况：一种是在节点*p 后插入节点*s；另一种是在节点*p 前插入节点*s。

1．在节点*p 后插入节点*s

在节点*p 后插入节点*s 要注意操作顺序。

首先修改待插入节点*s 的前驱指针和后继指针，以免出现断链现象；然后修改节点*p 的后继节点的前驱指针；最后修改节点*p 的后继指针。在节点*p 后插入节点*s 的操作顺序如图 2-19 所示，实现操作的语句如下。

```
① s->prior=p;
② s->next=p->next;
③ p->next->prior=s;
④ p->next=s;
```

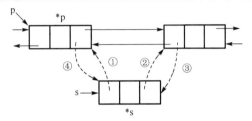

图 2-19　在节点*p 后插入节点*s 的操作顺序

2．在节点*p 前插入节点*s

在节点*p 前插入节点*s 要注意操作顺序。

首先修改待插入节点*s 的前驱指针和后继指针，以免出现断链现象；然后修改节点*p 的前驱节点的后继指针；最后修改节点*p 的前驱指针。在节点*p 前插入节点*s 的操作顺序如图 2-20 所示，实现操作的语句如下。

```
① s->prior=p->prior;
② s->next=p;
③ p->prior->next=s;
④ p->prior=s;
```

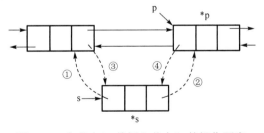

图 2-20　在节点*p 前插入节点*s 的操作顺序

注意：两种插入方法中指针操作的顺序虽然不是唯一的，但也不是任意的，不当的操作顺序很可能无法实现正确插入，还可能使一部分链表"丢失"。

设指针 p 指向双向链表中的某个节点，删除节点*p 的操作顺序如图 2-21 所示，实现操作的语句如下。

```
① p->prior->next=p->next;
```

② p->next->prior=p->prior;

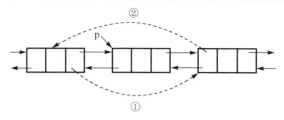

图 2-21　删除节点*p 的操作顺序

建立带头节点的双向循环链表算法如下。

```
DLNode *CreateDlinkList()
{                                              //建立带头节点的双向循环链表
  DLNode *head,*s;
  char x;
  head=(DLNode *)malloc(sizeof(DLNode));       //生成含头节点的双向空循环链表
  head->prior=head;      //双向空循环链表头节点*head 的指针 prior 均指向头节点自身
  head->next=head;       //双向空循环链表头节点*head 的指针 next 均指向头节点自身
  printf("Input any char string :\n");         //以字符方式输入数据
  scanf("%c",&x);                              //输入字符
  while(x!='\n')         //若输入的字符不是回车符则生成双向循环链表的其他节点
  {                                            //采用头插法生成双向循环链表
    s=(DLNode *)malloc(sizeof(DLNode));        //生成待插入节点的存储空间
    s->data=x;                       //将输入的字符赋给待插入节点*s 的数据域
    s->prior=head;                   //新插入的节点*s 其前驱节点为头节点*head
    s->next=head->next;              //插入后节点*s 的后继节点为头节点*head 的原后继节点
    head->next->prior=s;             //头节点的原后继节点其前驱节点为*s
    head->next=s;                    //此时头节点的后继节点为*s
    scanf("%c",&x);                  //继续输入字符
  }
  return head;                       //返回头指针
}
```

2.3.5　单链表应用示例

例 2.3　单链表 H 如图 2-22 所示，编写将其逆置的算法。

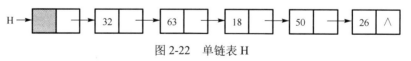

图 2-22　单链表 H

【解】由前文可知，头插法生成的单链表的节点序列正好与输入数据的顺序相反。因此，应依次取出题中单链表内的每个数据节点，然后用头插法插入新单链表中即可实现单链表的逆置。在本算法中，使指针 p 始终指向由未逆置节点构成的单链表中的第一个数据节点，而指针 q 从未逆置的单链表中取出第一个数据节点插入头节点*H 之后。当然，还应使指针 p 继续指向未逆置单链表中新的第一个数据节点，即指向刚取出节点的后继节点。实现算法如下。

```
void Convert(LNode *H)
```

```
{
  LNode *p,*q;
  p=H->next;                    //指针 p 指向未逆置单链表中的第一个数据节点
  H->next=NULL;                 //新单链表 H 初始为空
  while(p!=NULL)                //对指针 p 所指向的单链表进行逆置
  {
    q=p;                        //取出由指针 p 所指向的未逆置单链表中的第一个数据节点
    p=p->next;                  //指针 p 继续指向未逆置单链表中新的第一个数据节点
    q->next=H->next;            //将取出的节点*q 插到新单链表 H 的头部
    H->next=q;
  }
}
```

该算法只需要对单链表按顺序扫描一遍即可实现单链表的逆置，故其时间复杂度为 $O(n)$。

例 2.4 对两个数据元素递增有序的单链表 A、B，编写算法将单链表 A、B 合并成一个按数据元素递减有序（允许有相同值）的单链表 C，要求算法使用单链表 A、B 中的原有节点，不允许增加新节点。

【解】 由例 2.3 可知，将递增顺序改为递减顺序只能采用头插法，若仍保持递增顺序则应采用尾插法，因此本题采用头插法实现。算法如下。

```
void Merge(LNode *A,LNode *B,LNode **C)
{                               //将增序单链表 A、B 合并成降序单链表*C
  LNode *p,*q,*s;
  p=A->next;                    //指针 p 始终指向单链表 A 的第一个未比较的数据节点
  q=B->next;                    //指针 q 始终指向单链表 B 的第一个未比较的数据节点
  *C=A;                         //生成链表*C 的头节点
  (*C)->next=NULL;
  free(B);                      //回收单链表 B 的头节点空间
  while(p!=NULL && q!=NULL)
  {                             //将当前比较的单链表 A、B 中的节点值较小者赋给节点*s
    if(p->data<q->data)
    { s=p;p=p->next;}
    else
    { s=q;q=q->next;}
    s->next=(*C)->next;         //用头插法将节点*s 插到单链表*C 的头节点后
    (*C)->next=s;
  }
  if(p==NULL)p=q;               //若指向单链表 A 的指针 p 为空，则使指针 p 指向单链表 B
  while(p!=NULL)                //将指针 p 所指向的链表中的剩余节点依次取下，插到单链表*C 的头部
  {
    s=p;
    p=p->next;
    s->next=(*C)->next;
    (*C)->next=s;
  }
}
```

对于 m 个节点的单链表 A 和 n 个节点的单链表 B，该算法的时间复杂度为 $O(m+n)$。此外，也可参考例 2.2 的实现算法来设计本题的实现算法。

例 2.5　约瑟夫（Josephus）问题：设有 n 个人围成一圈并按顺序编号为 $1\sim n$。由编号为 k 的人进行 $1\sim m$ 的报数，数到 m 的人出圈。接着，下一个人重新开始进行 $1\sim m$ 的报数，仍是数到 m 的人出圈，直到所有的人都出圈为止。请写出出圈人的出圈次序算法。

【解】为了循环查找的统一性，我们采用不带头节点的循环链表，即每个人对应链表中的一个节点，某个人出圈相当于从链表中删去此人所对应的节点。整个算法可分为以下的两个部分。

（1）建立一个具有 n 个节点且没有头节点的循环链表。

（2）不断从循环链表中删除出圈人的节点，直到循环链表中只剩下一个节点为止。

算法如下。

```
void Josephus(int n,int m,int k)
{
    LNode *p,*q;
    int i;
    p=(LNode*)malloc(sizeof(LNode));
    q=p;
    for(i=1;i<n;i++)                //从编号 k 开始建立一个单链表
    {
        q->data=k;
        k=k%n+1;
        q->next=(LNode*)malloc(sizeof(LNode));
        q=q->next;
    }
    q->data=k;
    q->next=p;                      //连接成循环链表，此时指针 p 指向编号为 k 的节点
    while(p->next!=p)               //当循环链表中的节点个数不为 1 时
    {
        for(i=1;i<m;i++)
        {
            q=p;
            p=p->next;
        }                           //指针 p 指向报数为 m 的节点，指针 q 指向报数为 m-1 的节点
        q->next=p->next;            //删除报数为 m 的节点
        printf("%4d",p->data);      //输出出圈人的编号
        free(p);                    //释放被删节点的存储空间
        p=q->next;                  //指针 p 指向新的开始报数节点
    }
    printf("%4d",p->data);          //输出最后出圈人的编号
}
```

习题 2

1．单项选择题

（1）线性表是一个_____。

    A．有限序列，可以为空　　　　　　B．有限序列，不能为空

C．无限序列，可以为空　　　　　　D．无限序列，不能为空

（2）下列关于线性表 L($a_1,a_2,\cdots,a_n$) 的说法中正确的是_____。

A．每个数据元素都有一个前驱元素和一个后继元素

B．线性表中至少要有一个数据元素

C．表中所有数据元素的排列顺序必须是由小到大或由大到小

D．除第一个数据元素和最后一个数据元素外，其余每个数据元素都有且仅有一个前驱元素和一个后继元素

（3）线性表的顺序存储结构是一种_____的存取结构。

A．随机存取　　　B．顺序存取　　　C．索引存取　　　D．哈希存取

（4）对一个长度为 n 的顺序表，在第 i 个数据元素（$1 \leqslant i \leqslant n+1$）之前插入一个新数据元素时需向右移动_____个数据元素。

A．$n-i$　　　　B．$n-i+1$　　　　C．$n-i-1$　　　　D．i

（5）以下关于线性表的叙述中错误的是_____。

A．线性表采用顺序存储结构，必须占用一段地址连续的存储单元

B．线性表采用顺序存储结构，便于进行插入和删除操作

C．线性表采用链式存储结构，不必占用一段地址连续的存储单元

D．线性表采用链式存储结构，便于进行插入和删除操作

（6）对长度为 n 且采用顺序存储结构的线性表，在任何位置上操作都等概率的情况下，插入一个数据元素平均需要移动线性表中的_____个数据元素。

A．$\dfrac{n}{2}$　　　　B．$\dfrac{n+1}{2}$　　　　C．$\dfrac{n-1}{2}$　　　　D．n

（7）对长度为 n 且采用顺序存储结构的线性表，在任何位置上操作都等概率的情况下，删除一个数据元素平均需要移动线性表中的_____个数据元素。

A．$\dfrac{n}{2}$　　　　B．$\dfrac{n+1}{2}$　　　　C．$\dfrac{n-1}{2}$　　　　D．n

（8）线性表采用链式存储结构时，其地址_____。

A．必须连续　　　　　　　　　　B．部分地址必须连续

C．一定不连续　　　　　　　　　　D．连续与否均可

（9）用链表表示线性表的优点是_____。

A．便于随机存取　　　　　　　　B．存储空间比顺序存储结构小

C．便于插入和删除　　　　　　　　D．数据元素的存储顺序与逻辑顺序相同

（10）静态链表与动态链表相比，其缺点是_____。

A．插入、删除时需要移动较多的节点

B．有可能浪费较多的存储空间

C．不能随机存储

D．选项 A、B、C 都不对

（11）对于单链表，以下说法中错误的是_____。

A．数据域用于存储线性表的一个数据元素

B．指针用于指向本节点的后继节点

C．所有数据通过指针的连接而组成单链表

D．NULL 称为空指针，它不指向任何节点，只起标识作用

（12）在某线性表中最常用的操作是在最后一个节点之后插入一个新节点或删除第一个节点，最好采用_____。

    A．单链表   B．仅有头指针的循环链表

    C．双向链表   D．仅有尾指针的循环链表

（13）若某线性表最常用的操作是任意存、取指定序号的节点和在最后一个节点之后插入一个新节点或删除最后一个节点，则利用_____存储方式最节省时间。

    A．顺序表   B．双向链表   C．单链表   D．单循环链表

（14）以下说法中错误的是_____。

    A．对循环链表来说，从表中任意节点出发都可以通过前、后移动查找整个循环链表

    B．对单链表来说，只有从头节点开始才能查找单链表中的全部节点

    C．双向链表的特点是查找任意节点的前驱节点和后继节点都很容易

    D．对双向链表来说，节点*p 的存储位置既保存于其前驱节点的后继指针中，又保存于其后继节点的前驱指针中

（15）若某线性表中最常用的操作是取第 i 个节点和查找第 i 个节点的前驱节点，则采用_____存储方式最节省时间。

    A．顺序表   B．单链表   C．双向链表   D．循环链表

（16）能在 $O(1)$ 时间内访问线性表第 i 个节点的结构是_____。

    A．顺序表   B．单链表   C．循环链表   D．双向链表

2．判断题

（1）线性表的逻辑顺序和存储顺序总是一致的。（　　　）

（2）线性表的插入、删除总是伴随着大量数据元素的移动。（　　　）

（3）线性表中的所有数据元素其数据类型必须相同。（　　　）

（4）在具有头节点的链式存储结构中，头指针指向链表中的第一个数据节点。（　　　）

（5）顺序存储的线性表可以随机存取。（　　　）

（6）在单链表中要访问某个节点，只要知道指向该节点的指针即可，因此单链表是一种可以随机存取的链式存储结构。（　　　）

（7）在线性表的顺序存储结构中，进行插入和删除时移动数据元素的个数与该数据元素的位置有关。（　　　）

（8）链表的每个节点都恰好有一个指针。（　　　）

（9）带头节点的循环链表中，任意节点中的指针域都不为空。（　　　）

3．线性表有两种存储结构：顺序表和链表。试问：

（1）如果有 n 个线性表同时存在，并且在处理过程中各线性表的表长会动态变化，线性表的总数也会随之改变。那么在此情况下，应选用哪种存储结构？为什么？

（2）如果线性表的总数基本稳定，且很少进行插入和删除操作，但要求以最快的速度存取线性表中的数据元素，应该采用哪种存储结构？为什么？

4．线性表的顺序存储结构有三个缺点：其一，在进行插入或删除操作时需要移动大量的数据元素；其二，由于事先难以估计线性表的大小，因此必须预先分配较大的存储空间，这往往使存储空间不能被充分利用；其三，顺序表的容量难以扩充。试讨论线性表的链式存储结构

是否一定能克服上述三个缺点。

5．在单链表和双向链表中，能否从当前节点出发访问任意节点？

6．链表所表示的数据元素是否有序？若有序，则有序性体现在何处？链表所表示的数据元素是否一定要在物理上是相邻的？顺序表的有序性又如何理解？

7．对有头节点的单链表 L，设计算法实现对单链表 L 中任意值只保留一个节点，删除相同值的其他节点。

8．假设一个循环链表，其节点含有三个域 pre、data 和 next：data 为数据域；pre 为指针域并始终为空；next 为指针域，指针指向后继节点。请设计一个算法将此表改成双向循环链表。

9．给定一个带头节点的单链表，设 head 为头指针，单链表节点的数据为整型数据，next 为指向后继节点的指针。试写出按递增顺序输出单链表中各节点的数据并释放节点所占用存储空间的算法，算法的实现不允许使用数组作为辅助空间。

10．设计一种将双向循环链表逆置的算法。

第 3 章

特殊线性表

3.1 栈

栈是一种特殊的线性表。栈的逻辑结构与线性表相同，但运算规则与线性表相比增加了某些限制。栈的存取只能在线性表的一端进行，栈实际上是按"后进先出"的规则进行操作的。因此，栈又称为操作受限的线性表。

3.1.1 栈的定义及基本运算

栈是仅在表的一端进行操作的线性表。对栈来说，允许进行插入和删除数据元素操作的一端称为栈顶（top），而固定不变的另一端称为栈底（bottom），不含数据元素的栈称为空栈。由于只能在栈顶进行插入和删除操作，因此新插入的数据元素一定在栈顶，而要删除的数据元素也只能是刚插入的栈顶元素，故最后入栈的数据元素一定最先出栈，即栈中数据元素的操作是按"后进先出"的规则进行的。因此，栈也被称为后进先出（或先进后出）线性表。当栈中没有任何数据元素时，即栈空，此时不能进行出栈操作；当栈的存储空间被用完时，即栈满，此时不能再进行入栈操作。图 3-1 所示为栈的示意图。

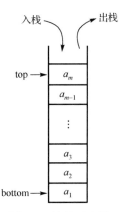

图 3-1　栈的示意图

对栈进行的基本操作如下。

（1）栈初始化：Init_Stack(s)。操作结果是生成一个空栈。

（2）判空栈：Empty_Stack(s)。操作结果是若栈为空栈则返回 1，否则返回 0。

（3）入栈：Push_Stack(s,x)。操作结果是在栈 s 的顶部插入一个新数据元素 x，使 x 成为新的栈顶元素，栈发生变化。

（4）出栈：Pop_Stack(s,x)。操作结果是在栈 s 非空的情况下，将栈 s 顶部的数据元素从栈中删除，并由数据元素 x 返回栈顶元素值，即栈中少了一个数据元素，栈发生变化。

（5）读栈顶元素：Top_Stack(s,x)。操作结果是在栈 s 非空的情况下，将栈 s 顶部的数据元素读到数据元素 x 中，栈不发生变化。

3.1.2 栈的存储结构及运算实现

由于栈是运算受限的线性表，因此线性表的存储结构对栈也适用，两者只是操作不同。线性表操作不受任何限制，而栈的操作只能在栈顶进行。

1. 顺序栈

顺序栈是栈的顺序存储结构，它用一组地址连续的存储单元来依次存放由栈底到栈顶的所有数据元素，同时附加一个指针 top 来指示栈顶元素在顺序栈中的位置。因此，可预设一个长度足够的一维数组 data[MAXSIZE]来存放栈的所有数据元素，并将下标 0 设为栈底。由于栈顶随着插入和删除在不断变化，因此我们用 top 作为栈顶指针指明当前栈顶元素的位置，并且将数组 data 和指针 top 组合到一个结构体内。顺序栈的类型定义如下。

```
typedef struct
{
    datatype data[MAXSIZE];          //栈中数据元素的存储空间
    int top;                         //栈顶指针
}SeqStack;                           //顺序栈类型
```

假定已定义了一个顺序栈"SeqStack s;"，由于栈底的下标为 0，因此空栈时栈顶指针 top 的值为 -1。入栈时，先使栈顶指针加 1，即"s->top++;"，再将数据元素入栈；出栈时，栈顶指针减 1，即"s->top--;"，即指针 top 除空栈外始终指向栈顶元素的存放位置。顺序栈操作如图 3-2 所示。

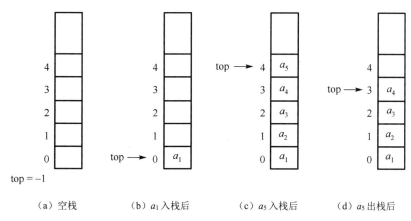

| （a）空栈 | （b）a_1 入栈后 | （c）a_5 入栈后 | （d）a_5 出栈后 |

图 3-2 顺序栈操作

顺序栈的基本操作实现如下。

（1）置栈空。先建立栈，再初始化栈顶指针。

算法如下。

```
SeqStack *Init_SeqStack()
{
    SeqStack *s;
    s=(SeqStack*)malloc(sizeof(SeqStack));    //在主调函数中申请栈空间
    s->top=-1;                                //置栈空标志
```

```
    return s;                                    //返回指向顺序栈的指针
}
```

（2）判空栈。

算法如下。

```
int Empty_SeqStack(SeqStack *s)
{
   if(s->top==-1)
      return 1;                                  //当栈为空栈时返回1
   else
      return 0;                                  //当栈不为空栈时返回0
}
```

（3）入栈。

算法如下。

```
void Push_SeqStack(SeqStack *s,datatype x)
{
   if(s->top==MAXSIZE-1)
      printf("Stack is full!\n");                //栈满
   else
   {
      s->top++;                                  //先使栈顶指针top加1
      s->data[s->top]=x;                         //再将数据元素x压入栈s
   }
}
```

（4）出栈。

算法如下。

```
void Pop_SeqStack(SeqStack *s,datatype *x)
{                            //栈s中的栈顶元素出栈并通过参数x返回给主调函数
   if(s->top==-1)
      printf("Stack is empty!\n");               //栈为空栈
   else
   {
      *x=s->data[s->top];                         //栈顶元素出栈
      s->top--;                                   //栈顶指针top减1
   }
}
```

（5）取栈顶元素。取栈顶元素操作除不改变栈顶指针外，其余操作与出栈相同。

算法如下。

```
void Top_SeqStack(SeqStack *s,datatype *x)
{
   if(s->top==-1)
      printf("Stack is empty!\n");               //栈为空栈
   else
      *x=s->data[s->top];                         //取栈顶元素赋值给节点*x
}
```

2. 多个顺序栈共享连续空间

利用栈底位置相对不变这个特点，两个顺序栈可以通过共享一个一维数据空间来互补余缺。其实现方法是将两个顺序栈的栈底分别设在一维数据空间的两端，并让它们各自的栈顶由两端向中间延伸，如图 3-3 所示。

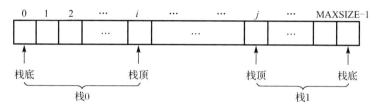

图 3-3　两个顺序栈共享一维数据空间

这样，两个顺序栈就可以相互调剂，只有当整个一维数据空间被这两个顺序栈占满时才会上溢，因此上溢出现的概率要比将这个一维数据空间对半分配给两个栈使用的概率小得多。

多个顺序栈共享一维数据空间的问题就比较复杂，因为一个存储空间只有两端是固定的，所以对多个顺序栈而言，除了设置栈顶指针，还必须设置栈底指针。这种情况下当某个栈发生上溢时，若此时整个一维数据空间未被占满，则可以移动某些（或某个）顺序栈来腾出空间解决所发生的顺序栈上溢问题。

例 3.1　检查一个算术表达式中的括号是否匹配，算术表达式保存在字符数组 ex 中。

【解】我们用顺序栈实现对算术表达式中括号是否配对的检查。首先对字符数组 ex 中的算术表达式进行扫描，当遇到"("、"["或"{"时将其入栈；当遇到")"、"]"或"}"时，则检查顺序栈的栈顶元素是否对应"("、"["或"{"。若是，则出栈；否则表示不配对并给出出错提示信息。当整个算术表达式扫描完毕时，若栈为空栈则表示括号配对正确；否则配对不正确。算法如下。

```
void Correct(char ex[])
{
  SeqStack *p;
  char x,*ch=&x;
  int i=0;
  Init_SeqStack(&p);                 //顺序栈 p 初始化为空栈
  while(ex[i]!='\0')                 //当扫描算术表达式未结束时
  {
    if(ex[i]=='('||ex[i]=='['||ex[i]=='{')
      Push_SeqStack(p,ex[i]);        //若扫描字符为'('、'['或'{'则将其入栈
    if(ex[i]==')'||ex[i]==']'||ex[i]=='}')
    {                                //当扫描字符为')'、']'或'}'时则进行配对检查
      if(!Empty_SeqStack(p))         //栈不为空栈
        Top_SeqStack(p,ch);          //读出栈顶元素
      else                           //若栈为空栈则出现多余的字符')'、']'或'}'
      {
        printf("Error!\n");          //输出配对错误
        goto 12;                     //转程序执行结束处
      }
```

```
                if(ex[i]==')' && *ch=='(')
                {                                //若栈顶元素'('与当前扫描字符')'配对则出栈
                    Pop_SeqStack(p,ch);
                    goto l1;
                }
                if(ex[i]==']' && *ch=='[')
                {                                //若栈顶元素'['与当前扫描字符']'配对则出栈
                    Pop_SeqStack(p,ch);
                    goto l1;
                }
                if(ex[i]=='}' && *ch=='{')
                {                                //若栈顶元素'{'与当前扫描字符'}'配对则出栈
                    Pop_SeqStack(p,ch);
                    goto l1;
                }
                else
                    break;                       //若不配对则终止扫描
            }
            l1:     i++;
        }
    if(!Empty_SeqStack(p))                       //算术表达式已扫描结束
        printf("Error!\n");                      //若栈不为空栈则出现多余的字符'('、'['或'{'
    else
        printf("Right!\n");                      //若栈为空栈则配对成功
l2: ;
}
```

3. 链栈

栈的链式存储结构称为链栈。为了解决顺序栈容易出现上溢的问题,可采用链式存储结构来构造栈。由于链栈是动态分配数据元素存储空间的,因此操作时无须考虑上溢问题。这样,多个栈的共享问题也就迎刃而解。

由于栈的操作仅限于在栈顶进行,即节点的插入和删除都是在表的同一端进行的,因此不必设置头节点,头指针也就是栈顶指针。链栈如图 3-4 所示。

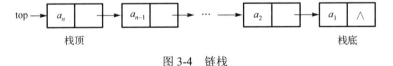

图 3-4 链栈

链栈通常用单链表表示,因此其节点结构与单链表的节点结构相同。链栈的类型定义如下。

```
typedef struct node
{
    datatype data;                   //data 为节点的数据信息
    struct node *next;               //next 为指向后继节点的指针
}StackNode;                          //链栈节点类型
```

链栈的基本操作实现如下。

（1）置栈空。

算法如下。

```
StackNode *Init_LinkStack()          //链栈初始化
{
    return NULL;                     //返回链栈栈顶的指针
}
```

（2）判空栈。

算法如下。

```
int Empty_LinkStack(StackNode *s)    //判断链栈是否为空栈
{
    if(s==NULL)
        return 1;                    //当链栈为空栈时返回1
    else
        return 0;                    //当链栈为非空栈时返回0
}
```

（3）入栈。

算法如下。

```
StackNode *Push_LinkStack(StackNode *top,datatype x)    //链栈节点入栈
{
    StackNode *p;
    p=(StackNode *)malloc(sizeof(StackNode));           //申请一个链栈节点空间
    p->data=x;
    p->next=top;                     //新生成的栈顶节点*p 其后继节点为原栈顶节点*top
    top=p;                           //栈顶指针 top 指向新的栈顶节点*p
    return top;                      //返回链栈栈顶的指针
}
```

（4）出栈。

算法如下。

```
StackNode *Pop_LinkStack(StackNode *top,datatype *x)    //链栈节点出栈
{
    StackNode *p;
    if(top==NULL)                    //当栈顶指针为空时
        printf("Stack is empty!\n"); //输出栈为空栈
    else                             //当栈顶指针非空时，进行出栈处理
    {
        *x=top->data;                //栈顶节点经指针 x 传给对应的数据
        p=top;                       //将栈顶指针 top 赋值给指针 p
        top=top->next;               //栈顶指针 top 指向出栈后的新栈顶节点
        free(p);                     //回收已出栈的原栈顶节点空间
        return top;                  //返回链栈栈顶的指针
    }
}
```

3.2 队列

队列也是一种特殊的线性表。队列的逻辑结构也与线性表相同。同栈一样，队列的运算规则与线性表相比也增加了某些限制。队列只能在线性表的一端存入、在另一端取出，队列实际上是按先进先出（First In First Out）的规则进行操作的。

3.2.1 队列的定义及基本运算

队列是一种操作受限的线性表，即只能在线性表的一端插入，而在线性表的另一端删除。我们把只能删除的这一端称为队头（front），把只能插入的另一端称为队尾（rear）。队列的基本操作是入队与出队，并且只能在队尾入队、队头出队，显然，最先删除的数据元素一定是最先入队的数据元素。因此，队列中对数据元素的操作实际上是按"先进先出"规则进行的，故队列也被称为先进先出线性表。当队列中没有任何数据元素时，即队空，此时不能进行出队操作；当队列的存储空间被用完时，即队满，此时不能进行入队操作。队列中数据元素的个数称为队列长度。图 3-5 所示为队列示意图。

图 3-5　队列示意图

队列和栈的关系是用两个栈可以实现一个队列，即第一个栈实现先进后出，第二个栈实现后进先出，这样经过两个栈即可得到先进先出的队列。

在队列上进行的基本操作如下。

（1）队列初始化：Init_Queue(&q)。操作结果是生成一个空队列 q。

（2）判空队列：Empty_Queue(q)。操作结果是当队列 q 存在时，若 q 为空队列则返回 1，否则返回 0。

（3）入队操作：In_Queue(q,x)。操作结果是当队列 q 存在时，将数据元素 x 插到队尾，队列发生变化。

（4）出队操作：Out_Queue(q,x)。操作结果是当队列 q 为非空队列时，删除队头元素并由 x 返回队头元素的值，队列发生变化。

（5）读队头元素：Front_Queue(q,x)。操作结果是当队列 q 为非空队列时，读出队头元素并由 x 返回队头元素的值，队列不发生变化。

3.2.2 队列的存储结构及运算实现

与线性表和栈类似，队列也有顺序存储结构和链式存储结构两种存储结构。

1. 顺序队列与循环队列

队列的顺序存储结构称为顺序队列，它利用一组地址连续的存储单元来存放队列中的数据元素。由于顺序队列中数据元素的插入和删除分别在顺序表的不同端进行，因此除了存放数据元素的一维数组，还必须设置队头指针和队尾指针来分别指示当前的队头元素和队尾元素。

顺序队列的类型定义如下。

```
typedef struct
{
    datatype data[MAXSIZE];              //队列中数据元素的存储空间
    int rear,front;                      //队尾指针和队头指针
}SeQueue;                                //顺序队列类型
```

先定义一个指向队列的指针 q，再申请一个顺序队列的存储空间，使指针 q 指向该存储空间。

```
SeQueue *q;
q=(SeQueue *)malloc(sizeof(SeQueue));
```

此时队列的数据域为 q->data[0]～q->data[MAXSIZE-1]。

通常设队头指针 q->front 指向队头元素的前一个位置，队尾指针 q->rear 指向队尾元素（这样设置是为了使运算更加方便）。

（1）队空：q->front = q->rear；

（2）队满：q->rear = MAXSIZE-1；

（3）队中数据元素个数：(q->rear)-(q->front)。

在不考虑溢出的情况下，入队操作先使队尾指针加 1 指向新的队尾元素，再将入队数据元素放到该位置。实现该操作的语句如下。

```
q->rear++;                              //队尾指针指向新的队尾元素
q->data[q->rear]=x;                     //数据元素 x 入队
```

在不考虑队空的情况下，使队头指针加 1，表明队头元素已出队。实现该操作的语句如下。

```
q->front++;                             //队头指针加 1 使队头元素出队
x=q->data[q->front];     //队头指针所指的数据元素为刚出队的原队头元素 x
```

按照上述思想建立空队列及入队、出队操作示意图，如图 3-6 所示（设 MAXSIZE=8）。

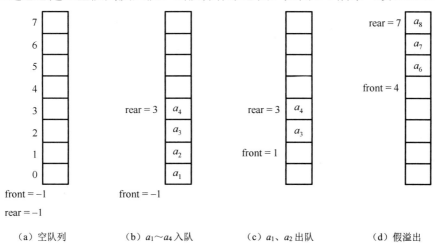

（a）空队列　　　（b）a_1～a_4 入队　　　（c）a_1、a_2 出队　　　（d）假溢出

图 3-6　队列操作示意图

从图 3-6 可以看出，随着入队、出队的进行，队列整体向上移动，这样就会出现如图 3-6（d）

所示的现象：队尾指针已经成为队列空间的最大值（数组 data 中，rear=7），再有数据元素入队就会发生溢出。而实际上此时数组 data 并未真正装满数据元素，这种现象称为假溢出，这是由只能从队尾入队且只能从队头出队的限制造成的。

队列在顺序存储下会发生溢出。在队空时进行出队操作称为下溢，在队满时进行入队操作称为上溢。上溢有两种情况，一种是真正的队满，即作为队列使用的一维数组空间已全部被数据元素所占用，此时队尾指针和队头指针存在着如下关系：

```
q->rear-q->front=MAXSIZE
```

此时队列已没有可供数据元素入队的存储空间了。另一种是假溢出，即队尾指针和队头指针存在着如下关系：

```
q->rear-q->front<MAXSIZE 且 q->rear=MAXSIZE-1
```

此时作为队列使用的一维数组仍有部分可用的存储空间。这是因为数据元素的出队腾出了其占用的存储空间，且该存储空间位于由下标 0 开始的一个连续区域，只不过队尾指针 q->rear 已经成为队列空间的最大值而无法再存放需要入队的数据元素，从下标 0 开始的可用存储空间被浪费了，这种现象称为假溢出。假溢出产生的根本原因是出队数据元素所腾出的那部分存储空间无法继续使用。

解决假溢出的方法是将顺序队列假想为一个首尾相接的圆环，称为循环队列，如图 3-7 所示。但此时会出现队空、队满的条件均为

```
q->rear=q->front
```

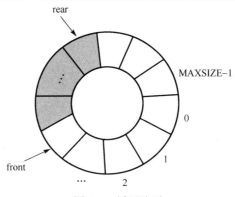

图 3-7 循环队列

为了解决这个问题，采取的方法是以损失一个数据元素的存储空间为代价将队满条件改为

```
(q->rear+1)%MAXSIZE=q->front
```

队空条件则维持不变，仍是 q->rear=q->front。此外，循环队列的数据元素个数为

```
(q->rear-q->front+MAXSIZE)%MAXSIZE
```

因为队列是头尾相连的循环结构，所以此时实现入队操作的语句改为

```
q->rear=(q->rear+1)%MAXSIZE;
q->data[q->rear]=x;
```

实现出队操作的语句改为

```
q->front=(q->front+1)%MAXSIZE;
x=q->data[q->front];
```

循环队列的类型定义与队列相同,只是操作方式按循环队列进行。常用的循环队列基本操作实现如下。

（1）置队空。

算法如下。

```
SeQueue *Init_SeQueue()                      //循环队列初始化（置队空）
{
    SeQueue *q;
    q=(SeQueue*)malloc(sizeof(SeQueue));    //申请循环队列存储空间
    q->front=0;                              //当队头与队尾指针相等时,队列为空队列
    q->rear=0;
    return q;                                //返回指向循环队列的指针
}
```

（2）入队。

算法如下。

```
void In_SeQueue(SeQueue *q,datatype x)
{
    if((q->rear+1)%MAXSIZE==q->front)        //队满
        printf("Queue is full!\n");          //输出入队失败信息
    else                                     //队未满,进行入队操作
    {
        q->rear=(q->rear+1)%MAXSIZE;         //队尾指针加 1
        q->data[q->rear]=x;                  //数据元素 x 入队
    }
}
```

（3）出队。

算法如下。

```
void Out_SeQueue(SeQueue *q,datatype *x)
{
    if(q->front==q->rear)                    //当队头指针等于队尾指针时
        printf("Queue is empty");            //队空,出队失败
    else                                     //当队头指针不等于队尾指针时,队不空,进行出队操作
    {
        q->front=(q->front+1)%MAXSIZE;       //队头指针加 1
        x=q->data[q->front];                 //队头元素出队,由数据元素 x 返回队头元素值
    }
}
```

（4）判空队列。

算法如下。

```
int Empty_SeQueue(SeQueue *q)
{
    if(q->front==q->rear)                    //当队头指针等于队尾指针时队列为空队列
```

```
    return 1;                      //返回队空标志
  else                             //当队头指针不等于队尾指针时，队列为非空队列
    return 0;                      //返回队非空标志
}
```

2．链队列

队列的链式存储结构称为链队列，链队列也要有标识队头和队尾的指针。为了操作方便，也给链队列添加一个头节点，并令队头指针指向头节点。因此，队空的条件是队头指针和队尾指针均指向头节点。图 3-8 所示为链队列的示意图。

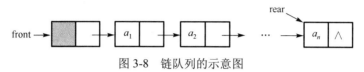

图 3-8　链队列的示意图

在图 3-8 中，队头指针 front 和队尾指针 rear 是两个独立的指针，从结构上考虑，通常将二者放入一个结构体中。

链队列的类型定义如下。

```
typedef struct node
{
  datatype data;
  struct node *next;
}QNode;                            //链队列节点类型
typedef struct
{
  QNode *front,*rear;              //将指向链队列的队头指针、队尾指针纳入一个结构体
}LQueue;                           //仅含有链队列队头指针、队尾指针的节点类型
```

若用语句"LQueue *q;"定义一个指向链队列的指针 q（该指针含有链队列的队头指针与队尾指针），则建立带头节点的链队列，如图 3-9 所示。

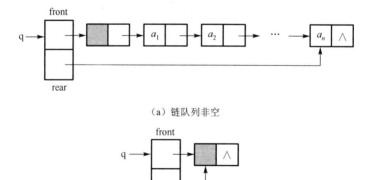

（a）链队列非空

（b）链队列为空

图 3-9　带头节点的链队列

链队列的基本操作实现如下。

（1）创建一个带头节点的空队列。

算法如下。

```
LQueue *Init_LQueue()
{
    LQueue *q;                          //定义一个指向链队列的含有队头指针、队尾指针的指针 q
    QNode *p;                           //定义一个指向链队列节点的指针 p
    q=(LQueue *)malloc(sizeof(LQueue));
                                        //指针 q 指向新产生的仅包含链队列队头指针、队尾指针的节点
    p=(QNode*)malloc(sizeof(QNode));    //申请一个链队列节点作为链队列的头节点
    p->next=NULL;                       //头节点指针 next 的值为空
    q->front=p;                         //链队列队头指针 front 指向头节点
    q->rear=p;                          //因队列为空队列，故链队列队尾指针 rear 指向头节点
    return q;                           //返回指向链队列的指针
}
```

（2）入队。

算法如下。

```
void In_LQueue(LQueue *q,datatype x)
{
    QNode *p;
    p=(QNode *)malloc(sizeof(QNode));   //申请一个新链队列节点
    p->data=x;
    p->next=NULL;                       //当新节点*p 作为队尾节点时，其指针 next 为空
    q->rear->next=p;                    //将新节点*p 连接到原队尾节点之后
    q->rear=p;                          //使链队列队尾指针 rear 指向新队尾节点*p
}
```

（3）判空队列。

算法如下。

```
int Empty_LQueue(LQueue *q)
{
    if(q->front==q->rear)               //当队头指针的值等于队尾指针的值时，队列为空队列
        return 1;                       //返回队空标志
    else                                //当队头指针的值不等于队尾指针的值时，队列为非空队列
        return 0;                       //返回队非空标志
}
```

（4）出队。

算法如下。

```
void Out_LQueue(LQueue *q,datatype *x)
{
    QNode *p;
    if(Empty_LQueue(q))                 //队空时
        printf("Queue is empty!\n");    //输出出队失败信息
    else                                //当队非空时进行出队操作
    {
```

```
    p=q->front->next;              //指针 p 指向链队列的第一个数据节点
    q->front->next=p->next;        //头节点的指针 next 指向链队列的第二个数据节点
                                   //此时删除了链队列的第一个数据节点
    *x=p->data;                    //将删除的数据节点的值经由节点*x 返回给主调函数
    free(p);                       //回收被删除数据节点的存储空间
    if(q->front->next==NULL)       //当数据节点出队后链队列变为空队列时
      q->rear=q->front;            //置链队列队头指针、队尾指针均指向头节点,即链队列为空队列
  }
}
```

例 3.2 已知 q 是一个非空队列,编写一个算法,仅用队列和栈及少量工作变量完成队列 q 的逆置。

【解】 逆置的方法是先按顺序取出队列中的数据元素并压入栈,当队中所有数据元素均入栈后,再从栈中逐个取出数据元素进入队列。由于栈的后进先出特性,此时进入队列中的数据元素已经实现了逆置。算法中采用顺序栈和顺序队列(循环队列)来实现逆置。算法如下。

```
void Revers_Queue(SeQueue *q,SeqStack *s)
{                                  //用栈 s 逆置队列 q
  char x,*p=&x;
  Init_SeqStack(&s);              //栈 s 初始化为空栈
  while(!Empty_SeQueue(q))        //当队列 q 非空时
  {
    Out_SeQueue(q,p);            //取出队头元素*p
    Push_SeqStack(s,*p);        //将队头元素*p 压入栈 s
  }
  while(!Empty_SeqStack(s))       //当栈 s 非空时
  {
    Pop_SeqStack(s,p);          //栈顶元素*p 出栈
    In_SeQueue(q,*p);           //将栈顶元素*p 入队
  }
}
```

3.3 字符串

字符串又称为串,是一种特殊的线性表,它的每个数据元素仅由一个字符组成。计算机更多地被应用于非数值计算领域,而该领域处理的基本对象都是字符串。字符串在文字编辑、信息检索、词法扫描、符号处理及定理证明等领域都得到了广泛的应用,因此字符串也作为一种变量类型出现在许多高级程序设计语言中,这样就可以对字符串进行各种操作和运算。

3.3.1 字符串的基本概念

字符串是由零个或多个任意字符组成的字符序列,为了表述方便,一般定义为

$$S="s_0\ s_1\ s_2\ \cdots\ s_{n-1}"$$

式中,S 为字符串的名字;双引号""""为字符串开始和结束的定界符,双引号""""中

的字符序列为字符串值，双引号""""本身不属于字符串的内容；s_i（$0 \leq i \leq n-1$）为字符串的元素，是字符串中的任意一个字符，是构成字符串的基本单位；i 为 s_i 在整个字符串中的序号（序号由 0 开始）；n（$n \geq 0$）为字符串的长度，表示字符串中所包含的字符个数，当 $n=0$ 时称为空字符串，通常记为 φ。

下面是一些字符串的例子。

（1）"123"。

（2）"Beijing"。

（3）"2018-CHINA"。

（4）"DATA STRUCTURES"。

（5）" "。

需要说明的是，字符串值必须用双引号""""（有的书中也采用单引号"''"）括起来，否则无法得知一个字符串的起点和终点。此外，还要注意由一个或多个空格字符组成的字符串与空字符串的区别，空字符串不包含任何字符，因此长度为 0；而一个空格本身就是一个字符，即由空格组成的字符串称为空格字符串，它的长度是字符串中空格字符的个数。

此外，还要注意字符串的几个概念。

（1）子串与主字符串：字符串中任意一个连续字符组成的子序列称为该字符串的一个子串，包含子串的字符串称为主字符串。

（2）字符和子串的位置：单个字符在字符串中的序号称为该字符的位置，子串的第一个字符在主字符串中首次出现的序号称为子串的位置。

（3）字符串相等：长度相等且对应位置上的字符均相同的两个字符串相等。

（4）字符串的比较：两个字符串的大小比较实际上比较的是字符的 ASCII 码。两个字符串从第一个位置上的字符开始比较，若比较中第一次出现了 ASCII 码较大的字符，则该字符所在的字符串大；若比较过程中出现一个字符串结束的情况，则另一个较长的字符串大。

字符串是一种特殊的线性表，与一般线性表在逻辑结构上的区别仅在于字符串的数据对象为字符集，但是字符串的基本操作与线性表的基本操作相比差别较大。在线性表的基本操作中，主要是针对线性表中的某个数据元素进行的，如线性表的数据元素插入、删除等；而在字符串的基本操作中，通常是对字符串的整体或某个部分进行的，如求字符串的长度、子串等。下面我们介绍字符串的部分基本运算。

（1）求字符串的长度：StrLength(s)。操作结果是求出字符串的长度。

（2）字符串赋值：StrCopy(s1,s2)。操作结果是假设 s1 是一个字符串变量，s2 是一个字符串常量或字符串变量，将 s2 的字符串值赋给 s1，s1 原来的字符串值被覆盖掉。

（3）字符串连接：StrCat(s1,s2)。操作结果是将字符串 s2 的字符串值紧接着放在 s1 字符串值的后面，即字符串 s1 改变而字符串 s2 不变。

例如，s1="CHINA"，s2="Beijing"，StrCat(s1,s2)操作的结果是 s1="CHINABeijing"，而 s2="Beijing"。

（4）求子串：SubStr(s,t,i,len)。操作结果是假设字符串 s 存在且 $0 \leq i \leq$ StrLength(s)-1，$0 \leq$ len$\leq$StrLength(s)-i，求得从字符串 s 的第 i 个字符开始的长度为 len 的子串并将其赋给子串 t。若 len 为 0，则子串 t 为空字符串。

例如，SubStr("students",t,4,3)="den"，即 t="den"。

（5）字符串比较：StrCmp(s1,s2)。操作结果是若 s1=s2 则返回 0；若 s1<s2 则返回小于 0 的值；若 s1>s2 则返回大于 0 的值。

（6）子串定位：StrIndex(s,t)。操作结果是假设 s 为主字符串，t 为子串，若 t 是 s 的子串，则返回 t 在 s 中首次出现的位置；否则返回-1。

例如，StrIndex("Data Structures","ruct")=8。

（7）字符串插入：StrInsert(s,i,t)。操作结果是假设字符串 s 和字符串 t 均存在且 $0 \leqslant i \leqslant$ StrLength(s)，将字符串 t 插到字符串 s 的第 i 个字符位置上，子串 s 的字符串值被改变。

例如，S="You are a student"，操作结果是假设执行 StrInsert(S,4,"r teacher")后，S="Your teacher are a student"。

（8）字符串删除：StrDelete(s,i,len)。操作结果是假设字符串 s 存在且 $0 \leqslant i \leqslant$ StrLength(s)-1，$0 \leqslant len \leqslant$ StrLength(s)-i。删除字符串 s 中从第 i 个字符开始的长度为 len 的子串，即子串 s 的字符串值被改变。

（9）字符串替换：StrRep(s,t,r)。操作结果是假设字符串 s、t、r 均存在且字符串 t 非空，用字符串 r 替换字符串 s 中出现的所有与字符串 t 相同的不重叠子串，子串 s 的字符串值被改变。

以上是字符串的几个基本操作，其中前五个操作是最基本的，且这五个操作不能通过其他操作的组合来实现，因此将这五个基本操作称为最小操作集。

3.3.2　字符串的顺序存储结构及基本运算

1. 字符串的顺序存储结构

因为字符串是字符型线性表，所以线性表的存储方式仍然适用于字符串，顺序存储结构存储的字符串称为顺序字符串。在顺序字符串中，用一组地址连续的存储单元存储字符串中的字符序列。通常采用一个字节（8 位）表示一个字符（该字符的 ASCII 码）的方式，因此一个内存单元可以存储多个字符。例如，一个 32 位的内存单元可以存储 4 个字符。因此字符串的顺序存储方式有两种：一种是每个单元只存放一个字符，称为非紧缩格式，如图 3-10（a）所示；另一种是每个单元的空间放满字符，称为紧缩格式，如图 3-10（b）所示。图 3-10 中有阴影的字节为空闲部分。

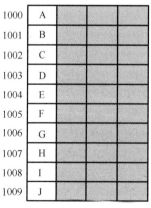

（a）非紧缩格式　　　（b）紧缩格式

图 3-10　字符串存储的紧缩格式与非紧缩格式

顺序字符串一般采用非紧缩格式定长存储。所谓定长是指按照预定义的大小，为每个字符串变量分配一个固定长度的存储区。例如：

```
#define MAXSIZE 256
char s[MAXSIZE];
```

则字符串的最大长度不能超过 256。

顺序字符串实际长度的标识可以用以下三种方法表示。

（1）类似于顺序表，用指针指向最后一个字符，这样表示的顺序字符串描述如下。

```
typedef struct
{
    char data[MAXSIZE];              //存放顺序字符串的值
    int len;                         //顺序字符串长度
}SeqString;                          //顺序字符串类型
SeqString s;                         //用顺序字符串类型定义一个字符串变量 s
```

在这种存储方式下可以直接得到顺序字符串的长度为 s.len，其存储方式如图 3-11 所示。

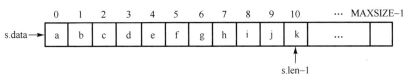

图 3-11　顺序字符串的存储方式 1

（2）在字符串尾存储一个不会在字符串中出现的特殊字符来作为字符串的结束标志。例如，C 语言中采用特殊字符'\0'表示字符串的结束。这种存储方法不能直接得到字符串的长度，必须通过判断当前字符是否为'\0'来确定字符串是否结束，从而求得字符串的长度。例如：定义了字符数组"char s[MAXSIZE];"，则图 3-12 所示为顺序字符串的存储方式 2。

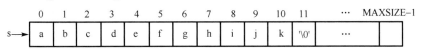

图 3-12　顺序字符串的存储方式 2

（3）设置顺序字符串存储空间"char s[MAXSIZE+1];"，s[0]用于存放字符串的实际长度，字符串值存放在 s[1]～s[MAXSIZE]中，这样使字符的序号与存储位置一致，使用起来更加方便。

2. 顺序字符串的基本运算

在此主要讨论顺序字符串的求字符串的长度、字符串连接、求子串、字符串比较和字符串插入等算法，字符串定位在 4.4 节字符串的模式匹配中介绍，字符串的结束字符采用'\0'来标识。

（1）求字符串的长度。

求顺序字符串 s 的长度（字符个数）的算法如下。

```
int StrLength(char *s)
{
    int i=0;
    while(s[i]!='\0')                //对字符串 s 中的字符个数计数直到遇到字符'\0'为止
        i++;
```

```
    return i;                         //返回字符串 s 的长度
}
```

（2）字符串连接。

字符串连接是把字符串和字符串首尾连接成一个新字符串。算法如下。

```
int StrCat(char s1[],char s2[])
{
  int i,j,len1,len2;
  len1=StrLength(s1);              //将字符串 s1 的长度赋给变量 len1
  len2=StrLength(s2);              //将字符串 s2 的长度赋给变量 len2
  if(len1+len2>MAXSIZE-1)          //字符串 s1 与字符串 s2 的长度之和超出最大存储空间
     return 0;                     //字符串 s1 存储空间无法放下字符串 s1 与字符串 s2，返回 0
  i=0;j=0;   //字符串 s1 存储空间可放下字符串 s1 与字符串 s2，将位置指针 i 和 j 的初值置为 0
  while(s1[i]!='\0')               //找到字符串 s1 的字符串尾
     i++;
  while(s2[j]!='\0')               //将字符串 s2 的字符串值复制到字符串 s1 的尾部
     s1[i++]=s2[j++];
  s1[i]='\0';                      //置字符串结束标志
  return 1;                        //字符串连接成功返回 1
}
```

（3）求子串。

算法如下。

```
int SubStr(char *s,char t[],int i,int len)
{       //用字符串 t 返回字符串 s 中从第 i 个字符开始长度为 len 的子串（1≤i≤字符串长）
  int j,slen;
  slen=StrLength(s);
  if(i<1||i>slen||len<0||len>slen-i+1)
     return 0;                     //给定参数有错，返回错误代码 0
  for(j=0;j<len;j++)               //复制字符串 s 中的指定子串到字符串 t 中
     t[j]=s[i+j-1];
  t[j]='\0';                       //给子串 t 置结束标志
  return 1;                        //求子串成功返回 1
}
```

（4）字符串比较。

算法如下。

```
int StrCmp(char *s1,char *s2)
{
  int i=0;
  while(s1[i]==s2[i] && s1[i]!='\0')    //将两个字符串对应位置上的字符进行比较
     i++;
  return(s1[i]-s2[i]);              //返回比较结果
}
```

返回结果分为两种情况：第一种是字符串 s1 和字符串 s2 都到达字符串尾部，此时 s1[i]-s2[i]的值为 0，即两字符串相等；第二种是返回首个对应位置为不同字符时的 ASCII 码，即差值 s1[i]-s2[i]，若为正数，则字符串 s1 大于字符串 s2，若为负数，则字符串 s1 小于字符串 s2。

（5）字符串插入。

算法如下。

```
int StrInsert(char *s,int i,char *t)
{        //将字符串 t 插入字符串 s 中第 i 个字符位置，指针 s 和指针 t 指向存储字符串的字符数组
  char str[MAXSIZE];
  int j,k,len1,len2;
  len1=StrLength(s);
  len2=StrLength(t);
  if(i<0||i>len1+1||len1+len2>MAXSIZE-1)
    return 0;          //若参数不正确或主字符串 s 的空间插不下子串 t，则返回错误代码 0
  k=i;
  for(j=0;s[k]!='\0';j++)
    str[j]=s[k++]; //将字符串 s 中由位置 i 开始直到字符串 s 尾部的子串赋值给字符串 str
  str[j]='\0';               //置字符串 str 结束标志
  j=0;
  while(t[j]!='\0')          //将子串 t 插入主字符串 s 的 i 位置
    s[i++]=t[j++];
  j=0;
  while(str[j]!='\0')    //将暂存于字符串 str 的子串连接到刚复制到字符串 s 的子串 t 后
    s[i++]=str[j++];
  s[i]='\0';                 //置字符串 s 结束标志
  return 1;                  //字符串插入成功返回 1
}
```

3.3.3　字符串的链式存储结构及基本运算

1. 字符串的链式存储结构

链式存储结构存储的字符串称为链字符串。链字符串的组织形式与一般链表类似，其主要区别在于：链字符串中的一个节点可以存储多个字符。通常将链字符串中每个节点所存储的字符个数称为节点大小，图 3-13（a）和图 3-13（b）分别给出了对于同一个字符串"ABCDEFGHIJKLMN"，节点大小分别为 4 和 1 时的链字符串。

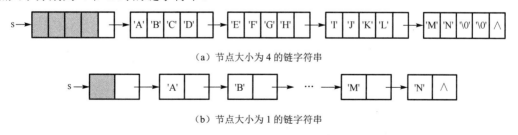

（a）节点大小为 4 的链字符串

（b）节点大小为 1 的链字符串

图 3-13　不同节点大小的链字符串

当节点大小大于 1 时，链字符串的最后一个节点的数据域不一定都被字符占满，对于那些空闲的数据域应给予特殊的标记（如字符'\0'）。链字符串的节点越大，则存储密度越大，插入、

删除、替换等操作越不便,因此适合于字符串基本保持不变的场合;链字符串的节点越小,则存储密度越小,插入、删除、替换等操作越方便。我们仅对节点大小为 1 的链字符串进行讨论。

链字符串的节点类型定义如下。

```
typedef struct snode
{
   char data;                         //data 为节点的数据
   struct snode *next;                //next 为指向后继节点的指针
}LiString;                            //链字符串节点类型
```

2. 链字符串的基本运算

（1）字符串赋值。

将一个存于一维数组 str 中的字符串赋给链字符串 s,赋值采用尾插法来建立链字符串 s。算法如下。

```
void StrAssingn(LiString **s,char str[])
{
   LiString *p,*r;
   int i;
   *s=(LiString*)malloc(sizeof(LiString));          //建立链字符串头节点
   r=*s;                                            //指针 r 始终指向链字符串 s 的尾节点
   for(i=0;str[i]!='\0';i++)//将数组 str 中的字符逐个转化为链字符串 s 中的节点
   {
      p=(LiString *)malloc(sizeof(LiString));       //指针 p 指向新生成的链字符串节点
      p->data=str[i];        //将数组 str 中的第 i 个数组元素赋给指针 p 指向节点的 data 域
      r->next=p;             //将指针 p 指向的节点连接到链字符串 s 的尾节点*r 之后
      r=p;                                          //指针 r 指向链字符串 s 新的尾节点*p
   }
   r->next=NULL;                                    //将最终生成的链字符串 s 尾节点的指针域置空
}
```

（2）求链字符串的长度。

返回链字符串 s 的字符个数,即链字符串的长度。算法如下。

```
int StrLength(LiString *s)
{
   int i=0;
   LiString *p=s->next;                //使指针 p 指向链字符串 s 的第一个数据节点
   while(p!=NULL)                       //遍历链字符串 s 中的每个节点来统计字符个数
   {
      i++;
      p=p->next;
   }
   return i;                            //返回链字符串长度
}
```

（3）字符串连接。

将链字符串 s、t 连接在一起形成一个新的链字符串 s,原链字符串 t 保持不变。算法如下。

```
void StrCat(LiString *s,LiString *t)
{
  LiString *p,*q,*r,*str;
  str=(LiString *)malloc(sizeof(LiString));     //生成只有头节点的空链字符串 str
  r=str;                    //指针 r 指向链字符串 str 的尾节点（此时为头节点）
  p=t->next;                //指针 p 指向链字符串 t 的第一个数据节点
  while(p!=NULL)            //将链字符串 t 复制到链字符串 str 中
    {
      q=(LiString *)malloc(sizeof(LiString));     //指针 q 指向新生成的链字符串节点
      q->data=p->data;     //将指针 p 所指向的链字符串 t 的节点信息复制到指针 q 所指向的节点中
      r->next=q;           //将指针 q 所指向的节点连接到链字符串 str 的尾节点*r 之后
      r=q;                 //指针 r 指向链字符串 str 新的尾节点*q
      p=p->next;           //指针 p 顺序指向链字符串 t 的下一个节点
    }
  r->next=NULL;            //复制链字符串 t 完成，置链字符串 str 中尾节点的指针域为空
  p=s;                     //指针 p 指向链字符串 s 的头节点
  while(p->next!=NULL)        //寻找链字符串 s 的尾节点
    p=p->next;
  p->next=str->next;
                //将链字符串 str 所保存的链字符串 t 的字符串值连接到链字符串 s 尾节点后
  free(str);               //回收链字符串 str 的头节点
}
```

（4）求子串。

将链字符串 s 中从第 i 个（$1 \leqslant i \leqslant$ StrLength(s)）字符（节点）开始且由连续 len 个字符组成的子串生成一个新链字符串 str，若参数不正确则生成的新链字符串 str 为空字符串。算法如下（采用尾插法建立链字符串 str）。

```
void SubStr(LiString *s,LiString **str,int i,int len)
{                         //对链字符串 s 求子串并存放于链字符串*str
  LiString *p,*q,*r;
  int k;
  p=s->next;              //指针 p 指向链字符串 s 的第一个数据节点
  *str=(LiString*)malloc(sizeof(LiString)); //生成只有头节点的空链字符串 str
  (*str)->next=NULL;      //初始链字符串*str 为空
  r=*str;                 //指针 r 指向链字符串*str 的尾节点（此时为头节点）
  if(i<1||i>StrLength(s)||len<0||i+len-1>StrLength(s))
  goto L1;                //参数出错，生成空链字符串*str
  for(k=0;k<i-1;k++)      //指针 p 定位于链字符串 s 的第 i 个节点
  p=p->next;
  for(k=0;k<len;k++)
    {                     //将链字符串 s 由第 i 个节点开始的 len 个节点复制到链字符串*str 中
      q=(LiString *)malloc(sizeof(LiString));     //指针 q 指向新生成的链字符串节点
      q->data=p->data;     //将指针 p 所指向的链字符串 s 节点信息复制到指针 q 所指向的节点
      r->next=q;           //将指针 q 所指节点连接到链字符串*str 尾节点*r 之后
      r=q;                 //指针 r 指向链字符串*str 新的尾节点*q
```

```
        p=p->next;      //指针 p 按顺序指向链字符串 s 的下一个节点，以便链字符串*str 继续复制
    }
    r->next=NULL;                    //链字符串*str 生成完毕，将尾节点的指针域置空
    L1:  ;
}
```

（5）字符串插入。

算法如下。

```
void StrInsert(LiString *s,int i,LiString *t)
{                               //将链字符串 t 插入链字符串 s 的第 i 个节点位置
    LiString *p,*r;
    int k;
    p=s->next;                  //指针 p 指向链字符串 s 的第一个数据节点
    for(k=0;k<i-1;k++)          //在链字符串 s 中查找指向第 i 个节点的指针
        p=p->next;
    r=p->next;                  //将链字符串 s 中由 i 节点开始的字符串暂存于指针 r
    p->next=t->next;            //将不含头节点的链字符串 t 连接到链字符串 s 第 i-1 个节点后
    p=t;                        //指针 p 指向链字符串 t 的头节点
    while(p->next!=NULL)        //查找链字符串 t 的尾节点
        p=p->next;
    p->next=r;      //将暂存于指针 r 的字符串连接到链字符串 t（已连入链字符串 s）的尾节点之后
}
```

3.3.4 简单模式匹配

字符串的模式匹配是指子串（模式字符串）在主字符串中的定位操作，是各种字符串处理运算中最重要的操作之一。

设有两个字符串：主字符串 $S="s_0 s_1 \cdots s_{n-1}"$，子串 $T="t_0 t_1 \cdots t_{m-1}"$ 且 $1 \leqslant m \leqslant n$。最简单的模式匹配算法是 Brute-Force 算法，简称 BF 算法。该算法的基本思想是从主字符串 S 中的第一个字符 s_0 与子串 T 中的第一个字符 t_0 开始，依次逐对比较，并分别用指针 i 和 j 指示当前字符串 S 和字符串 T 中正在比较的字符位置。若两个字符相等，则继续比较两字符串当前位置的后继字符；否则将主字符串 S 的第二个字符 s_1 与子串 T 的第一个字符 t_0 进行依次逐对比较，以此类推，直至子串中的每个字符与主字符串中一个连续字符序列中的每个字符依次逐对相等，则匹配成功，并返回子串 T 中第一个字符 t_0 在主字符串 S 中的位置；否则匹配失败。字符串的简单模式匹配如图 3-14 所示。

若在匹配过程中出现 $s_i \neq t_j$ 的情况，则匹配失败，新一次的匹配应该让 t_0 与字符串 S 中哪一个字符比较？通过图 3-15 可知，若出现 $s_i \neq t_j$，则此次匹配失败的比较一定是从 t_0 与 s_{i-j} 的比较开始的，所以下一次匹配比较则应由 t_0 与 s_{i-j} 的下一个字符，即 s_{i-j+1} 开始，这是从当前字符串匹配失败信息中得到的新 次匹配中字符串 S 的起始位置。当 t_j 与 s_i 比较失败时，新一次匹配的开始位置应当使指针 j 等于 0（指向 t_0），而指针 i 则等于 $i-j+1$（指向 s_{i-j+1}）。这样，指针 i 必须由当前位置 i 回溯（回调）到 $i-j+1$ 位置上。

图 3-14　字符串的简单模式匹配　　　　　图 3-15　当 $s_i \neq t_j$ 时的匹配情况

依据简单模式匹配思想，得到 BF 算法如下。

```
int StrIndex_BF(SeqString *S,SeqString *T)
{                                    //简单模式匹配
    int i=0,j=0;                     //i 和 j 分别为指向字符串 S 和字符串 T 的指针
    while(i<S->len && j<T->len)      //当未到达字符串 S 或字符串 T 的尾部时
    {
        if(S->data[i]==T->data[j])   //当两字符串当前位置上的字符匹配时
        { i++;j++;}                  //将指针 i、j 按顺序后移一个位置继续匹配
        else                         //当两字符串当前位置上的字符不匹配时
        {
            i=i-j+1;                 //将指针 i 调至主字符串 S 新一趟开始的匹配位置
            j=0;                     //将指针 j 调至子串 T 的第一个字符位置
        }
    }
    if(j>=T->len)                    //已匹配完子串 T 的最后一个字符
        return(i-T->len);            //返回子串 T 在主字符串 S 中的位置
    else
        return(-1);                  //主字符串 S 中没有与子串 T 相同的子串
}
```

在最好情况下，每趟不成功的匹配都发生在子串 T 的第一个字符与主字符串 S 中该趟匹配开始位置字符的比较上。设从主字符串 S 的第 i 个位置开始与子串 T 匹配成功，则在前 i 趟匹配（注意，位置序号由 0 开始，即 $0 \sim i-1$ 趟）中字符共比较了 i 次。若第 $i+1$ 趟成功匹配的字符比较次数为 m，则总的比较次数为 $i+m$。对于成功匹配的主字符串 S，其起始位置可以是 $0 \sim n-m$（共有 $n-m+1$ 个起始位置），假定这 $n-m+1$ 个起始位置上的匹配成功概率均相等，则最好情况下匹配成功的平均比较次数为

$$\sum_{i=0}^{n-m} p_i(i+m) = \frac{1}{n-m+1}\sum_{i=0}^{n-m}(i+m) = \frac{1}{2}(n+m)$$

因此，最好情况下 BF 算法的平均时间复杂度为 $O(n+m)$。

在最坏情况下，每趟不成功的匹配都发生在子串 T 的最后一个字符与主字符串 S 中该趟匹配相应位置字符的比较上，则新一趟的起始位置为 $i-m+1$。这时，若第 i 趟匹配成功，则前 $i-1$ 趟不成功的匹配中每趟都比较了 m 次，而第 i 趟成功的匹配也比较了 m 次。所不同的是，前 $i-1$ 趟均是在第 m 次比较时不匹配的，而第 i 趟的 m 次比较都成功匹配，因此第 i 趟成功匹配时共进行了 $i \times m$ 次比较。最坏情况下匹配成功的比较次数为

$$\sum_{i=0}^{n-m} p_i(i \times m) = \frac{m}{n-m+1} \sum_{i=0}^{n-m} i = \frac{1}{2}m(n-m)$$

由于 $n \gg m$，因此最坏情况下 BF 算法的平均时间复杂度约为 $O(n \times m)$。

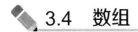

3.4 数组

数组可以看作含义拓展了的线性表，即这种线性表中的数据元素自身又是一个数据结构。本章介绍数组的基本概念及其存储结构，给出稀疏矩阵的压缩存储和矩阵转置的实现算法。

3.4.1 数组的基本概念及存储结构

1. 数组的基本概念

数组是我们很熟悉的一种数据结构，可以将它看作线性表含义的拓展。数组作为一种数据结构，其特点是结构中的数据元素本身可以是具有某种结构的数据，但属于同一种数据类型。一维数组$[a_1, a_2, \cdots, a_n]$由固定的 n 个数据元素构成，其本身就是一种线性表结构。用矩阵表示的二维数组为

$$A_{m \times n} = \begin{bmatrix} a_{11} & a_{12} & \cdots & a_{1n} \\ a_{21} & a_{22} & \cdots & a_{2n} \\ \vdots & \vdots & & \vdots \\ a_{m1} & a_{m2} & \cdots & a_{mn} \end{bmatrix}$$

式中，每个数据元素均受到两个下标约束，但可看作数据元素是一维数组的一维数组，即每维关系仍然具有线性特性，但整个结构呈非线性。同样，三维数组可以看作数据元素是二维数组的一维数组。以此类推，n 维数组是由 $n-1$ 维数组定义的。因此，n 维数组是一种"同构"的数据结构，即数组中的每个数据元素类型相同，结构也一致。n 维数组是线性表在维数上的拓展，即线性表中的数据元素又可以是一个线性表。从数据结构关系的角度看，n 维数组中的每个数据元素都受到 n 个关系的约束，但在每个关系中，数据元素都有一个前驱元素（第一个数据元素除外）和一个后继元素（最后一个数据元素除外）。因此就单个关系而言，这 n 个关系仍然是线性关系。

数组具有以下性质。

（1）数组中的数据元素个数固定。一旦定义了一个数组，其数据元素的个数就不再变化。

（2）数组中每个数据元素都具有相同的数据类型。

（3）数组中每个数据元素都有一组唯一的下标与之对应，数组元素的下标有上、下界约束且下标有序。

（4）数组是一种随机存储结构，可随机存取数组中的任意数据元素。

数组是一种数据元素个数固定的线性表，当维数大于 1 时可以看作线性表的推广。

2. 数组的存储结构

由于计算机的内存结构是一维的，因此多维数组的存储就必须按某种方式进行降维处理，从而将所有的数组元素排成一个线性序列。由于高维数组是由低维数组定义的，并最终由一维数组定义，因此可通过递推关系将多维数组的数据元素转化为线性序列来存储。

对于一维数组，假定每个数据元素占用 k 个存储单元，一旦第一个数据元素 a_0 的存储地址 LOC(a_0)确定，一维数组中的任意数据元素 a_i 的存储地址 LOC(a_i)就可以由式（3-1）求出：

$$\text{LOC}(a_i)=\text{LOC}(a_0)+i\times k \tag{3-1}$$

式（3-1）说明，一维数组中任意数据元素的存储地址都可以通过直接计算得到，即一维数组中的数据元素都可以直接存取。因此，一维数组是一种随机存储结构。由于二维数组乃至多维数组都由一维数组定义，因此二维数组乃至多维数组也都满足随机存取特性。

对于二维数组，有以行为主序（行先变化）和以列为主序（列先变化）两种存储方式，如图 3-16 所示。设二维数组中的每个数据元素占用 k 个存储单元，m 和 n 为二维数组的行数和列数，则二维数组以行为主序的数据元素 $a_{i,j}$ 的存储地址计算公式（行、列下标均从 0 开始）为

$$\text{LOC}(a_{i,j})=\text{LOC}(a_{0,0})+(i\times n+j)\times k \tag{3-2}$$

这是因为数据元素 $a_{i,j}$ 的前面有 i 行，每行的元素为 n 个，在第 i 行中它的前面还有 j 个数据元素，如图 3-17 所示。

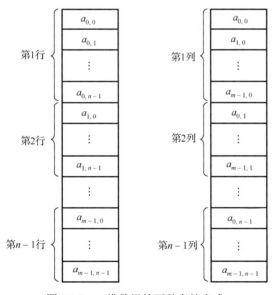

图 3-16　二维数组的两种存储方式

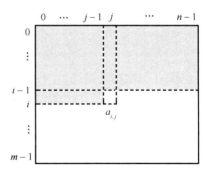

图 3-17　二维数组中 $a_{i,j}$ 的位置

二维数组以列为主序的数据元素 $a_{i,j}$ 存储地址计算公式为

$$\text{LOC}(a_{i,j})=\text{LOC}(a_{0,0})+(j\times m+i)\times k \tag{3-3}$$

上述公式和结论可推广至三维数组或多维数组。对三维数组 A_{mnp} 即 $m\times n\times p$ 数组，以行为主序的数据元素 $a_{i,j,\text{l}}$ 的存储地址计算公式为

$$\text{LOC}(a_{i,j,\text{l}})=\text{LOC}(a_{0,0,0})+(i\times n\times p+j\times p+\text{l})\times k$$

可以将三维数组看成一个三维空间，如图 3-18 所示。对于 $a_{i,j,1}$ 来说，前面已经存放了 i 个面，每个面上有 $m×p$ 个数据元素；第 i 个面类似于图 3-17，即前面有 j 行，每行有 p 个数据元素，第 j 行有 1 个数据元素。

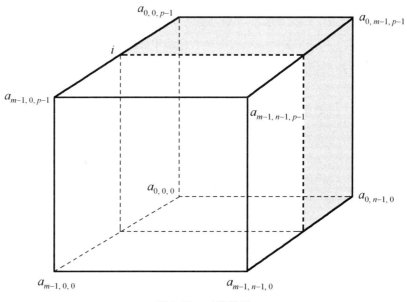

图 3-18　三维数组

以上讨论均假定数组各维的下界为 0，更一般的情况是各维的上、下界是任意指定的。以二维数组为例，假定二维数组的行下界为 c_1，行上界为 d_1，列下界为 c_2，列上界为 d_2，则二维数据元素 $a_{i,j}$ 以行为主序的存储地址计算公式为

$$\text{LOC}(a_{i,j}) = \text{LOC}(a_{c1,c2}) + [(i-c_1)×(d_2-c_2+1)+(j-c_2)]×k \tag{3-4}$$

二维数据元素 $a_{i,j}$ 以列为主序的存储地址计算公式为

$$\text{LOC}(a_{i,j}) = \text{LOC}(a_{c1,c2}) + [(j-c_2)×(d_1-c_1+1)+(i-c_1)]×k \tag{3-5}$$

例 3.3　用 C 语言定义二维数组为

$$\text{float a[8][5];}$$

且每个 float 型数据元素均占用 4 字节的内存空间。

（1）求二维数组 a 的数据元素个数。

（2）假定二维数组 a 的起始存储地址为 1000，求以行为主序的数据元素 $a[6][3]$ 的存储地址。

【解】（1）由二维数组 a 的定义"float a[8][5];"可知，8 和 5 分别为各维的长度，所以二维数组 a 的数据元素个数为 $8×5=40$。

（2）已知 $m=8$，$n=5$，由式（3-2）可知，$a[6][3]$ 的存储地址为（C 语言数组的行、列下界均为 0）

$$\text{LOC}(a_{6,3}) = \text{LOC}(a_{0,0}) + (i×n+j)×k = 1000+(6×5+3)×4 = 1132$$

例 3.4　设计一个算法，对于有 n 个数据元素的一维数组 a，使其数据元素循环右移 k 位，要求算法尽量少使用辅助存储空间。

【解】 由于只允许使用一个变量辅助实现数据元素的移动,因此将该题转化为每次将数据元素循环右移一位,进行 k 次来实现。因此,需用两重 for 循环:外层的 for 循环控制 k 次移位;内层的 for 循环控制整个数据元素循环右移一位。数据元素循环右移一位的过程如图 3-19 所示。

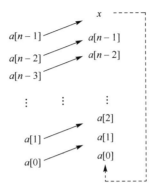

图 3-19 数据元素循环右移一位的过程

算法如下。

```
void Movek(int a[],int k,int n)
{                                           //对数组 a 的 n 个数据元素循环右移 k 次
    int i,j,x;
    for(i=1;i<=k;i++)                        //循环右移 k 次
    {
        x=a[n-1];
        for(j=n-2;j>=0;j--)
            a[j+1]=a[j];
        a[0]=x;
    }
}
```

3.4.2 稀疏矩阵的三元组表示及矩阵转置

有一类矩阵含有少量的非零元素及较多的零元素,但非零元素的分布没有任何规律,我们称这样的矩阵为稀疏矩阵。

对一个 $m \times n$ 的稀疏矩阵,其非零元素的个数 $t \ll m \times n$,若采用常规的存储方法存储矩阵的每个数据元素,则会造成内存的很大浪费。为了节省存储空间,稀疏矩阵的存储必须采用压缩存储方式,即只存储非零元素。但是稀疏矩阵中非零元素的分布无规律可循,故除了存储非零元素的值,还必须同时存储它所在的位置,这样才能找到该非零元素。也即,每个非零元素 $a_{i,j}$ 由一个三元组 $(i,j,a_{i,j})$ 唯一确定,其中 i 和 j 分别代表非零元素 $a_{i,j}$ 所在的行和列。

除了用一个三元组 $(i,j,a_{i,j})$ 表示一个非零元素 $a_{i,j}$,还需要记下稀疏矩阵的行数 m、列数 n 和非零元素个数 t,形成一个三元组 (m,n,t)。若将所有三元组按行(或按列)的优先顺序排列,则得到一个数据元素为三元组的线性表,并将三元组 (m,n,t) 放于该线性表的第一个位置。我们将这种线性表的顺序存储结构称为三元组表。图 3-20 所示为稀疏矩阵 M 及其三元组表。

3	4	5
0	1	3
0	2	1
1	0	1
2	1	2
2	3	1

$$M = \begin{bmatrix} 0 & 3 & 1 & 0 \\ 1 & 0 & 0 & 0 \\ 0 & 2 & 0 & 1 \end{bmatrix}$$

(0, 1, 3)(0, 2, 1)

(1, 0, 1)

(2, 1, 2)(2, 3, 1)

（a）稀疏矩阵 *M*　　　（b）非零元素的三元组　　（c）稀疏矩阵 *M* 的三元组表

图 3-20　稀疏矩阵 *M* 及其三元组表

一般来说，稀疏矩阵的三元组存储是以行为主序的。在这种方式下，三元组表中的行号 i 递增有序，对于相同的 i，其列号 j 也递增有序。

三元组表的顺序存储结构定义如下。

```
typedef struct
{
  int i;                    //行号
  int j;                    //列号
  int v;                    //非零元素
}TNode;                     //三元组类型
typedef struct
{
  int m;                    //行数
  int n;                    //列数
  int t;                    //矩阵中非零元素的个数
  TNode data[MAXSIZE];      //三元组表
}TSMatrix;                  //三元组表类型
```

注意，在这种定义方式下，稀疏矩阵的行数 m、列数 n 和非零元素个数 t 并不放在三元组表中，而是专门设置三个域来存放。

1．为存储在二维数组中的稀疏矩阵建立三元组表

假定 $m \times n$ 的稀疏矩阵已存储在二维数组中，现以行为主序来扫描二维数组，将所有的非零元素存入三元组表。算法如下。

```
void CreatMat(TSMatrix *p,int *a,int m,int n)
{       //指针 p 指向三元组表，指针 a 指向存储稀疏矩阵的二维数组，m、n 为矩阵行数和列数
  int i,j;
  p->m=m;
  p->n=n;
  p->t=0;                   //指针 p 初始指向三元组表数据域的第一个三元组位置 0
  for(i=0;i<m;i++)
  {
    for(j=0;j<n;j++)
      if(a[i][j]!=0)        //将非零元素存储在三元组表的数据域中
      {
```

```
            p->data[p->t].i=i;
            p->data[p->t].j=j;
            p->data[p->t].v=a[i][j]
            p->t++;                    //下标加 1 以便三元组表存放下一个非零元素
        }
    }
}
```

2. 矩阵转置

转置是一种最简单的矩阵运算。对于一个 $m×n$ 的矩阵 A，它的转置矩阵为 $n×m$ 的矩阵 B，且 $a_{i,j}=b_{j,i}$（$0≤i<m$，$0≤j<n$），即矩阵 A 的行是矩阵 B 的列，矩阵 A 的列是矩阵 B 的行。图 3-21 所示为图 3-20（a）中的稀疏矩阵 M 转置后的三元组表。

分析图 3-20（c）和图 3-21 可知，只要将三元组表中的 i 和 j 的值交换，然后按以行为主序的原则重新排列三元组表即可形成矩阵转置后的三元组表。但是，我们希望在交换行、列值的过程中就同时确定该三元组在行为主序的三元组表中的位置，而不必在交换结束后再重新去排列三元组表。对此，有以下两种处理方法。

4	3	5
0	1	1
1	0	3
1	2	2
2	0	1
3	2	1

图 3-21　图 3-20（a）中的稀疏矩阵 M 转置后的三元组表

（1）按列序递增转置法。由于交换后的列变为行，只有列为主序在原三元组表 a 中进行查找，才能使交换后生成的三元组表 b 做到以行为主序。因此，应从三元组表 a 的第一行开始依次按三元组表 a 中的 j 值由小到大进行选择，将选中的三元组 i 和 j 交换后送入三元组表 b，直到三元组表 a 中的三元组全部放入三元组表 b 为止，按这种顺序生成的三元组表 b 则已经是以行为主序的。算法如下。

```
void TranTat(TSMatrix *a,TSMatrix *b)
{               //三元组表方式下实现矩阵转置，a、b 为转置前后两个不同三元组表
    int k,p,q;              //指针 k 指向三元组表 a 的列号，p、q 为三元组表 a、b 的下标
    b->m=a->m;
    b->n=a->n;
    b->t=a->t;
    if(b->t!=0)                        //当三元组表不为空时
    {
        q=0;                           //由三元组表 b 的第一个三元组位置 0 开始
        for(k=0;k<a->n;k++)            //对三元组表 a 按列下标由小到大扫描
        {
            for(p=0;p<a->t;p++)        //按表长 t 扫描整个三元组表 a
                if(a->data[p].j==k)    //找到列下标与 k 相同的三元组
                {                      //将其复制到三元组表 b 中
                    b->data[q].i=a->data[p].j;
                    b->data[q].j=a->data[p].i;
                    b->data[q].v=a->data[p].v;
                    q++;               //三元组表 b 的存放位置加 1，准备存放下一个三元组
                }
        }
```

```
        }
    }
```

该算法的时间主要耗费在两重 for 循环上，其时间复杂度为 $O(a\text{->}n \times a\text{->}t)$。

（2）快速转置法。按列序递增转置算法效率不高的原因在于两重 for 循环的重复扫描，而快速转置法只需扫描一遍。快速转置法的基本思想是在三元组表 a 中依次取出每个三元组，并将其准确地放置在转置后的三元组表 b 中最终放置的位置上，当按顺序取完三元组表 a 中的所有三元组时，转置后的三元组表 b 也就完成了，无须调整 b 中三元组的位置。这种方法的实现需要预先计算以下数据。

① 三元组表 a 中每列非零元素的个数，它也是转置后三元组表 b 每行非零元素的个数。

② 三元组表 a 中每列的第一个非零元素在三元组表 b 中正确的存放位置，它也是转置后三元组表 b 中每行第一个非零元素正确的存放位置。

为了避免混淆，我们将行、列号与数组的下标统一起来，即用第 0 行、第 0 列来表示原第 1 行、第 1 列，以此类推。

设矩阵 A（在三元组表 a 中行数为 a->n）第 k 列（转置后矩阵 B 的第 k 行）的第一个非零元素在三元组表 b 中的正确位置记录在 pot[k]（$0 \leq k < a\text{->}n$）中，则对三元组表 a 进行转置时，只需将三元组按列号 k 放到三元组表 b 的 b->data[pot[k]]中即可，然后 pot[k]加 1 以指示下一个列号为 k 的三元组在表 b 中的存放位置。于是有

$$\begin{cases} \text{pot}[0] = 0 \\ \text{pot}[k] = \text{pot}[k-1] + 第 k-1 列非零元素的个数 \end{cases} \tag{3-6}$$

为统计第 k-1 列非零元素的个数可以再引入一个数组，但为了节省存储空间，我们可以将第 k-1 列的非零元素个数暂时存储在 pot[k]中，即 pot[1]～pot[a->n]（注意 k 此时可取到 a->n）实际存放的分别是第 0 列到第 a->n-1 列非零元素的个数，而 pot[0]存放的却是第 0 列的第一个非零元素应该放置在三元组表 b 中的位置（下标），这样 k 可按由 1 递增到 a->n-1 的次序，依次求出三元组表 a 中每列第一个非零元素应该在三元组表 b 中的存放位置，即

$$\text{pot}[k] = \text{pot}[k-1] + \text{pot}[k] \tag{3-7}$$

注意，式（3-7）中的 pot[k-1]此时已经是按顺序求出的第 k-1 列的第一个非零元素在三元组表 b 中的存放位置，而赋值号 "=" 右侧的 pot[k]则是暂存的第 k-1 列非零元素个数。因此，pot[k-1]+pot[k]正好是待求的第 k 列的第一个非零元素在三元组表 b 中的存放位置，并将这个位置编号赋给 pot[k]。

图 3-22（a）所示矩阵 M 的 pot 数组变化情况如图 3-22（b）、图 3-22（c）所示。在图 3-22（b）中，pot[0]为第 0 列的第一个非零元素在三元组表 b 中的存放位置，而 pot[1]～pot[4]为第 0 列到第 3 列的非零元素的个数。在图 3-22（c）中，pot[0]～pot[3]为根据式（3-7）求得的第 0 列到第 3 列的非零元素在三元组表 b 中的起始存放位置，此时 pot[4]无实际用途。

（a）矩阵 M　　　　（b）存放各列非零元素的 pot 数组　　　　（c）用式（3-7）求出起始位置的 pot 数组

图 3-22　pot 数组的变化

快速转置算法如下。

```
void FastTranTat(TSMatrix *a,TSMatrix *b)
{
    int i,k,pot[MAXSIZE];
    b->m=a->m;
    b->n=a->n;
    b->t=a->t;
    if(b->t!=0)                    //当三元组表非空时
    {
        for(k=1;k<=a->n;k++)
            pot[k]=0;              //pot 数组初始化
        for(i=0;i<a->t;i++)
        {
            k=a->data[i].j;
            pot[k+1]=pot[k+1]+1;   //统计第 k 列的非零元素个数并送入 pot[k+1]
        }
        pot[0]=0;                  //第 0 列的第一个非零元素在三元组表 b 中存放的位置
        for(k=1;k<a->n;k++)    //求第 1 列到第 n-1 列的第一个非零元素在三元组表 b 中存放的位置
            pot[k]=pot[k-1]+pot[k];
        for(i=0;i<a->t;i++)
        {
            k=a->data[i].j;
            b->data[pot[k]].i=a->data[i].j;
            b->data[pot[k]].j=a->data[i].i;
            b->data[pot[k]].v=a->data[i].v;
            pot[k]=pot[k]+1;
                                   //第 k 列的存放位置加 1,准备存放第 k 列的下一个三元组
        }
    }
}
```

从时间上看，该算法由 4 个单层 for 循环决定，总的时间复杂度为 $O(a\text{->}n+a\text{->}t)$。从空间上看它比按列序递增转置算法多使用了一个长度为 $a\text{->}n+1$ 的 pot 数组。

习题 3

1. 单项选择题

（1）栈和队列都是特殊的线性表，其特殊性在于_____。

　　A. 它们具有一般线性表所没有的逻辑特性

　　B. 它们的存储结构比较特殊

C．对它们的使用方法做了限制

D．它们比一般线性表简单

（2）若队列采用顺序存储结构，则元素的排列顺序_____。

A．与数据元素的大小有关

B．由数据元素进入队列的先后顺序决定

C．与队头指针和队尾指针的取值有关

D．与作为顺序存储结构的数组大小有关

（3）设栈的输入序列为 1234，则其出栈序列不可能是_____。

A．1243　　　　 B．1432　　　　 C．4312　　　　 D．3214

（4）设栈的输入序列为 1,2,3,…,n，若输出序列的第一个数据元素是 n，则输出的第 i 个数据元素是_____。

A．不确定　　　 B．$n-i+1$　　　 C．i　　　　　 D．$n-i$

（5）若用单链表来表示队列，则应该选用_____。

A．带尾指针的非循环链表　　　　 B．带尾指针的循环链表

C．带头指针的非循环链表　　　　 D．带头指针的循环链表

（6）若用一个大小为 6 的数组来实现循环队列，且当前 rear 和 front 分别为 0 和 3。当从队列中删除一个数据元素后再加入两个数据元素，则这时的 rear 和 front 分别为_____。

A．1 和 5　　　 B．2 和 4　　　 C．4 和 2　　　 D．5 和 1

（7）如图 3-23 所示的循环队列中的数据元素个数是_____。其中，rear = 32 指向队尾元素，front = 15 指向队头元素的前一个空位置，队列空间 $m = 60$。

A．42　　　　　 B．16　　　　　 C．17　　　　　 D．41

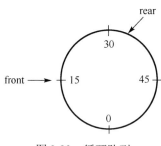

图 3-23　循环队列

（8）假定一个顺序循环队列的队头指针和队尾指针分别用 front 和 rear 表示，则判队空的条件是_____。

A．front+1＝＝rear　　　　　 B．front＝＝rear+1

C．front＝＝0　　　　　　　 D．front＝＝rear

（9）假定一个顺序循环队列存储于长度为 n 的一维数组，其队头和队尾指针分别用 front 和 rear 表示，则判队满的条件是_____。

A．(rear-1)%n＝＝front　　　 B．(rear+1)%n＝＝front

C．rear＝＝(front-1)%n　　　 D．rear＝＝(front+1)%n

（10）链栈与顺序栈相比，其明显优势是_____。

    A．通常不会出现栈满的情况　　　　B．通常不会出现栈空的情况

    C．插入操作更容易实现　　　　　　D．删除操作更容易实现

（11）字符串是一种特殊的线性表，其特殊性体现在_____。

    A．可以顺序存储　　　　　　　　　B．数据元素可以是一个字符

    C．可以链式存储　　　　　　　　　D．数据元素可以有多个

（12）以下关于字符串的叙述中，不正确的是_____。

    A．字符串是字符的有限序列

    B．空字符串是由空格构成的字符串

    C．模式匹配是字符串的一种重要运算

    D．字符串既可采用顺序结构存储又可采用链式结构存储

（13）假设有两个字符串 p 和 q，求字符串 q 在字符串 p 中首次出现的位置运算称为_____。

    A．连接　　　　　　　　　　　　　B．模式匹配

    C．求子串　　　　　　　　　　　　D．求串长

（14）若字符串 S="software"，则其子串的数目是_____。

    A．8　　　　　　B．37　　　　　　C．36　　　　　　D．9

（15）一维数组和线性表的区别是_____。

    A．前者长度固定，后者长度可变　　B．后者长度固定，前者长度可变

    C．两者长度均固定　　　　　　　　D．两者长度均可变

（16）二维数组 A 的每个数据元素都是由 6 个字符组成的字符串，其行下标 $i=0,1,\cdots,8$，列下标 $j=1,2,\cdots,10$。若二维数组 A 以行为主序存储，则数据元素 a[8][5] 的起始地址与二维数组 A 以列为主序存储时的数据元素_____的起始地址相同（设每个字符占一个字节）。

    A．a[8][5]　　　　B．a[3][10]　　　　C．a[5][8]　　　　D．a[0][9]

（17）已知二维数组的行下标 $i = -3,-2,-1,0,\cdots,5$，列下标 $j = 0,1,\cdots,10$，则该数组含有的元素个数为_____。

    A．88　　　　　　B．99　　　　　　C．80　　　　　　D．90

（18）对以行为主序的存储结构来说，在二维数组 A 中，c_1 和 d_1 分别为数组 A 第一维下标的下界和上界，c_2 和 d_2 分别为第二维下标的下界和上界，每个数组元素占 k 个存储单元，则二维数组中任意元素 a[i][j] 的存储位置可由_____确定。

    A．$\text{LOC}(a_{i,j})=[(d_2-c_2+1)(i-c_1)+(j-c_2)]\times k$

    B．$\text{LOC}(a_{i,j})=\text{LOC}(a_{c_1,c_2})+[(d_2-c_2+1)(i-c_1)+(j-c_2)]\times k$

    C．$\text{LOC}(a_{i,j})=A[c_1][c_2]+[(d_2-c_2+1)(i-c_1)+(j-c_2)]\times k$

    D．$\text{LOC}(a_{i,j})=\text{LOC}(a_{0,0})+[(d_2-c_2+1)(i-c_1)+(j-c_2)]\times k$

2．判断题

（1）在栈满的情况下不能进行入栈操作，否则会产生上溢。（　　　）

（2）栈和队列都是限制存取位置的线性表。（　　　）

（3）对不含相同数据元素的同一个输入序列进行两组不同的入栈和出栈操作，得到的输出序列一定相同。（　　　）

（4）用栈这种数据结构可以实现队列这种数据结构，反之亦然。（　　　）

（5）在循环队列中，若指针 front 指向队头元素的前一个位置，指针 rear 指向队尾元素，则队满条件是 front= =rear。（　　　）

（6）设栈采用顺序存储结构，若已有 n 个数据元素入栈，则出栈算法的时间复杂度为 $O(n)$。（　　　）

（7）在链队列中，即使不设置尾指针也能进行入队操作。（　　　）

（8）字符串是由有限个字符构成的连续序列，子串是主字符串中字符构成的有限序列。（　　　）

（9）字符串是一种数据和操作都特殊的线性表。（　　　）

（10）空字符串与空格字符串是一样的。（　　　）

（11）字符串长度是指字符串中不同字符的个数。（　　　）

（12）简单模式匹配（BF 算法）的时间复杂度在最坏情况下为 $O(n \times m)$（n、m 分别为主字符串和子串的长度），因此子串定位函数没有实际使用价值。（　　　）

（13）数组是同类型值的集合。（　　　）

（14）数组是一种复杂的数据结构，数据元素之间的关系既不是线性的，也不是树形的。（　　　）

（15）由于数组是一种线性结构，因此只能用来存储线性表。（　　　）

（16）稀疏矩阵在压缩存储后，一定会失去随机存取功能。（　　　）

（17）一个稀疏矩阵 $A_{m \times n}$ 采用三元组形式表示，若把三元组中行下标与列下标的值互换，并把 m 和 n 互换，则完成了矩阵 $A_{m \times n}$ 的转置。（　　　）

3．试论述栈的基本性质。

4．何谓队列的上溢现象和假溢出现象？解决它们有哪些方法？

5．"回文"是指正读和反读均相同的字符序列，如"abba"和"abcba"均是回文，但"aabc"不是回文。试用栈实现判断给定的字符序列是否为回文的算法。

6．假设用带头节点的循环链表表示队列，并且只设一个指向队尾节点的指针，但不设头指针，如图 3-24 所示。请写出相应的入队和出队算法。

图 3-24　循环队列示意图

7．编写用两个栈 s1 和 s2 组成一个队列 q 的算法。

8．假设字符串的存储结构如下，编写算法实现字符串的置换操作，即用字符串 s2 替换字符串 s1 中第 i 个字符到第 j 个字符之间的字符串（不包括第 i 个和第 j 个字符）。

```
typedef struct
{
```

```
    char ch[MAXSIZE];
    int curlen;
}SeqString;
```

9．编写一个函数，计算一个子串在字符串中出现的次数，若该子串未出现则输出 0。

10．若 s 和 t 是用单链表存储的字符串，则设计一个函数将字符串 s 中首次与字符串 t 匹配的子串逆置。

11．简述数组与字符串均属于线性表的理由。

12．设一系列正整数存放在一个数组中，试设计一个算法将所有奇数存放到数组的前半部分，所有的偶数存放到数组的后半部分。要求尽可能少用临时存储单元并使时间花费最短。

13．有一长度为 n 的整型数组 T，要求"不用循环"按下标顺序输出数组元素的值。

14．寻找 5×5 二维数组的鞍点，即该位置上的数据元素在该行中的值最大，在该列中的值最小。

第4章

非线性数据结构

4.1 树与二叉树

前面所涉及的线性表、栈和队列等数据结构都属于线性结构，它们的共同特点是各数据元素之间的逻辑关系都呈现出简单的"一对一"关系。非线性结构的各数据元素之间，其逻辑关系则呈现出"一对多"或"多对多"的关系。

树结构是一类重要的非线性结构，其逻辑关系呈现出"一对多"的关系。树结构中数据元素（节点）之间具有明确的层次关系，数据元素（节点）之间有分支，类似于自然界中的树。树结构在客观世界中是大量存在的，如行政机构、家谱等都可用树结构来形象地表示。树结构在计算机领域中也有广泛的应用，如在编译程序中，用树结构来表示源程序的语法结构，在数据库系统中用树结构来组织信息。

4.1.1 树的基本概念

1. 树的概念与定义

现实生活中存在着许多用树结构描述的实际问题。例如，某家族的关系如下：张抗生有3个孩子，分别是张卫红、张卫兵和张卫华；张卫兵有两个孩子，分别是张明和张丽；张卫华有

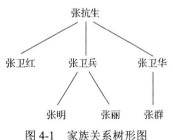

图 4-1　家族关系树形图

一个孩子张群。这个家族关系可以用图 4-1 所示的树形图来描述，它很像一棵倒置的树。其中，"树根"是张抗生，树的"分支节点"是张卫兵和张卫华，而其他家族成员则构成了该树的"树叶"，而"树枝"（图中的线条）则描述了家族成员之间的相互关系。从图 4-1 中可以看出，以张抗生为根的树是一个大家庭，并可以分为以张卫红、张卫兵、张卫华为根的三个小家庭，且每个小家庭又形成了一个树结构。因此可以得出树的递归定义。

树的定义：树是 n（$n \geq 0$）个节点的有限集合 T，当 $n=0$ 时，T 为空，称为空树；当 $n>0$ 时，T 非空。树 T 满足以下两个条件。

（1）有且仅有一个根节点。

（2）其余节点可分为 m（$m \geq 0$）个互不相交的子集 $T_1,T_2,\cdots,T_m$，其中，每个子集 T_i 本身又是一棵树，称为根节点子树。

树的递归定义凸显了树的固有特性，即一棵非空树是由若干棵子树构成的，而子树又由更小的若干棵子树构成。树中节点呈现出明显的层次关系，一个节点必须且只能跟上一层的一个节点（父节点）有直接关系，但可以跟下一层的多个节点（子节点）有直接关系。所以，凡是具有等级（层次）关系的数据均可以用树来描述。

树的各种表示法如图 4-2 所示，主要有树形表示法、凹入表示法、嵌套集合表示法及括号表示法。本书主要采用树形表示法。

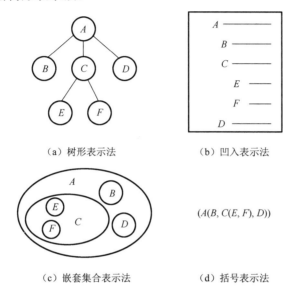

（a）树形表示法　　　　　　　（b）凹入表示法

$(A(B, C(E, F), D))$

（c）嵌套集合表示法　　　　（d）括号表示法

图 4-2　树的各种表示法

2．树的基本术语

下面介绍树中常用的基本术语。

（1）树的节点：包含一个数据元素及若干指向其子树的分支。

（2）节点的度：节点拥有子树的个数。图 4-2（a）中节点 A 的度为 3，节点 C 的度为 2，节点 B、D、E、F 的度为 0。

（3）树的度：树内各个节点的度的最大值。图 4-2（a）中树的度为 3。

（4）叶节点：度为 0 的节点，又称为终端节点。图 4-2（a）中的叶节点为 B、D、E、F。

（5）分支节点：度不为 0 的节点，又称为非终端节点。图 4-2（a）中的节点 C 为分支节点。

（6）子节点：节点所有子树的根都称为该节点的子节点。图 4-2（a）中的节点 B、C、D 是节点 A 的子节点，节点 E、F 是节点 C 的子节点。

（7）父节点：若节点 j 是节点 i 的子节点，则节点 i 就是节点 j 的父节点。图 4-2（a）中节点 A 是节点 B、C、D 的父节点，节点 C 是节点 E、F 的父节点。

（8）兄弟：同一双亲的子节点之间互为兄弟。图 4-2（a）中的节点 B、C、D 互为兄弟，节点 E、F 互为兄弟。

（9）祖先：从根节点到该节点所经过分支上的所有节点均为该节点的祖先。图 4-2（a）中节点 A、C 是节点 E 和节点 F 的祖先。

（10）子孙：以某节点为根节点的子树中任意节点称为该根节点的子孙。图4-2（a）中节点 A 的子孙为节点 B、C、D、E、F，节点 C 的子孙为节点 E、F。

（11）节点层次：从根节点开始，根节点为第一层，根节点的子节点为第二层；若某节点在 L 层，则其子树的根节点在第 L+1 层。

（12）树的深度：树中节点的最大层次。图4-2（a）中树的深度为3。

（13）有序树或无序树：若树中每个节点的各个子树从左到右的次序不能互换，则称该树为有序树；否则为无序树。

（14）森林：森林是 m（m≥0）棵互不相交的树构成的集合。删除一棵树的根节点，就得到由 m 棵子树构成的森林；反之，如果给 m 棵树的森林加上一个根节点，并且这 m 棵树都是该节点的子树，就由森林变为一棵树。

4.1.2　二叉树

二叉树是一种非常重要的非线性结构，许多实际问题抽象出来的数据结构往往都是二叉树的形式。与树相比，二叉树更加规范并更具有确定性，并且实现二叉树的存储结构及其算法都较为简单，因此二叉树非常重要。

1．二叉树的定义

二叉树的定义：二叉树是 n（n≥0）个节点的有限集合，它由空树（n=0）或一个根节点及两棵互不相交且分别称为该根节点的左子树和右子树的二叉树组成。

二叉树的定义与树的定义一样，都是递归定义的。二叉树具有如下两个特点。

（1）二叉树不存在度大于2的节点。

（2）二叉树的每个节点最多有两棵子树且有左、右之分，次序不能颠倒。

二叉树与树的主要区别：二叉树任何一个节点的子树都要区分为左、右，即使这个节点只有一棵子树，也要明确指出它是左子树还是右子树；而树则无此要求，即树中某个节点只有一棵子树时并不区分左右。根据二叉树的定义，二叉树具有如图 4-3 所示的 5 种基本形态：图 4-3（a）所示为空二叉树，用符号 φ 表示；图 4-3（b）所示为仅有一个根节点而无子树的二叉树；图 4-3（c）所示为只有左子树而无右子树的二叉树；图 4-3（d）所示为只有右子树而无左子树的二叉树；图 4-3（e）所示为左、右子树均非空的二叉树。

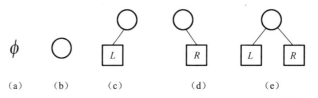

图 4-3　二叉树的 5 种基本形态

1）满二叉树

我们称具有下列性质的二叉树为满二叉树。

（1）不存在度为1的节点，即所有分支节点都有左子树和右子树。

（2）所有叶节点都在同一层上。

例如，图 4-4（a）所示为满二叉树，而图 4-4（b）所示为非满二叉树，因为其叶节点不在同一层上。

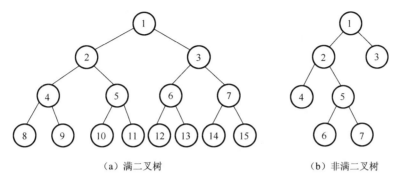

（a）满二叉树　　　　　　　　　（b）非满二叉树

图 4-4　满二叉树与非满二叉树

2）完全二叉树

对于一棵具有 n 个节点的二叉树，将树中的节点按从上至下，从左至右的顺序进行编号，若编号为 i（$1 \leq i \leq n$）的节点与满二叉树中的编号为 i 的节点在二叉树中的位置相同，则这棵二叉树称为完全二叉树。

完全二叉树的特点：叶节点只能出现在最下层和次最下层，且最下层的叶节点都集中在树的左部。若完全二叉树中某个节点的右子节点存在，则其左子节点必定存在。此外，在完全二叉树中若存在度为 1 的节点，则该节点的子节点一定是节点编号中的最后一个叶节点。显然，一棵满二叉树必定是一棵完全二叉树，而一棵完全二叉树却未必是一棵满二叉树（可能存在叶节点不在同一层上的情况，或者有度为 1 的节点）。图 4-5（a）和图 4-5（b）均为完全二叉树，而图 4-5（c）是一棵非完全二叉树。

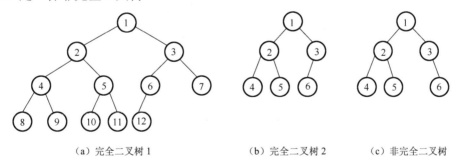

（a）完全二叉树 1　　　　　（b）完全二叉树 2　　　　　（c）非完全二叉树

图 4-5　完全二叉树与非完全二叉树

2. 二叉树的性质

性质 1：非空二叉树的第 i 层上最多有 2^{i-1}（$i \geq 1$）个节点。

证明：利用数学归纳法证明此性质。当 $i=1$ 时，只有一个根节点，显然 $2^{i-1}=2^0=1$，命题成立。

假设对所有的 j（$1 \leq j \leq i-1$）性质 1 均成立，则第 j 层上至多有 2^{j-1} 个节点。下面证明当 $j=i$ 时此命题也成立。根据归纳假设，第 $i-1$ 层上至多有 2^{i-2} 个节点，由于二叉树中每个节点至多有两个子节点，因此第 i 层上最大节点数应为第 $i-1$ 层上最大节点数的 2 倍，即 $2 \times 2^{i-2} = 2^{i-1}$，命题成立，证毕。

性质 2：深度为 k 的二叉树至多有 $2^k - 1$（$k \geq 1$）个节点。

证明：由性质 1 可知，深度为 k 的二叉树最多含有的节点数为每层最多节点数之和，即

$$2^0 + 2^1 + \cdots + 2^{k-1} = \sum_{i=1}^{k} 2^{i-1} = 2^k - 1$$

性质 3：在任意非空二叉树中，若叶节点（度为 0）数为 n_0，度为 2 的节点数为 n_2，则有

$$n_0 = n_2 + 1$$

证明：设 n_1 为二叉树中度为 1 的节点数，则二叉树中全部节点数 $n = n_0 + n_1 + n_2$。

从子节点考虑，除根节点外，其余节点均属于子节点，故二叉树中的子节点总数为 $n-1$，由于二叉树中度为 1 的节点有 1 个子节点、度为 2 的节点有 2 个子节点，因此二叉树中子节点总数为 $n_1 + 2n_2$，即 $n-1 = n_1 + 2n_2$。故可得方程组为

$$\begin{cases} n = n_0 + n_1 + n_2 \\ n = n_1 + 2n_2 + 1 \end{cases}$$

解得 $n_0 = n_2 + 1$。

性质 4：具有 n 个节点的完全二叉树的深度为 $\lfloor \log_2 n \rfloor + 1$（$\lfloor x \rfloor$ 表示不大于 x 的最大整数，如 $\lfloor 3.7 \rfloor = 3$；$\lceil x \rceil$ 表示不小于 x 的最小整数，如 $\lceil 3.7 \rceil = 4$）。

证明：设二叉树的深度为 k，则根据完全二叉树的定义及性质 2 有

$$2^{k-1} - 1 < n \leq 2^k - 1 \quad \text{或} \quad 2^{k-1} \leq n < 2^k$$

则有

$$k - 1 \leq \log_2 n < k$$

因为 k 是整数，所以 $k-1 = \lfloor \log_2 n \rfloor$，即

$$k = \lfloor \log_2 n \rfloor + 1$$

性质 5：对一个具有 n 个节点的完全二叉树按层次自上而下且每层从左到右的顺序对所有节点从 1 开始到 n 进行编号，则对任意序号为 i 的节点有如下性质。

（1）若 $i > 1$，则 i 的父节点序号为 $\left\lfloor \dfrac{i}{2} \right\rfloor$；若 $i = 1$，则 i 为根节点序号。

（2）若 $2i \leq n$，则 i 的左子节点序号为 $2i$；否则 i 无左子节点。

（3）若 $2i + 1 \leq n$，则 i 的右子节点序号为 $2i+1$；否则 i 无右子节点。

证明过程略。

例 4.1 已知一棵完全二叉树共有 892 个节点，试求：

（1）树的高度。

（2）单支节点数。

（3）叶节点数。

（4）最后一个分支节点的序号。

【**解**】（1）已知深度为 k 的二叉树至多有 $2^k - 1$ 个节点（$k \geq 1$），由于 $2^9 - 1 < 892 < 2^{10} - 1$，因此树的高度为 10。

（2）对完全二叉树来说，度为 1 的节点只能有 0 个或 1 个。由性质 3 可知 $n_0 = n_2+1$，即 n_0+n_2 一定是奇数，由题设完全二叉树共有 892 个节点可知度为 1 的节点数 $n_1 = 1$。

（3）$892 \div 2 = 446$，由 $n_0 = n_2+1$ 可知 $n_0 = 446$，$n_2 = 445$，因此叶节点有 446 个。

（4）最后一个分支节点恰为去掉全部叶节点后的节点，即 892-446 = 446，故最后一个分支节点的序号为 446。

3．二叉树的存储结构

实现二叉树存储不仅要存储二叉树中各节点的数据信息，还要能够反映出二叉树节点之间的逻辑关系，如子节点、父节点关系等。

（1）顺序存储结构。

二叉树的顺序存储结构是用一组地址连续的存储单元来存放二叉树中的节点数据。一般是按照二叉树节点自上而下、从左到右的顺序进行存储的。但是在这种顺序存储结构下，节点在存储位置上的前驱与后继关系并不一定能反映节点之间的父节点与子节点这种逻辑关系。若存在某种方法能够实现根据节点存放的相对位置就能反映节点之间的逻辑关系，这种顺序存储结构才有意义。由二叉树的性质可知，完全二叉树和满二叉树采用顺序存储结构比较合适，这是因为树中的节点序号可以唯一反映节点之间的逻辑关系，而用于实现顺序存储结构的数组元素下标又恰好与序号对应。因此，用一维数组作为完全二叉树的顺序存储结构既能节省存储空间，又能通过数组元素的下标来确定节点在二叉树中的位置及节点之间的逻辑关系。图 4-6 所示为一棵完全二叉树及其顺序存储结构。

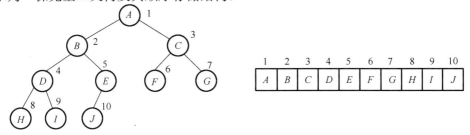

（a）完全二叉树　　　　　　　　　（b）完全二叉树的顺序存储结构

图 4-6　一棵完全二叉树及其顺序存储结构

在图 4-6（b）所示的顺序存储结构中，我们可以通过性质 5 找到任意节点的父节点或子节点，即节点之间的逻辑关系可通过节点在数组中的位置（数组元素下标）准确地反映出来。注意，若由数组元素从下标 0 开始按顺序存放完全二叉树的节点数据，则相应的第 i 个节点的父节点编号为 $\left\lfloor \dfrac{i-1}{2} \right\rfloor$，左子节点编号为 $2i+1$，右子节点编号为 $2(i+1)$。

对于一般二叉树，若仍按自上而下、从左到右的顺序存放二叉树中的所有节点数据到一维数组中，则数组元素的下标并不能反映一般二叉树节点之间的逻辑关系。为了利用数组元素下标来反映节点之间的逻辑关系，只能先添加一些并不存在的"空节点"，从而将一般二叉树转化为完全二叉树，再用一维数组存储。图 4-7 所示为一棵一般二叉树改造为完全二叉树及其顺序存储结构。显然，这种改造后的顺序存储结构造成了存储空间的浪费，因此顺序存储结构适用于完全二叉树和满二叉树，不适用于一般二叉树。最坏的情况是单支树，一棵深度为 k 的右单支树虽然只有 k 个节点，但却需为其分配 2^k-1 个节点的存储空间。

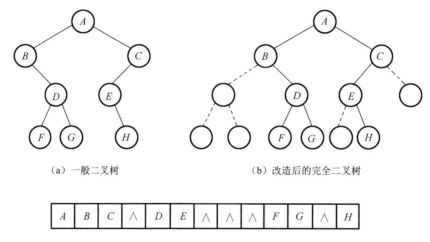

（a）一般二叉树　　　　　　　　　　（b）改造后的完全二叉树

A	B	C	$\wedge$	D	E	$\wedge$	$\wedge$	$\wedge$	F	G	$\wedge$	H

（c）改造后的完全二叉树的顺序存储结构

图 4-7　一棵一般二叉树改造为完全二叉树及其顺序存储结构

（2）链式存储结构。

二叉树的链式存储结构不仅要存储节点的数据信息，还要使用指针来反映节点之间的逻辑关系。最常用的二叉树链式存储结构是二叉链表，其节点的存储结构如下。

lchild	data	rchild

二叉链表中的每个节点由三个域（成员）组成：一个是数据域 data，用于存放节点数据；另外两个是指针域 lchild 和 rchild，分别用来存放节点的左子节点和右子节点的存储地址。二叉链表的节点类型定义如下。

```
typedef struct node
{
    datatype data;                        //节点数据
    struct node *lchild,*rchild;          //左、右子节点指针
}BSTree;                                   //二叉树节点类型
```

图 4-8（a）所示二叉树的二叉链表如图 4-8（b）所示，当二叉树中某节点的左子节点或右子节点不存在时，该节点中对应指针域为空，用符号"∧"或 NULL 表示。此外，在图 4-8 中还给出了一个指针 tree 来指向二叉树的根节点。

为了便于找到节点的父节点，也可以在节点中增加指向父节点的指针 parent，这就是三叉链表。三叉链表中每个节点由 4 个域组成，即

lchild	data	rchild	parent

图 4-8（a）所示二叉树的三叉链表如图 4-8（c）所示。这种存储结构既便于查找子节点，又便于查找父节点，但相对于二叉链表，三叉链表增加了存储空间。

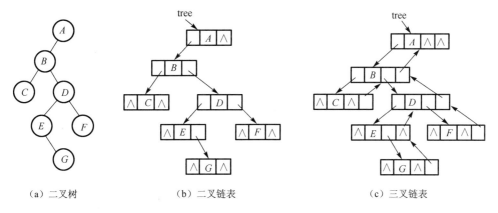

|（a）二叉树|（b）二叉链表|（c）三叉链表|

图 4-8 二叉树及其二叉链表和三叉链表

 ## 4.2 二叉树的遍历

4.2.1 二叉树的遍历方法

由于二叉树是递归定义的，因此一棵非空二叉树可以看作由根节点、左子树和右子树这三个部分组成，若能依次遍历这三个部分的信息，则遍历了整棵二叉树。因此，二叉树的遍历就是按某种策略访问二叉树中每个节点且仅访问一次的过程。若以字母 D、L、R 分别表示访问根节点、遍历根节点的左子树、遍历根节点的右子树，则二叉树的遍历方式有 6 种：DLR、LDR、LRD、DRL、RDL 和 RLD。若限定先左后右则只有前三种遍历方式：DLR、LDR 和 LRD，分别称为先序遍历（又称为前序遍历）、中序遍历和后序遍历。

遍历二叉树的实质就是对二叉树进行线性化，即遍历的结果是将非线性结构二叉树中的节点排成一个线性序列，三种遍历方式的结果都是线性序列。遍历二叉树的基本操作就是访问节点，对含有 n 个节点的二叉树不论按哪种方式遍历，其时间复杂度均为 $O(n)$，这是因为在遍历过程中实际是按照节点的左、右指针遍历二叉树的每个节点。此外，遍历二叉树所需的辅助空间为栈的容量，在二叉树遍历的每次递归调用中都要将有关节点的信息压入栈，栈的容量恰好是二叉树的深度，最坏情况是 n 个节点的单支树，这时二叉树的深度为 n，所以空间复杂度为 $O(n)$。

二叉树的三种遍历方式如表 4-1 所示。

表 4-1 二叉树的三种遍历方式

遍 历 方 法	操 作 步 骤
先序遍历	若二叉树非空： （1）访问根节点； （2）先序遍历左子树； （3）先序遍历右子树
中序遍历	若二叉树非空： （1）中序遍历左子树； （2）访问根节点； （3）中序遍历右子树

遍 历 方 法	操 作 步 骤
后序遍历	若二叉树非空： （1）后序遍历左子树； （2）后序遍历右子树； （3）访问根节点

此外，二叉树的遍历还可以采用层次遍历的方法。

4.2.2 遍历二叉树的递归算法及遍历示例

1. 先序遍历二叉树的递归算法

```
void Preorder(BSTree *p)
{                                      //先序遍历二叉树
   if(p!=NULL)
   {
      printf("%3c",p->data);           //访问根节点
      Preorder(p->lchild);             //先序遍历左子树
      Preorder(p->rchild);             //先序遍历右子树
   }
}
```

2. 中序遍历二叉树的递归算法

```
void Inorder(BSTree *p)
{                                      //中序遍历二叉树
   if(p!=NULL)
   {
      Inorder(p->lchild);              //中序遍历左子树
      printf("%3c",p->data);           //访问根节点
      Inorder(p->rchild);              //中序遍历右子树
   }
}
```

3. 后序遍历二叉树的递归算法

```
void Postorder(BSTree *p)
{                                      //后序遍历二叉树
   if(p!=NULL)
   {
      Postorder(p->lchild);            //后序遍历左子树
      Postorder(p->rchild);            //后序遍历右子树
      printf("%3c",p->data);           //访问根节点
   }
}
```

例 4.2 给出图 4-9 所示二叉树的先序遍历序列、中序遍历序列和后序遍历序列。

【解】 左子树或右子树可看作一棵二叉树继续往下分为根节点、左子树和右子树三个部

分，这种划分可以一直持续到叶节点。图 4-10 中的虚线框是图 4-9 中二叉树不断递归划分成的根节点、左子树和右子树。

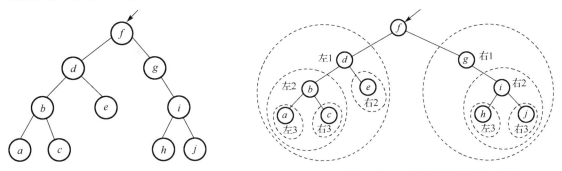

图 4-9 二叉树

图 4-10 图 4-9 中二叉树不断递归划分成的
根节点、左子树和右子树

（1）先序遍历顺序为"根左右"，由图 4-10 可得到如图 4-11 所示的先序遍历结果。在图 4-11 中，每层按先序遍历顺序"根左右"依次排列父、子两代节点，而此层的子节点为子树的根节点，则继续按先序遍历顺序"根左右"来排列子树下一层的父、子两代节点，直至叶节点。这样，由第一层的"根左右"三个节点形成了向下生长的三棵树（若左、右子节点缺少，则缺少相应的子树）。按从左至右的顺序将这三棵树的叶节点排列起来，就得到了该二叉树的先序遍历序列。

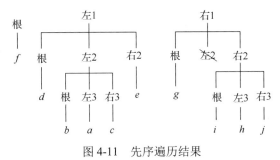

图 4-11 先序遍历结果

故从左到右排列的先序遍历序列为 $f\,d\,b\,a\,c\,e\,g\,i\,h\,j$。

（2）中序遍历顺序为"左根右"，依据先序遍历的方法，按"左根右"依次排列各层的父、子两代节点，则由图 4-10 可得如图 4-12 所示的中序遍历结果。

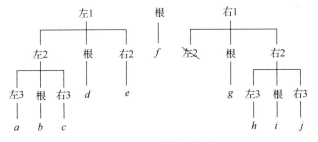

图 4-12 中序遍历结果

故从左到右排列的中序遍历序列为 $a\,b\,c\,d\,e\,f\,g\,h\,i\,j$。

（3）后序遍历顺序为"左右根"，依据先序遍历的方法，按"左右根"依次排列各层的父、

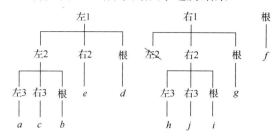

子两代节点，则由图 4-10 可得如图 4-13 所示的后序遍历结果。

图 4-13 后序遍历结果

故从左到右排列的后序遍历序列为 $a\,c\,b\,e\,d\,h\,j\,i\,g\,f$。

也可由图 4-10 勾画出的层次及二叉树不同遍历的顺序直接得到先序遍历、中序遍历和后序遍历这三种遍历序列。

例 4.3 有一棵二叉树，左、右子树均有 3 个节点，其左子树的先序遍历序列与中序遍历序列相同，其右子树的中序遍历序列与后序遍历序列相同，试构造该二叉树。

【解】 根据题意，左子树的先序遍历序列与中序遍历序列相同，则有

先序：根   左   右

中序：左   根   右

即以左子树为根节点的二叉树无左子节点。此外，右子树的中序遍历序列与后序遍历序列相同，则有

中序：左   根   右

后序：左   右   根

即以右子树为根节点的二叉树无右子节点。由此构造的二叉树如图 4-14 所示。

例 4.4 二叉树的存储结构为二叉链表，试设计一个算法，若节点的左子节点的数据域大于右子节点的数据域，则交换其左、右子树。

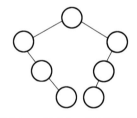

图 4-14 例 4.3 二叉树示意图

【解】 因为本题要交换左右子树，所以只有先找到（定位于）某个符合条件的节点作为根节点，才能交换其左右子树，故采用先序遍历的方法实现。算法设计如下。

```
void Change(BSTree *p)
{
    BSTree *q;
    if(p!=NULL)
    {
        if(p->lchild!=NULL&&p->rchild!=NULL
                        &&p->lchild->data>p->rchild->data)
        {                   //交换左、右子节点的指针
            q=p->lchild;
            p->lchild=p->rchild;
            p->rchild=q;
        }
```

```
    Change(p->lchild);          //递归调用，以左子节点为根节点继续交换其左、右子节点指针
    Change(p->rchild);          //递归调用，以右子节点为根节点继续交换其左、右子节点指针
    }
}
```

4.2.3　遍历二叉树的非递归算法

　　递归算法虽然简便，但其可读性较差且执行效率不高。因此，存在着如何把遍历二叉树的递归算法转化为非递归算法的问题。

　　由二叉树的遍历可知，先序遍历、中序遍历和后序遍历都是从根节点开始的，并且在遍历过程中所经过的节点路线也是一样的，只不过访问节点信息的时机不同，即二叉树的遍历路线是从根节点开始沿左子树往下行进的，当行进到最左端节点时，因无法继续向下行进而返回，然后逐一进入刚才行进中所遇节点的右子树，并重复前面行进与返回的过程，直到从根节点的右子树返回根节点为止。由于节点返回的顺序正好与节点行进的顺序相反，即后行进到的节点先返回，它恰好符合栈结构的后进先出的特点，因此可以用栈实现遍历二叉树的非递归算法。注意，在三种遍历方式中，先序遍历是在行进过程中凡遇到节点就输出（访问）该节点信息；中序遍历是从左子树返回时输出节点信息；而后序遍历是从右子树返回时输出节点信息。

1. 先序遍历二叉树的非递归算法

　　先序遍历二叉树的非递归方法：由根节点沿左子树（p->lchild 所指向的）一直遍历下去，在遍历过程中每经过一个节点就输出（访问）该节点的信息并同时将其压入栈。当某个节点无左子树时就将这个节点从栈中弹出，并从这个节点的右子树的根节点开始继续沿其左子树向下遍历（对此时右子树的根节点也进行输出和压入栈操作），直到栈中无任何节点时就实现了二叉树的先序遍历。注意，为了便于二叉树节点的查找，算法中实际入栈和出栈的是指向节点的指针而非节点。先序遍历二叉树的非递归算法如下。

```
void Preorder(BSTree *p)
{                               //先序遍历二叉树
  BSTree *stack[MAXSIZE];       //MAXSIZE 为大于二叉树节点个数的常量
  int i=0;
  stack[0]=NULL;                //栈初始化
  while(p!=NULL||i>0)           //当指针 p 非空或栈 stack 非空（i>0）时
    if(p!=NULL)                 //指针 p 非空
    {
      printf("%3c",p->data);    //输出节点*p 的信息
      stack[++i]=p;             //将指针 p 压入栈
      p=p->lchild;              //沿节点*p 的左子树向下遍历
    }
    else                        //指针 p 为空
    {
      p=stack[i--];             //将指向这个无左子树的父节点的指针从栈中弹出给指针 p
      p=p->rchild;              //从节点*p 的右子树根节点开始沿其左子树继续向下遍历
    }
}
```

2．中序遍历二叉树的非递归算法

中序遍历二叉树的非递归算法与先序遍历二叉树的非递归算法基本相同，仅是输出节点信息的语句位置发生了变化，即每当需要沿当前节点的右子树根节点开始继续沿其左子树向下遍历时（此时已经遍历过当前节点的左子树了），就先输出当前节点的信息。注意，为了便于二叉树节点的查找，算法中实际入栈和出栈的是指向节点的指针而非节点。中序遍历二叉树的非递归算法如下。

```
void Inorder(BSTree *p)
{                               //中序遍历二叉树
  BSTree *stack[MAXSIZE];       //MAXSIZE 为大于二叉树节点个数的常量
  int i=0;
  stack[0]=NULL;                //栈初始化
  while(i>=0)                   //当栈 stack 非空（i>0）时
  {
    if(p!=NULL)                 //指针 p 非空
    {
      stack[++i]=p;            //将指向节点的指针 p 压入栈
      p=p->lchild;            //沿节点*p 的左子树向下遍历
    }
    else                       //指针 p 为空
    {
      p=stack[i--];            //将指向这个无左子树的父节点指针从栈中弹出给指针 p
      printf("%3c",p->data);   //输出节点的信息
      p=p->rchild;            //从节点*p 的右子树根节点开始沿其左子树继续向下遍历
    }
    if(p==NULL && i==0)        //当指针 p 为空且栈 stack 也为空时结束循环
      break;
  }
}
```

3．后序遍历二叉树的非递归算法

后序遍历二叉树的非递归算法与前面两种非递归算法有所不同，它除了使用栈 stack，还需使用一个数组 b 来记录二叉树中节点 i（i=1,2,3,…,n）当前的遍历情况。若 b[i] 为 0，则表示仅遍历了节点 i 的左子树，它的右子树还未遍历；若 b[i] 为 1，则表示节点 i 的左、右子树都已遍历。

后序遍历二叉树的非递归方法仍然是由根节点开始沿左子树向下遍历的，并且将遇到的所有节点按顺序压入栈。当某个节点 j 无左子树时就将节点 j 从栈 stack 中弹出，先检查 b[j] 是否为 0，若 b[j] 为 0，则表示节点 j 的右子树还未遍历，必须遍历节点 j 的右子树后方可输出节点 j 的信息，即先将节点 j 重新压入栈并置 b[j] 为 1（作为遍历过左、右子树的标识），再将节点 j 的右子节点压入栈并沿右子节点的左子树继续向下遍历。直到某一时刻该节点 j 再次从栈中弹出，此时 b[j] 为 1，表示此时节点 j 的左、右子树都已遍历（此时节点 j 的左、右子树上的所有节点信息都已输出），或者节点 j 本身就是一个叶节点，这时就可以输出节点 j 的信息了。为了方便操作，对于前者，算法在输出节点 j 的信息后将节点 j 的父节点指向节点 j 的指针置为 NULL。这样，当某个节点的左、右子节点指针都为 NULL 时，意味着该节点本身为叶节

点，或者该节点左、右子树中的节点信息都已输出过，此时就可以输出该节点的信息了。注意，为了便于二叉树节点的查找，算法中实际入栈和出栈的是指向节点的指针而非节点。

后序遍历二叉树的非递归算法如下。

```
void Postorder(BSTree *p)
{                               //后序遍历二叉树
   BSTree *stack[MAXSIZE];      //MAXSIZE 为大于二叉树节点个数的常量
   int i=0,b[MAXSIZE];          //数组 b 用于标识每个节点是否已遍历其左、右子树
   stack[0]=NULL;               //栈初始化
   do
   {
      if(p!=NULL)               //指针 p 非空
      {
         stack[++i]=p;          //将指向节点的指针 p 压入栈
         b[i]=0;                //置节点*p 的右子树未访问过的标志
         p=p->lchild;           //沿节点*p 的左子树继续向下遍历
      }
      else                      //指针 p 为空
      {
         p=stack[i--];//将栈顶保存的无左子树（或左子树已遍历过）节点指针从栈中弹出给指针 p
         if(!b[i+1])            //若 b[i+1]为 0，则节点*p 的右子树未遍历
         {
            stack[++i]=p;       //将刚弹出的指针 p 重新压入栈
            b[i]=1;             //置节点*p 的右子树已访问过标志
            p=p->rchild;        //沿节点*p 的右子节点继续向下遍历
         }
         else                   //节点*p 的左、右子树都已遍历（节点*p 的子树信息已输出）
         {
            printf("%3c",p->data);   //输出节点*p 的信息
            p=NULL;             //将指向节点*p 的指针置空
         }
      }
   }while(p!=NULL||i>0);        //当指针 p 非空或栈 stack 非空（i>0）时继续遍历
}
```

注意，由于遍历过程中修改指针是利用 Postorder 函数完成的，因此 Postorder 函数执行结束后这些修改并未传回主调函数，即并不影响主调函数中的原二叉树，原二叉树并未被破坏。这种后序遍历二叉树的非递归算法，其优点是只需要一重循环即可实现。

4.2.4　二叉树遍历的应用

1. 查找数据元素

在指针 p 指向根节点的二叉树中进行中序遍历的非递归算法或先序遍历的递归算法来查找数据元素 x（节点数据）。若查找成功，则返回该节点的指针；若查找失败，则返回空指针。算法 1 如下。

```
BSTree *Search(BSTree *p,datatype x)
{                               //用中序遍历非递归算法查找数据元素
```

```
    BSTree *stack[MAXSIZE];
    int i=0;
    stack[0]=NULL;                  //栈初始化
    while(i>=0)                     //当栈 stack 非空（i>0）时
    {
       if(p!=NULL)                  //指针 p 非空
          if(p->data==x)           //p->data 就是要查找的数据元素 x
             return p;             //查找成功返回指针 P
          else                     //p->data 不是要查找的数据元素 x
          {
             stack[++i]=p;         //将指向该节点的指针 p 压入栈
             p=p->lchild;          //沿该节点左子树向下遍历
          }
       else                        //指针 p 为空
       {
          p=stack[i--];            //将指向这个无左子树的父节点指针从栈中弹出给指针 p
          p=p->rchild;             //从节点*p 的右子树根节点开始沿其左子树继续向下遍历
       }
       if(p==NULL && i==0)         //当指针 p 为空且栈 stack 也为空（i 等于 0）时
          break;                   //结束 while 循环
    }
    return NULL;                   //查找失败
}
```

算法 2 如下。

```
BSTree *Search(BSTree *bt,datatype x)
{                                  //用先序遍历递归算法查找数据元素
    BSTree *p;
    if(bt!=NULL)                   //指针 bt 非空
    {
       if(bt->data==x)            //若当前节点*bt 的数值等于 x
          return bt;              //查找成功，返回指针 bt
       if(bt->lchild!=NULL)        //在 bt->lchid 所指节点为根节点的二叉树中查找
       {
          p=Search(bt->lchild,x);
          if(p!=NULL)return p;    //查找成功，返回指针 p
       }
       if(bt->rchild!=NULL)        //在 bt->rchild 所指节点为根节点的二叉树中查找
       {
          p=Search(bt->rchild,x);
          if(p!=NULL)return p;    //查找成功，返回指针 p
       }
    }
    return NULL;                   //查找失败
}
```

2．统计二叉树中叶节点的个数

统计二叉树中叶节点个数的算法如下。

```
int Countleaf(BSTree *p)
{                                          //统计二叉树中叶节点的个数
  if(p==NULL)
    return 0;                              //空二叉树
  if(p->rchild==NULL && p->lchild==NULL)
    return 1;                              //只有根节点
  return(Countleaf(p->lchild)+Countleaf(p->rchild));
}
```

3．求二叉树深度

若二叉树为空，则深度为 0；若二叉树非空，则令其深度等于左子树和右子树深度大者加 1，即

$$
\begin{cases}
\text{Depth}(p) = 0 & \text{当} p = \text{NULL 时} \\
\text{Depth}(p) = \text{MAX}\{\text{Depth}(p\text{->lchild}), \text{Depth}(p\text{->rchild}) + 1\} & \text{其他情况}
\end{cases}
$$

算法如下。

```
int Depth(BSTree *p)
{                                  //用后序遍历递归算法求二叉树深度
  int lchild,rchild;
  if(p==NULL)return 0;             //树的深度为 0
  else
  {
    lchild=Depth(p->lchild);      //递归调用求左子树深度
    rchild=Depth(p->rchild);      //递归调用求右子树深度
    return lchild>rchild ?(lchild+1):(rchild+1);
                                  //返回最终求得左子树深度和右子树深度中的较大值
  }
}
```

4．建立二叉树的二叉链表并输出其中序遍历序列

建立二叉树的方法：按二叉树带空指针的先序遍历序列输入节点数据，节点数据的类型为字符型，按先序遍历序列输入时若遇到空指针，则一律输入字符"．"。例如，图 4-15 所示的二叉树存储结构，其相应的输入为 abc. d．. e．. fg. ...✓。

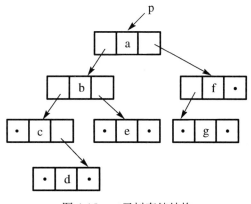

图 4-15　二叉树存储结构

程序如下。

```c
#include<stdio.h>
#include<stdlib.h>
#define MAXSIZE 30
typedef struct node
{
    char data;                          //节点数据
    struct node *lchild,*rchild;        //左、右子节点指针
}BSTree;
void Inorder(BSTree *p)                 //中序遍历二叉树
{
    if(p!=NULL)
    {
        Inorder(p->lchild);            //中序遍历左子树
        printf("%3c",p->data);         //访问根节点
        Inorder(p->rchild);            //中序遍历右子树
    }
}
void Createb(BSTree **p)
{
    char ch;
    scanf("%c",&ch);                   //读入一个字符
    if(ch!='.')                        //读入的字符不是'.'
    {
        *p=(BSTree*)malloc(sizeof(BSTree));  //在主调函数中申请一个节点空间
        (*p)->data=ch;                 //将读入的字符送到节点**p的数据域
        Createb(&(*p)->lchild);        //沿节点**p的左子节点分支继续生成二叉树
        Createb(&(*p)->rchild);        //沿节点**p的右子节点分支继续生成二叉树
    }
    else                               //读入的字符是'.'
        *p=NULL;                       //置节点**p的指针域为空
}
void main()
{
    BSTree *root;
    printf("Preorder enter bitree with '. . ': \n");
    Createb(&root);                    //建立一棵以root为根节点指针的二叉树
    printf("Inorder output : \n");
    Inorder(root);                     //中序遍历二叉树
    printf("\n");
}
```

运行程序得到的中序遍历序列为 a b c d e f g。

4.3 哈夫曼树

4.3.1 哈夫曼树的基本概念及构造方法

哈夫曼树（Huffman Tree）又称为最优二叉树，是指对一组带有确定权值的叶节点所构造的带权路径长度最短的二叉树。哈夫曼树的应用十分广泛，在通信及数据传输中可构造传输效率很高的哈夫曼编码（二进制编码），哈夫曼编码还可以用于磁盘文件的压缩存储，在编写程序中也可以构造平均执行时间最短的最佳判断过程等。

从树的一个节点到另一个节点之间的分支构成了两个节点之间的路径，路径上的分支个数称为路径长度，二叉树的路径长度是指从根节点到所有叶节点的路径长度之和。若二叉树中的叶节点都有一定的权值，则可将这个概念拓展到带权二叉树：设二叉树具有 n 个带权值的叶节点，则从根节点到每个叶节点的路径长度与该叶节点权值的乘积之和称为二叉树带权路径长度，即

$$WPL = \sum_{k=1}^{n} W_k L_k$$

式中，n 为二叉树中叶节点的个数，W_k 为第 k 个叶节点的权值，L_k 为第 k 个叶节点的路径长度。图 4-16（a）所示的二叉树，它的带权路径长度 WPL=1×2+3×2+5×2+7×2=32。

给定一组具有确定权值的叶节点可以构造出不同的带权二叉树。例如，权值分别为 1、3、5、7 的 4 个叶节点，可构造出形状不同的多棵二叉树，这些形状不同的二叉树其带权路径长度可能各不相同。图 4-16 给出了其中 4 种不同形态的二叉树，且这 4 棵二叉树的带权路径长度分别为

WPL=1×2+3×2+5×2+7×2=32
WPL=1×3+3×3+5×2+7×1=29
WPL=1×2+5×3+7×3+3×2=44
WPL=7×1+1×3+3×3+5×2=29

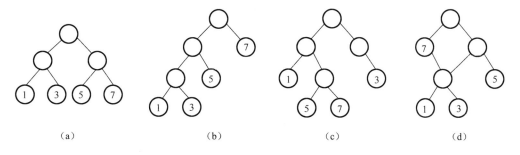

| (a) | (b) | (c) | (d) |

图 4-16 具有相同叶节点的不同二叉树

若给定 n 个权值，如何构造一棵具有 n 个给定权值叶节点的二叉树，使其带权路径长度最小呢？哈夫曼以权值大的节点尽量靠近根节点为原则，给出了一种带有一般规律的算法，后来被称为哈夫曼算法。哈夫曼算法的步骤如下。

（1）根据给定的 n 个权值 $\{w_1, w_2, \cdots, w_n\}$ 构成 n 棵二叉树的集合 $F=\{T_1, T_2, \cdots, T_n\}$。其中，每棵二叉树 T_i（$1 \leqslant i \leqslant n$）只有一个带权值 w_i 的根节点，其左、右子树均为空。

（2）在 F 中选取两棵根节点权值最小的二叉树作为左、右子树来构造一棵新二叉树，且置新二叉树根节点权值为其左、右子树根节点的权值之和。

（3）在 F 中删除这两棵二叉树，同时将新生成的二叉树加到 F 中。

（4）重复步骤（2）、步骤（3），直到 F 中只剩下一棵二叉树为止，这棵二叉树就是哈夫曼树。

从哈夫曼算法的步骤中可以看出，初始时共有 n 棵二叉树且都只有一个节点，即均只有根节点而无其他子树。在哈夫曼树的构造过程中，每次都选取两棵根节点权值最小的二叉树合并成一棵新二叉树，因此需要增加一个节点作为新二叉树的根节点，而这两棵权值最小的二叉树作为新二叉树根节点的左、右子树。由于要进行 $n-1$ 次合并才能使初始的 n 棵仅含一个节点的二叉树合并为一棵新二叉树，因此 $n-1$ 次合并共产生了 $n-1$ 个新节点，即最终生成的哈夫曼树共有 $2n-1$ 个节点。由于每次都是将两棵权值最小的二叉树合并生成一棵新二叉树，因此生成的哈夫曼树中没有度为 1 的节点。并且，两棵权值最小的二叉树哪棵作为左子树、哪棵作为右子树在哈夫曼算法中并没有要求，故最终构造出来的哈夫曼树并不唯一，但是最小的带权路径长度是唯一的。所以，哈夫曼树具有如下四个特点。

（1）对给定的权值，所构造的二叉树具有最小带权路径长度。

（2）权值大的节点离根节点近，权值小的节点离根节点远。

（3）所生成的二叉树不唯一。

（4）没有度为 1 的节点。

具有 n 个节点的哈夫曼树共有 $2n-1$ 个节点，这个性质也可由二叉树性质 $n_0 = n_2+1$ 得到。由于哈夫曼树不存在度为 1 的节点，而由二叉树性质可知 $n_2 = n_0-1$，因此哈夫曼树的节点个数为

$$n_0+n_1+n_2 = n_0+0+n_0-1 = 2n_0-1 = 2n-1$$

例 4.5 已知 8 个节点的权值分别为 7、19、2、6、32、3、21、10，试据此构造哈夫曼树并求其带权路径长度。

【解】 为了便于手动构造哈夫曼树，我们对哈夫曼算法加以修改。首先将 n 个带权值的节点按权值大小由小到大排序，然后按由左至右的顺序取出两个权值最小的节点作为左、右子树的根节点来构造一棵新的二叉树，且新二叉树根节点权值是其左、右子树根节点权值之和，最后将新根节点仍按升序插入节点序列，同时删去刚才两个权值最小的节点。重复上述操作过程直到节点序列中只剩下一个节点为止，这个节点就是哈夫曼树的根节点，至此，哈夫曼树构造完成。构造过程如下。

（1）初始节点为 ②③⑥⑦⑩⑲㉑㉜，第一次构造结果如图 4-17（a）所示，插入新节点 ⑤ 并删除节点 ②③。

（2）此时节点为 ⑤⑥⑦⑩⑲㉑㉜，第二次构造结果如图 4-17（b）所示，插入新节点 ⑪ 并删除节点 ⑤⑥。

（3）此时节点为 ⑦⑩⑪⑲㉑㉜，第三次构造结果如图 4-17（c）所示，插入新节点 ⑰ 并删除节点 ⑦⑩。

（4）此时节点为 ⑪⑰⑲㉑㉜，第四次构造结果如图 4-17（d）所示，插入新节点 ㉘ 并删除节点 ⑪⑰。

（5）此时节点为(19) (21) (28) (32)，第五次构造结果如图 4-17（e）所示，插入新节点(40)并删除节点(19) (21)。

（6）此时节点为(28) (32) (40)，第六次构造结果如图 4-17（f）所示，插入新节点(60)并删除节点(28) (32)。

（7）此时节点为(40) (60)，第七次构造结果如图 4-17（g）所示，插入新节点(100)并删除节点(40) (60)。

（8）此时节点为(100)，仅剩下一个节点，哈夫曼树构造完成。

哈夫曼树的构造过程如图 4-17 所示。

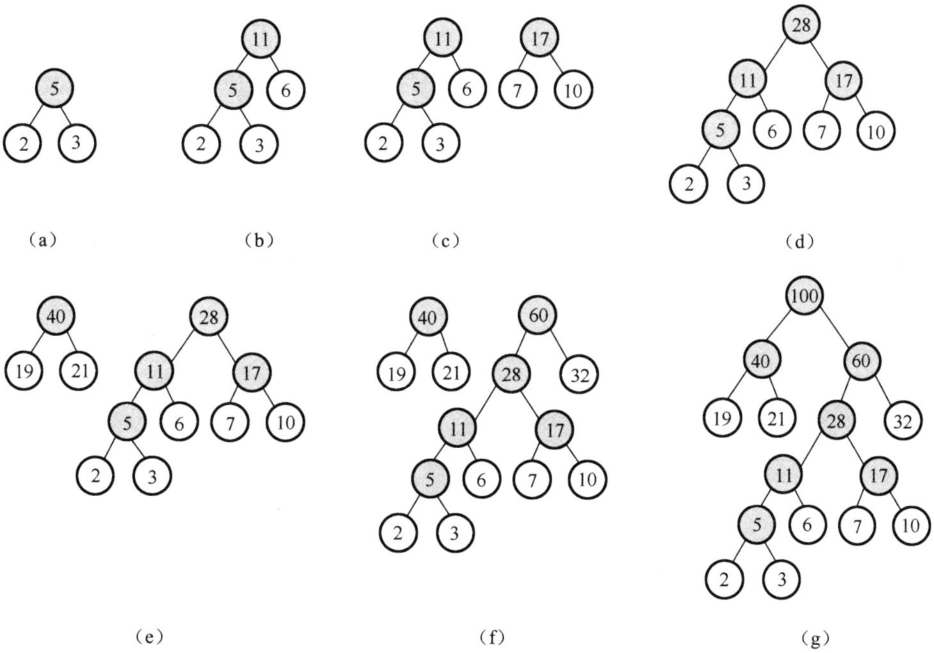

图 4-17　哈夫曼树的构造过程

该哈夫曼树的带权路径长度为

$$WPL = (2+3)\times 5+(6+7+10)\times 4+(19+21+32)\times 2 = 261$$

4.3.2　哈夫曼算法的实现

为了构造哈夫曼树，我们采用二叉树-单链表存储结构。哈夫曼树除了二叉树原有的数据域 data 和左、右子节点的指针域 lchild、rchild，还增加了一个指针域 next，即哈夫曼树的节点同时是单链表的节点。在按节点权值进行升序排序时，我们使用二叉树-单链表中的单链表功能，在用节点来构造哈夫曼树时，我们使用二叉树-单链表中的二叉树功能。哈夫曼树的节点类型定义如下。

```
typedef struct node
{
  int data;                          //节点数据
```

```
    struct node *lchild,*rchild;              //哈夫曼树的左、右子节点指针
    struct node *next;
                       //哈夫曼树的节点同时是单链表的节点，next 为单链表节点的指针
}BSTree_Link;                                 //二叉树-单链表节点类型
```

　　按例 4.5 给出的方法，在输入哈夫曼树叶节点的权值时，首先将这些权值节点链成一个升序单链表。在构造哈夫曼树时，每次取升序单链表的前两个数据节点来构造一个哈夫曼树的节点，同时删去单链表中的这两个数据节点，并将哈夫曼树的节点按升序插入单链表，这种构造哈夫曼树节点的过程一直持续到单链表为空为止。此时生成的节点为哈夫曼树的根节点，该哈夫曼树的（根）节点连同其向下生长的所有分支节点和叶节点就形成了一棵哈夫曼树。

　　哈夫曼树构造算法如下。

```
BSTree_Link *CreateLinkList(int n)
{                                             //根据叶节点的权值生成一个升序单链表
   BSTree_Link *link,*p,*q,*s;
   int i;
   link=(BSTree_Link*)malloc(sizeof(BSTree_Link));   //生成单链表的头节点
   s=(BSTree_Link*)malloc(sizeof(BSTree_Link));
                       //生成单链表第一个数据节点，同时也是哈夫曼树的叶节点
   scanf("%d",&s->data);                      //输入叶节点的权值
   s->lchild=NULL;
   s->rchild=NULL;                            //置叶节点标志（左、右子节点指针为空）
   s->next=NULL;                              //置单链表尾节点标志
   link->next=s;
   for(i=2;i<=n;i++)                          //生成单链表剩余的 n-1 个数据节点
   {
      s=(BSTree_Link*)malloc(sizeof(BSTree_Link));
                              //生成一个数据节点（哈夫曼树的叶节点）
      scanf("%d",&s->data);                   //输入叶节点的权值
      s->lchild=NULL;
      s->rchild=NULL;                         //置叶节点标志（左、右子节点指针为空）
      q=link;                                 //将该数据节点按升序插入单链表
      p=q->next;
      while(p!=NULL)
         if(s->data>p->data)                  //查找插入位置
         { q=p;p=p->next;}
         else                                 //找到插入位置（链表尾部位置除外）后插入数据节点
         {
            q->next=s;s->next=p;
            break;
         }
      if(s->data>q->data)                     //插入链表尾部的处理
      { q->next=s;s->next=p;}
   }
   return link;                               //返回升序单链表的头节点指针
}
BSTree_Link *HuffTree(BSTree_Link *link)      //生成哈夫曼树
```

```
{                                   //指针 link 指向升序单链表的头节点
    BSTree_Link *p,*q,*s;
    while(link->next!=NULL)         //当单链表的数据节点非空时
    {
        p=link->next;               //取出升序单链表中的第一个数据节点
        q=p->next;                  //取出升序单链表中的第二个数据节点
        link->next=q->next;         //使头节点的指针 next 指向升序单链表中的第三个数据节点
        s=(BSTree_Link*)malloc(sizeof(BSTree_Link));   //生成哈夫曼树的节点
        s->data=p->data+q->data;    //该节点权值为取出的两数据节点权值之和
        s->lchild=p;                //取出的第一个数据节点作为该节点的左子节点
        s->rchild=q;                //取出的第二个数据节点作为该节点的右子节点
        q=link;                     //将该节点按升序插入升序单链表
        p=q->next;
        while(p!=NULL)
            if(s->data>p->data)
            { q=p;p=p->next; }
            else
            { q->next=s;s->next=p;break; }
        if(q!=link && s->data>q->data)
        {       //插入链表尾部，若指针 q 等于指针 link，则单链表为空，此时节点*s 为根节点
            q->next=s;
            s->next=p;
        }
    }
    return s;      //当单链表为空（无数据节点）时，最后生成的哈夫曼树的节点为其根节点
}
```

4.3.3　哈夫曼编码

1. 编码与哈夫曼编码

在数据通信中，经常要将传送的文字转换成由数码 0、1 组成的二进制字符串，我们称之为编码。例如，需要传送的电文为"ABACCDA"，它只有 4 种字符，因此只需 2 位二进制数即可分辨。设 A、B、C、D 的编码分别为 00、01、10 和 11，则"ABACCDA"的电文代码为"00010010101100，电文总长为 14 位。对方接收到这串代码时则可按 2 位一组进行译码。当然，我们总是希望传递的电文长度尽可能短，如对每个字符可采用不等长编码来减少传送电文的长度。若我们设计 A、B、C、D 的编码分别为 0、00、1、01，则"ABACCDA"的电文代码就变为"000011010"，这时电文的长度降低为 9 位，但是这样的电文无法译码，如代码中的前四位"0000"可能有"AAAA""ABA""BB"等多种译法，错译的原因是一个字符的编码恰好是另一个字符编码的前缀，如 A 的编码为 0 而 B 的编码为 00，若遇到代码"00"则无法确定它到底译为"AA"还是"B"。因此，若要设计不等长的编码，则必须保证一个字符的编码不是另一个字符编码的前缀，这种编码称为前缀码（需要说明的是，这种编码应称为"非前缀码"更为合适，但基于使用习惯仍称为前缀码）。

利用哈夫曼树可形成通信上使用的二进制不等长码。这种编码方式是将需要传送的信息中各字符出现的频率作为叶节点的权值，并以此来构造一棵哈夫曼树，即每个带权叶节点都对应一个字符，根节点到这些叶节点都有一条路径。规定哈夫曼树中的左分支代表 0、右分支代表 1，则从根节点到每个叶节点所经过的路径分支所组成的 0 和 1 的序列便为该叶节点对应字符的编码，即哈夫曼编码。

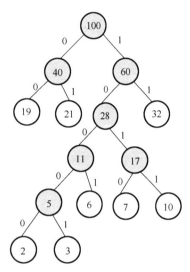

图 4-18　哈夫曼编码

例如，已知 8 个字符 A、B、C、D、E、F、G、H 出现频率的权值分别为 7、19、2、6、32、3、21、10，据此权值构造的哈夫曼树如图 4-17（g）所示，其哈夫曼编码如图 4-18 所示。其中，权值为 19 的字符 B 编码为 00，权值为 21 的字符 G 编码为 01，权值为 2 的字符 C 编码为 10000，权值为 3 的字符 F 编码为 10001，权值为 6 的字符 D 编码为 1001，权值为 7 的字符 A 编码为 1010，权值为 10 的字符 H 编码为 1011，权值为 32 的字符 E 编码为 11。可以看出，权值越大编码长度越短，权值越小编码长度越长。由于出现频度大的字符编码短，出现频度小的字符编码长，因此总体上比等长码减少了传送的信息量，从而缩短了通信的时间。此外，用这种方式对文件进行压缩存储也是一种较好的方法。

另外，采用哈夫曼树进行编码也不会产生一个字符编码是另一个字符编码的前缀这种二义性问题。由于在哈夫曼树中，每个字符节点都是叶节点，即不可能出现一个叶节点是根节点到其他叶节点路径上的分支节点，因此，一个字符的哈夫曼编码不可能是另一个字符的哈夫曼编码的前缀，从而保证译码无二义性。

2．哈夫曼编码的算法

实现哈夫曼编码的算法分为以下两部分。

（1）构造哈夫曼树。

（2）在哈夫曼树上求叶节点的编码。

对于生成的哈夫曼树，我们采用二叉树后序遍历的非递归算法来遍历这棵哈夫曼树。在遍历过程中，对所经过的左分支或右分支进行编码，当遍历到叶节点时，输出该叶节点的信息及由根节点到该叶节点的路径编码，这就是该叶节点对应的哈夫曼编码。

哈夫曼编码算法如下。

```
#define MAXSIZE 30                    //定义哈夫曼树的路径和哈夫曼编码的最大长度
void HuffCode(BSTree_Link *p)
{                                     //后序遍历非递归算法遍历哈夫曼树并输出哈夫曼编码
   BSTree_Link *q,*stack[MAXSIZE];
   int b,i=-1,j=0,k,code[MAXSIZE];
   do                                 //后序遍历非递归算法生成的哈夫曼树
   {
      while(p!=NULL)                  //将节点*p左分支上的所有左子节点入栈
      {
         if(p->lchild==NULL&&p->rchild==NULL)
```

```
            {
                printf("key=%3d, code: ",p->data);      //输出叶节点的信息
                for(k=0;k<j;k++)                         //输出该叶节点的哈夫曼编码
                    printf("%d",code[k]);
                printf("\n");
                j--;
            }
            stack[++i]=p;                                //指针 p 入栈
            p=p->lchild;                                 //指针 p 指向节点*p 的左子节点
            code[j++]=0;                                 //对应的左分支置编码 0
        }
//栈顶保存的节点指针已无左子节点或其左子树上的节点都已访问过
        q=NULL;
        b=1;                         //将栈顶保存的节点指针所指向的节点标记为已访问过其左子树
        while(i>=0 && b)
        {                            //栈 stack 非空且栈顶保存的节点指针其左子树上的节点都已访问过
            p=stack[i];              //取出栈顶保存的节点指针赋给指针 p
            if(p->rchild==q)                             //节点*p 无右子节点或有右子节点但已访问过
            {
                i--;j--;                                 //栈 stack 和 code 的栈顶指针减 1（出栈）
                q=p;                                     //指针 q 指向刚访问过的节点*p
            }
            else                                         //节点*p 有右子节点且右子节点未被访问过
            {
                p=p->rchild;                             //指针 p 指向节点*p 的右子节点
                code[j++]=1;                             //对应的右分支置编码 1
                b=0;                                     //置该右子节点未访问过其右子树标记
            }
        }
    }while(i>=0);                                        //当栈 stack 非空时继续遍历
}
```

4.4　树和森林

4.4.1　树的定义与存储结构

树是 n（$n \geq 0$）个节点组成的有限集合 T。当 $n = 0$ 时，称这棵树为空树。在一棵非空树 T 中：

（1）有一个特殊的节点称为树的根节点，根节点没有前驱节点。

（2）若 $n > 1$，则除根节点外的其余节点被分成 m（$m > 0$）个互不相交的集合 $T_1, T_2, \cdots, T_n$，其中每个集合 T_i（$1 \leq i \leq m$）本身又是一棵树。树 $T_1, T_2, \cdots, T_m$ 称为这个根节点的子树。

可以看出，在树的定义中用到了递归概念，即用树来定义树。因此，树结构的算法类似于二叉树结构的算法，也可以使用递归方法，二叉树中所介绍的有关概念在树中仍然适用。此外，从树的定义中还可以看出树具有以下两个特点。

（1）树的根节点没有前驱节点，除根节点外的所有节点有且仅有一个前驱节点。

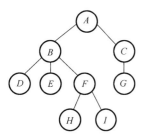

（2）树中所有节点可以有零个或多个后继节点。

因此，树中节点之间是"一对多"的关系，图 4-19 所示为一棵树的示意图。树既可以采用顺序存储结构，也可以采用链式存储结构。

注意，树与二叉树虽然都属于树结构，但有两点区别：一是二叉树的度最多为 2，而树无此限制；二是二叉树有左、右子树之分，即使只有一个分支，也必须区分左、右子树，而树无此限制。因此，二叉树不是树的特殊形式。

图 4-19　一棵树的示意图

4.4.2　树、森林与二叉树之间的转换

1. 树转换为二叉树

由于树和二叉树都可以采用二叉链表作为存储结构，因此可以找出它们之间的对应关系，从而实现树到二叉树的转换，即给定一棵树，可以找到唯一一棵二叉树与之对应，转换方法如下。

（1）在树的所有兄弟节点之间增加一条连线。

（2）树中的每个节点只保留它与第一个子节点的分支，删去该节点与其他子节点的分支。

（3）以根节点为轴心，将整棵树按顺时针转动一定角度，使树成为二叉树的层次形态。

图 4-19 中的树转换为二叉树的过程如图 4-20 所示。在转换为二叉树后，二叉树的根节点无右子树，且二叉树中的左分支上各节点在原来的树中是父子关系，而右分支上的各节点在原来的树中是兄弟关系。由此可以看出，一棵树采用孩子兄弟表示法表示这种存储结构与该树转换成二叉树后的二叉链表存储结构是完全相同的。

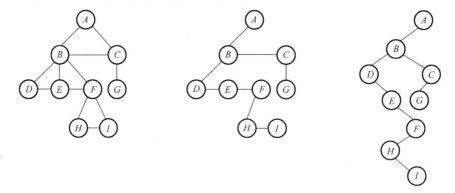

（a）相邻兄弟节点之间增加连线　（b）保留父节点与第一个子节点的连线，　　（c）顺时针转动后得到二叉树
　　　　　　　　　　　　　　　　　删除其他父节点与子节点的连线

图 4-20　图 4-19 中的树转换成二叉树的过程

2. 森林转换为二叉树

由于根节点没有兄弟，因此将树转换为二叉树后，该二叉树的根节点一定没有右子树。据此，将森林转换为一棵二叉树的方法如下。

（1）将森林中的每一棵树都转换为二叉树。

（2）将第一棵二叉树（没有右子树）的根节点作为森林转换为二叉树后的根节点，第一棵二叉树的左子树作为森林转换为二叉树后的根节点的左子树；从第二棵二叉树开始，依次把后一棵二叉树的根节点作为前一棵二叉树根节点的右子节点。当所有二叉树都完全连接到一棵二叉树后，此时得到的二叉树就是森林转换的二叉树。图 4-21 所示为森林转换为二叉树的过程。

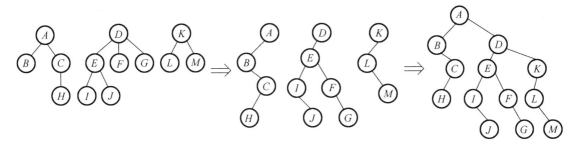

（a）森林　　　　　　　（b）每棵树转换为对应的二叉树　　　（c）所有二叉树合并为一棵二叉树

图 4-21　森林转换为二叉树的过程

3. 二叉树转换为树或森林

树和森林都可以转换为二叉树。二者的区别是树转换为二叉树后，该二叉树根节点无右子树；而森林转换为二叉树后，该二叉树根节点有右子树。实际上，由根节点开始的右子树上有几个节点（包含根节点），原森林就有几棵树。因此，可以依据二叉树根节点有无右子树来确定是将一棵二叉树还原为树还是森林。具体方法是若二叉树非空，则二叉树根节点及其左子树为第一棵树的二叉树形式；二叉树根节点的右子树可以看作剩余的二叉树所构成的森林，再按上述方法分离出一棵树，以此类推，一直重复到一棵没有右子树的二叉树为止，就得到了整个森林。为了进一步得到树，可用树的二叉链表表示（孩子兄弟表示法）的逆方法，即节点与节点的右子树根节点、右子树的右子树根节点都是同一父节点的子节点，其转换过程实际上就是图 4-20 的逆过程。

4.4.3　树与森林的遍历

1. 树的遍历

由于树中每个节点都可以有两棵以上的子树，因此只有两种遍历树的方法。

（1）树的先根遍历：先访问树的根节点，再按从左到右的顺序依次先根遍历根节点的每一棵子树。

（2）树的后根遍历：先按从左到右顺序依次遍历根节点的每一棵子树，再访问根节点。

例如，对图 4-22 所示的树进行先根遍历得到序列为 *ABEFCDG*，进行后根遍历得到的序列为 *EFBCGDA*。

注意：（1）先根遍历一棵树等价于先序遍历该树转换的二叉树；后根遍历一棵树等价于中序遍历该树转换的二叉树。因此，树的遍历也可以先将树转换为二叉树，再进行遍历。

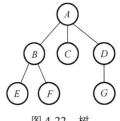

图 4-22　树

（2）树的遍历方法中无中根遍历。这是因为若在树的遍历方法中有中根遍历，则对树根的访问就必须在某些子树之间进行，即首先访问一些子树，然后访问根节点，最后访问其余的子树。但是，由于每个节点的子树可能有多个，因此在哪些子树之后访问根节点无法确定。

2．森林的遍历

按照森林和树的递归定义，可以得到森林的两种遍历方法。

（1）先序遍历森林：若森林非空，则首先访问森林中第一棵树的根节点，然后先序遍历第一棵树根节点的子树，最后先序遍历去掉第一棵树后剩余的树所构成的森林。

（2）中序遍历森林：若森林非空，则首先中序遍历森林中第一棵树根节点的子树，然后访问第一棵树的根节点，最后中序遍历去掉第一棵树后剩余的树所构成的森林。

例如，对图 4-21（a）所示的森林进行先序遍历得到的序列为 *ABCHDEIJFGKLM*；进行中序遍历得到的序列为 *BHCAIJEFGDLMK*。

注意：（1）先序遍历森林等价于先序遍历该森林所转换的二叉树，中序遍历森林等价于中序遍历该森林所转换的二叉树。

（2）森林的遍历方法中无后序遍历。以森林转换的二叉树为例，根节点和左子树实际上是森林中第一棵树，而右子树是除第一棵树外其余的树所构成的森林。按照后序遍历方法，遍历过程为左子树、右子树、根节点，这种遍历方法将把第一棵树分割为不相连的两部分，对右子树构成的其余树也是如此。因此，在森林的遍历过程中无后序遍历。

4.5　图

图形结构是一种比树结构更复杂的非线性结构。树结构中的节点之间具有明显的层次关系，且每一层上的节点只能和上一层中的一个节点相关，并可能和下一层的多个节点相关。在图形结构中，任意两个节点之间都可能相关，即节点与节点之间的邻接关系可以是任意的。因此，图形结构可用来描述更加复杂的对象。

4.5.1　图的基本概念

1. 图的定义

图（Graph）由非空的顶点集合 V 与描述顶点之间关系——边（或者弧）的集合 E 组成，其形式化定义为

$$G = (V,\ E)$$

若图 G 中的每条边都是没有方向的，则称 G 为无向图，无向图中的边是图中顶点的无序偶对。无序偶对通常用圆括号"( )"表示。例如，顶点偶对(v_i,v_j)表示顶点 v_i 和顶点 v_j 相连的边，且(v_i,v_j)与(v_j,v_i)表示同一条边。

若图 G 中的每条边都是有方向的，则称 G 为有向图。有向图中的边是图中顶点的有序偶对，有序偶对通常用尖括号"<>"表示。例如，顶点偶对$<v_i,v_j>$表示从顶点 v_i 指向顶点 v_j 的一条有向边，其中，顶点 v_i 称为有向边$<v_i,v_j>$的起点，顶点 v_j 称为有向边$<v_i,v_j>$的终点。有向边

也称为弧，对弧$<v_i,v_j>$来说，v_i 为弧的起点，称为弧尾；v_j 为弧的终点，称为弧头。

本章仅讨论简单的图，即不考虑顶点到其自身的边。也就是说，若(v_i,v_j)或$<v_i,v_j>$是图 G 的一条边，则有 $v_i≠v_j$。此外，也不讨论一条边在图中重复出现的情况。

图 4-23（a）所示的 G_1 是一个无向图，即
$$G_1 = (V_1，E_1)$$
其中
$$V_1 = \{v_1,v_2,v_3,v_4\}$$
$$E_1 = \{(v_1,v_2),(v_1,v_4),(v_2,v_4),(v_3,v_4)\}$$
图 4-23（b）所示的 G_2 是一个有向图，即
$$G_2 = (V_2，E_2)$$
$$V_2 = \{v_1,v_2,v_3,v_4,v_5\}$$
$$E_2 = \{<v_1,v_3>,<v_1,v_5>,<v_2,v_1>,<v_4,v_2>,<v_4,v_3>,<v_5,v_2>\}$$

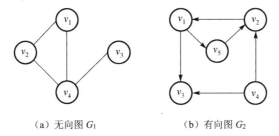

（a）无向图 G_1　　　　　（b）有向图 G_2

图 4-23　图

若(v_i,v_j)是一条无向边，则顶点 v_i 和 v_j 互为邻接点，或称顶点 v_i 与 v_j 相邻接，并称边(v_i,v_j)依附于顶点 v_i 和 v_j。若$<v_i,v_j>$是一条弧，则称顶点 v_i 邻接到 v_j，顶点 v_j 邻接于 v_i，并称弧$<v_i,v_j>$依附于顶点 v_i 和 v_j。

2．图的基本术语

（1）无向完全图：若一个无向图具有 n 个顶点且每个顶点与其他 $n-1$ 个顶点之间都有边存在，即任意两个顶点之间都有一条边连接，则称该图为无向完全图。显然，含有 n 个顶点的无向完全图共有 $\dfrac{n(n-1)}{2}$ 条边。

（2）有向完全图：在有 n 个顶点的有向图中，若任何两个顶点之间都有方向相反的两条弧存在，则称该图为有向完全图。显然，含有 n 个顶点的有向完全图共有 $n(n-1)$ 条弧。

（3）顶点的度、入度和出度：顶点的度是指依附于某顶点 v 的边数，通常记为 $D(v)$。在有向图中，要区别顶点的入度和出度的概念。顶点 v 的入度是指以顶点 v 为终点的弧的个数，记为 $ID(v)$；顶点 v 的出度是指以顶点 v 为起点的弧的个数，记为 $OD(v)$。有向图顶点 v 的度定义为该顶点的入度和出度之和，即 $D(v) = ID(v)+OD(v)$。

例如，在图 4-23（a）所示的无向图 G_1 中
$$D(v_1) = 2，D(v_2) = 2，D(v_3) = 1，D(v_4) = 3$$
在图 4-23（b）所示的有向图 G_2 中
$$D(v_1) = ID(v_1)+OD(v_1) = 1+2 = 3 \qquad D(v_2) = ID(v_2)+OD(v_2) = 2+1 = 3$$
$$D(v_3) = ID(v_3)+OD(v_3) = 2+0 = 2 \qquad D(v_4) = ID(v_4)+OD(v_4) = 0+2 = 2$$

$$D(v_5) = \text{ID}(v_5)+\text{OD}(v_5) = 1+1 = 2$$

无论是无向图还是有向图，一个图的顶点数 n、边数 e 和各顶点的度之间的关系为

$$e = \frac{1}{2}\sum_{i=1}^{n}D(v_i)$$

（4）路径、路径长度：若 G 为无向图，则从顶点 v_p 到顶点 v_q 的路径是指存在一个顶点序列 $v_p,v_{i1},v_{i2},\cdots,v_{in},v_q$，使得 $(v_p,v_{i1}),(v_{i1},v_{i2}),\cdots,(v_{in},v_q)$ 分别为图 G 中的边；若 G 为有向图，则其路径也是有方向的，它由图 G 中的弧 $<v_p,v_{i1}>,<v_{i1},v_{i2}>,\cdots,<v_{in},v_q>$ 组成，即路径是由顶点和相邻顶点构成的边所形成的序列。路径长度是路径上边或弧的个数。例如，图 4-23（a）所示的无向图 G_1 中，$v_1{\rightarrow}v_2{\rightarrow}v_4{\rightarrow}v_3$ 和 $v_1{\rightarrow}v_4{\rightarrow}v_3$ 是从顶点 v_1 到顶点 v_3 的两条路径，其路径长度分别为 3 和 2。在带权图中，路径长度为路径中边或弧的权值之和。

（5）回路、简单路径、简单回路：若一条路径的起点和终点相同，则称该路径为回路或环。若路径中的顶点不重复出现，则称该路径为简单路径。（4）中提到的顶点 v_1 到顶点 v_3 的两条路径都是简单路径。除第一个顶点和最后一个顶点外，其他顶点不重复出现的回路称为简单回路或简单环。如图 4-23（b）中的 $v_1{\rightarrow}v_5{\rightarrow}v_2{\rightarrow}v_1$ 就是一个简单回路。

（6）子图：对于图 $G=(V, E)$ 和图 $G' = (V', E')$，若存在 V' 是 V 的子集，E' 是 E 的子集，且 E' 中的边都依附于 V' 中的顶点，则称图 G' 是 G 的一个子图。图 4-24 所示为图 4-23 中 G_1 和 G_2 的两个子图 G_1' 和 G_2'。

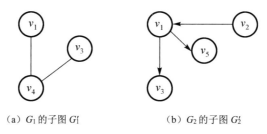

（a）G_1 的子图 G_1'　　　　　　　　（b）G_2 的子图 G_2'

图 4-24　图 4-23 中 G_1 和 G_2 的两个子图 G_1' 和 G_2'

（7）连通、连通图和连通分量：在无向图中，若从顶点 v_i 到另一个顶点 v_j（$i{\neq}j$）有路径，则称顶点 v_i 和顶点 v_j 是连通的。若图中任意两个顶点都是连通的，则称该图为连通图。无向图的极大连通子图称为连通分量。显然，任何连通图的连通分量只有一个，即其自身；而非连通图有多个连通分量。

例如，图 4-23（a）所示的无向图 G_1 就是一个连通图，而图 4-25（a）所示的无向图 G_3 是一个非连通图，并且 G_3 有两个连通分量，如图 4-25（b）和图 4-25（c）所示。

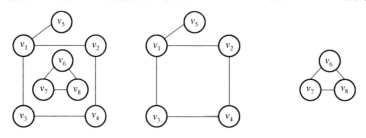

（a）无向图 G_3　　　　　（b）无向图 G_3 的连通分量 1　　　（c）无向图 G_3 的连通分量 2

图 4-25　无向图及其连通分量

（8）强连通、强连通图和强连通分量：在有向图中，若从顶点 v_i 到另一个顶点 v_j（$i \neq j$）有路径，则称顶点 v_i 到顶点 v_j 是连通的。若图中任意一对顶点 v_i 和 v_j（$i \neq j$）均有从顶点 v_i 到顶点 v_j 的路径，也有从顶点 v_j 到顶点 v_i 的路径，则称该有向图为强连通图。有向图的极大强连通子图称为强连通分量。显然，任何强连通图的强连通分量只有一个，即其自身；而非强连通图则有多个强连通分量。

例如，在图 4-26（a）中，有向图 G_4 不是一个强连通图，它有 3 个强连通分量，分别如图 4-26（b）、图 4-26（c）和图 4-26（d）所示。

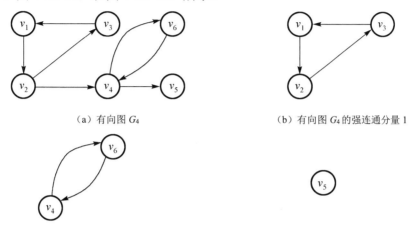

（a）有向图 G_4 　　　　　　　　（b）有向图 G_4 的强连通分量 1

（c）有向图 G_4 的强连通分量 2 　　　　（d）有向图 G_4 的强连通分量 3

图 4-26　有向图 G_4 及其强连通分量

（9）生成树：一个连通图的生成树是一个极小连通子图，它含有图中全部的 n 个顶点，但只有连接这 n 个顶点的 $n-1$ 条边。图 4-27 所示为图 4-25（b）所示的无向图 G_3 的连通分量 1 的两棵生成树。由图 4-27 也可看出，一个连通图的生成树可能不唯一。

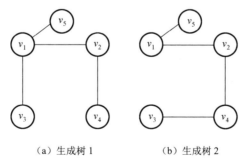

（a）生成树 1 　　　　　（b）生成树 2

图 4-27　图 4-25（b）所示的无向图 G_3 的连通分量 1 的两棵生成树

对一个有 n 个顶点的无向图，若边数小于 $n-1$，则一定是非连通图；若它的边数多于 $n-1$，则一定有回路。因此，一棵有 n 个顶点的生成树有且仅有 $n-1$ 条边，但有 $n-1$ 条边的图却不一定是生成树。

4.5.2　图的存储结构

图是一种复杂的数据结构，不但表现在各顶点的度可以不同，还表现在顶点之间的逻辑关系错综复杂。从图的定义可知一个图的信息包括两部分：图中顶点的信息及描述顶点之间的关系——边或弧的信息。因此无论采取什么方法来建立图的存储结构，都要完整、准确地反映这两部分信息。为适于用 C 语言描述，从本节起，顶点序号由 0 开始编号，即图的顶点集的一般形式为 $V = \{v_0, v_1, \cdots, v_{n-1}\}$。

下面介绍两种常用的图的存储结构。

1．邻接矩阵

所谓邻接矩阵存储结构，就是用一维数组存储图中顶点的信息，并用矩阵来表示图中各顶点之间的邻接关系。假定图 $G = (V，E)$ 有 n 个顶点，即 $V = \{v_0, v_1, \cdots, v_{n-1}\}$，则表示 G 中各顶点相邻关系需用一个 $n \times n$ 的矩阵，且矩阵元素为

$$A[i][j] = \begin{cases} 1 & \text{边}(v_i, v_j)\text{或弧} <v_i, v_j>\text{是集合}E\text{中的边} \\ 0 & \text{边}(v_i, v_j)\text{或弧} <v_i, v_j>\text{不是}E\text{集合中的边} \end{cases}$$

若 G 是带权图，则邻接矩阵可定义为

$$A[i][j] = \begin{cases} w_{ij} & \text{边}(v_i, v_j)\text{或弧} <v_i, v_j>\text{是集合}E\text{中的边} \\ 0\text{或}\infty & \text{边}(v_i, v_j)\text{或弧} <v_i, v_j>\text{不是集合}E\text{中的边} \end{cases}$$

式中，w_{ij} 表示边(v_i, v_j)或弧$<v_i, v_j>$上的权值；∞ 为计算机上所允许的大于所有边上权值的数值。无向图及其邻接矩阵如图 4-28 所示。

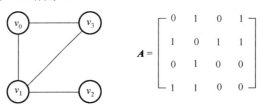

图 4-28　无向图及其邻接矩阵

有向图及其邻接矩阵如图 4-29 所示。

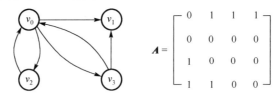

图 4-29　有向图及其邻接矩阵

带权图及其邻接矩阵如图 4-30 所示。

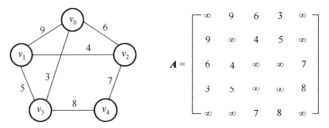

图 4-30　带权图及其邻接矩阵

从图的邻接矩阵可以看出以下特点。

（1）无向图（包括带权图）的邻接矩阵一定是一个关于对角线对称的对称矩阵。因此，在具体存放邻接矩阵时只需存放上三角矩阵（或下三角矩阵）的元素即可。

（2）无向图的邻接矩阵第 i 行（或第 i 列）的非零元素（或非 ∞ 元素）的个数正好是第 i 个顶点的度 $D(v_i)$。

（3）对于有向图，邻接矩阵第 i 行的非零元素（或非 ∞ 元素）的个数正好是第 i 个顶点的出度 $OD(v_i)$，第 i 列非零元素（或非 ∞ 元素）的个数正好是第 i 个顶点的入度 $ID(v_i)$。

（4）用邻接矩阵存储图，很容易确定图中任意两个顶点之间是否有边相连。但是，若要确定图中具体有多少条边，则必须按行、按列对每个元素进行查找后方能确定，因此花费的时间较长，这也是用邻接矩阵存储图的局限性。

在采用邻接矩阵方式表示图时，除了用一个二维数组存储用于表示顶点相邻关系的邻接矩阵，还需要用一个一维数组存储顶点信息。这样，一个图在顺序存储结构下的类型定义如下。

```
typedef struct
{
    int vertex[MAXSIZE];              //顶点为整型且顶点表的长度小于 MAXSIZE
    int edges[MAXSIZE][MAXSIZE];      //边为整型且 edges 为邻接矩阵
}MGraph;                              //MGraph 为采用邻接矩阵存储的图类型
```

无向图的邻接矩阵存储算法如下。

```
void CreatMGraph(MGraph *g,int e,int n)
{                            //建立无向图的邻接矩阵 g->egdes, n 为顶点个数, e 为边数
    int i,j,k;
    printf("Input data of vertexs(0~n-1):\n");
    for(i=0; i<n; i++)                    //读入顶点信息
        g->vertex[i]=i;
    for(i=0; i<n; i++)                    //初始化邻接矩阵
        for(j=0; j<n; j++)
            g->edges[i][j]=0;
    for(k=1; k<=e; k++)                   //输入 e 条边
    {
        printf("Input edge of(i,j): ");
        scanf("%d,%d",&i,&j);
        g->edges[i][j]=1;
        g->edges[j][i]=1;
    }
}
```

建立邻接矩阵的时间复杂度为 $O(n^2)$。

2．邻接表

邻接表是图的一种顺序存储结构与链式存储结构相结合的存储方法。邻接表表示法类似于树的子节点表示法，即对于图 G 中的每个顶点 v_i，先将所有邻接于 v_i 的顶点 v_j 连成一个单链表，这个单链表就称为顶点 v_i 的邻接表。再将所有顶点的邻接表表头指针放到一个一维数组中形成图的顶点表，这样就构成了图的邻接表。因此，用邻接表表示一个图需要采用两种结构，

如图 4-31 所示，一种是用一维数组表示的顶点表，即每个数组元素表示图中的一个顶点，而数组元素由顶点域（vertex）和指向该顶点第一条邻接边节点的指针域（firstedge）构成，且firstedge 指向该顶点的邻接表（由单链表构成）。另一种是用单链表节点表示邻接边节点，它由邻接点域（adjvex）和指向下一个邻接边节点的指针域（next）构成。

图 4-31　邻接表表示的节点结构

图 4-32 所示为图 4-28 所示的无向图对应的邻接表表示。

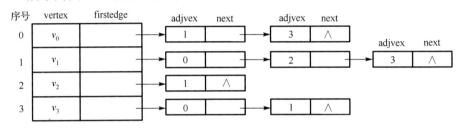

图 4-32　图 4-28 所示的无向图对应的邻接表表示

图在邻接表表示下的类型定义如下。

```
typedef struct node              //邻接表节点
{
  int adjvex;                    //邻接点域
  struct node *next;             //指向下一个邻接边节点的指针域
}EdgeNode;                       //邻接表节点类型
typedef struct vnode             //顶点表节点
{
  int vertex;                    //顶点域
  EdgeNode *firstedge;           //指向邻接表第一个邻接边节点的指针域
}VertexNode;                     //顶点表节点类型
```

建立一个无向图的邻接表存储算法如下。

```
void CreatAdjlist(VertexNode g[],int e,int n)
{           //建立无向图的邻接表，n 为顶点个数，e 为边数，g[]为存储 n 个顶点表节点
  EdgeNode *p;
  int i,j,k;
  printf("Input date of vetex(0~n-1);\n");
  for(i=0; i<n; i++)             //建立有 n 个顶点的顶点表
  {
    g[i].vertex=i;               //读入顶点 i 的信息
    g[i].firstedge=NULL;         //初始化指向顶点 i 邻接表的表头指针
  }
  for(k=1; k<=e; k++)            //输入 e 条边
  {
    printf("Input edge of(i,j): ");
```

```
        scanf("%d,%d",&i,&j);
        p=(EdgeNode *)malloc(sizeof(EdgeNode));
        p->adjvex=j;                    //在顶点 i 的邻接表中添加邻接点为 j 的邻接边节点
        p->next=g[i].firstedge;         //插入操作是在邻接表表头进行的
        g[i].firstedge=p;
        p=(EdgeNode *)malloc(sizeof(EdgeNode));
        p->adjvex=i;                    //在顶点 j 的邻接表中添加邻接点为 i 的邻接边节点
        p->next=g[j].firstedge;         //插入操作是在邻接表表头进行的
        g[j].firstedge=p;
    }
}
```

对有 n 个顶点和 e 条边的无向图来说，它的邻接表需要 n 个顶点节点和 $2e$ 个邻接表节点。显然，在边稀疏（$e \ll \dfrac{n(n-1)}{2}$）的情况下，用邻接表表示图比用邻接矩阵表示图要节省存储空间。此外要注意的是，当顶点个数 n 和边数 e 确定后，一个图的邻接矩阵表示是唯一的，但其邻接表表示并不唯一，它与边输入的先后次序有关。并且，邻接表中每个顶点的邻接表对应邻接矩阵中该顶点所对应的行，即表中的节点个数与该行中的非零元素个数相同。

对于无向图的邻接表，顶点 v_i 的度为其邻接表中节点的个数；而在有向图中，顶点 v_i 的邻接表中节点个数只是顶点 v_i 的出度。求顶点 v_i 的入度必须遍历整个邻接表，即在所有邻接表中查找邻接点域中值为 i 的节点并统计其个数，最终得到的个数才是顶点 v_i 的入度。因此，为了便于确定顶点的入度或以顶点 v_i 为终点的弧，可以建立一个有向图的逆邻接表，即对每个顶点 v_i 建立一个以 v_i 为终点的邻接表。

例如，我们可将图 4-33（a）中的有向图逆置弧的指向后得到图 4-34（a）的有向图，然后为其建立邻接表，如图 4-34（b）所示，而这个邻接表正是图 4-33（b）所示邻接表的逆邻接表。

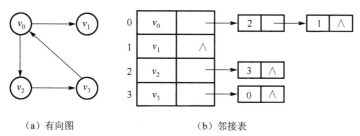

（a）有向图　　　　　　　（b）邻接表

图 4-33　有向图与邻接表表示

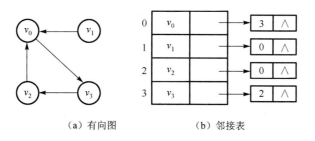

（a）有向图　　　　　　　（b）邻接表

图 4-34　图 4-33（a）有向图的逆邻接表表示

在建立邻接表或逆邻接表时，若输入的顶点信息为顶点编号（顶点在顶点表中的下标），则建立邻接表的时间复杂度为$O(n+e)$；否则需要通过查找才能得到顶点在图中的位置，时间复杂度也将增至$O(n×e)$。

在邻接表上很容易找到任意一个顶点的第一个邻接点和下一个邻接点，但若要判断任意两个顶点v_i和v_j之间是否有边或弧相连，则需要搜索第i个顶点或第j个顶点的邻接表，这一点不如邻接矩阵方便。

4.6 图的遍历

图的遍历是指从图中的任意顶点出发，按照事先确定的某种搜索方法依次对图中所有顶点进行访问且仅访问一次的过程。图的遍历要比树的遍历复杂得多，其复杂性主要表现在以下四个方面。

（1）在图形结构中，没有像根节点那样明显的首节点，即图中的任何一个顶点都可以作为第一个被访问的节点。

（2）在非连通图中，从一个顶点出发只能访问它所在的连通分量上的所有顶点。因此，还需考虑如何选取下一个未被访问的顶点来继续访问图中其余的连通分量。

（3）在图形结构中若有回路存在，则一个顶点被访问后有可能沿回路又回到该顶点。

（4）在图形结构中，一个顶点可以和其他多个顶点相邻，因此还需要考虑当该顶点访问过后如何从众多相邻顶点中选取下一个要访问的顶点。

图的遍历是图的一种基本操作，它是求解图的连通性、拓扑排序及求关键路径等算法的基础。图的遍历通常采用深度优先搜索（Depth First Search，DFS）和广度优先搜索（Breadth First Search，BFS）两种方式，这两种方式对无向图和有向图的遍历都适用。

4.6.1 深度优先搜索

深度优先搜索对图的遍历类似于树的先根遍历，是树先根遍历的一种推广，即搜索顶点的次序是沿着一条路径尽量向纵深发展的。深度优先搜索的基本思想是，假设初始状态为图中所有顶点都未被访问过，则深度优先搜索可以从图中某个顶点v出发，即先访问v，然后依次访问v的未被访问过的邻接点，继续深度优先搜索图，直至图中所有和v有路径相通的顶点都被访问过。若此时图中尚有顶点未被访问过，则另选一个未曾访问过的顶点作为起始点，重复上述深度优先搜索过程，直到图中的所有顶点都被访问过为止。

我们以图4-35所示的无向图为例介绍图的深度优先搜索。假定从顶点v_0出发，在访问了顶点v_0后选择邻接点v_1作为下一个访问的顶点。若v_1没有被访问过，则访问v_1并继续由v_1开始搜索下一个邻接点v_3作为访问顶点。若v_3同样没有被访问过，则访问v_3并继续搜索下一个邻接点v_6。若v_6也没有被访问过，则访问v_6并继续搜索下一个邻接点v_4。若v_4没有被访问过，则访问v_4并继续搜索下一个邻接点v_1。此时，由于v_1已被访问过，因此回退至v_4继续搜索v_4的下一个邻接点。由于v_4已无未被访问过的邻接点，因此继续回退到v_6再搜索v_6的未被访问过的邻接点。以此类推，这种回退一直持续到v_0，此时可搜索到v_0的未被访问过的邻接点v_2，

即访问 v_2 并继续搜索下一个邻接点 v_5。由于 v_5 未被访问过，因此访问 v_5 并继续搜索 v_5 的下一个邻接点。因为 v_5 已无未被访问过的邻接点，所以回退至 v_2，继续搜索 v_2 的未被访问过的邻接点，但 v_2 已无未被访问过的邻接点，则回退至 v_0，而 v_0 也无未被访问过的邻接点。由于 v_0 为搜索图时的出发节点，因此搜索结束。由此得到深度优先搜索遍历图的节点序列为

$$v_0 \rightarrow v_1 \rightarrow v_3 \rightarrow v_6 \rightarrow v_4 \rightarrow v_2 \rightarrow v_5$$

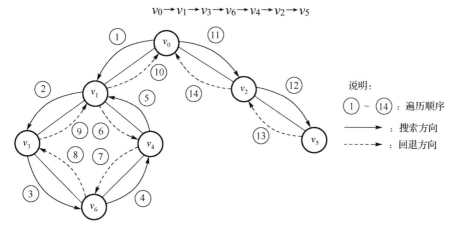

图 4-35　无向图深度优先搜索过程

显然，深度优先搜索遍历图的过程是一个递归过程，可以用递归算法来实现。在遍历算法中为了避免出现在访问过某顶点后又沿着某条回路回到该顶点的这种重复访问情况，就必须在图的遍历过程中对每个访问过的顶点进行标识，这样才能避免一个顶点被重复访问。因此，我们在遍历算法中对 n 个顶点的图设置了一个长度为 n 的访问标志数组 visited[n]，该数组的每个数组元素都被初始化为 0，一旦某个顶点 i 被访问则相应的 visited[i] 就置为 1，作为已访问过的标志。

对以邻接表为存储结构的图（可为非连通图）进行深度优先搜索的算法如下。

```
int visited[MAXSIZE];                    //MAXSIZE 为大于或等于无向图顶点个数的常量
void DFS(VertexNode g[],int i)           //用深度优先搜索遍历图中的顶点
{
   EdgeNode *p;
   printf("%4d",g[i].vertex);            //输出顶点 i 信息，即访问顶点 i
   visited[i]=1;                         //置顶点 i 被访问过标志
   p=g[i].firstedge;      //据顶点 i 的指针 firstedge 查找其邻接表第一个邻接边节点
   while(p!=NULL)                        //当邻接边节点非空时
   {
      if(!visited[p->adjvex])            //若这个邻接边节点未被访问过
         DFS(g,p->adjvex);               //对邻接边节点进行深度优先搜索
      p=p->next;                         //继续查找顶点 i 的下一个邻接边节点
   }
}
void DFSTraverse(VertexNode g[],int n)
{                       //深度优先搜索遍历用邻接表存储图，其中 g 为顶点表，n 为顶点个数
   int i;
   for(i=0;i<n;i++)                      //初始化所有顶点为未被访问过标志 0
      visited[i]=0;
```

```
    for(i=0;i<n;i++)         //对 n 个顶点的图查找未被访问过顶点并由该顶点开始遍历
        if(!visited[i])      //若 visited[i]等于 0 则顶点 i 未被访问过
            DFS(g,i);        //从未被访问过的顶点 i 开始遍历
}
```

例 4.6　无向图如图 4-36 所示,试给出该无向图的邻接表,并根据深度优先搜索算法分析从顶点 0 开始的搜索过程,再给出顶点搜索的序列。

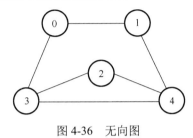

图 4-36　无向图

【解】　图 4-36 所示的无向图的邻接表及深度优先搜索过程如图 4-37 所示。

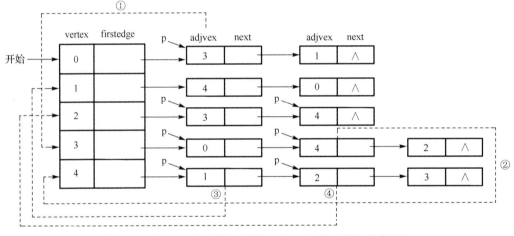

图 4-37　图 4-36 所示的无向图的邻接表及深度优先搜索过程

在图 4-37 中,虚线箭头表示递归调用 DFS 函数,而①~④为 4 次递归调用 DFS 函数的顺序。首先,由顶点 0 开始,先输出顶点 0 的信息,然后根据 g[0].firstedge 找到其邻接边节点 3。因为 visited[3]不等于 1(未被访问过),所以调用 DFS 函数对顶点 3 进行深度优先搜索(图 4-37 中的虚线①箭头转向顶点 3),在输出顶点 3 的信息后,由 g[3].firstedge 找到顶点 3 的邻接边节点 0。但顶点 0 已被访问过,由 "p=p->next;" 继续查找顶点 3 的后继邻接边节点 4,因为顶点 4 未被访问过,所以调用 DFS 函数对顶点 4 进行深度优先搜索(图 4-37 中的虚线②箭头转向顶点 4)。输出顶点 4 的信息后查找到顶点 4 的邻接边节点 1,因为顶点 1 未被访问过,所以调用 DFS 函数对顶点 1 进行深度优先搜索(图 4-37 中的虚线③箭头转向顶点 1)。输出了顶点 1 的信息后查找顶点 1 的邻接表,邻接表中的邻接边节点 4 和邻接边节点 0 都被访问过,因此只能返回到递归调用 DFS 函数的上一层,即顶点 4 的邻接表中的邻接边节点 1 处(上一次图 4-37 中的虚线③的调用处)执行 "p=p->next;" 语句,使指针 p 指向顶点 2,因为顶点 2 未被访问过,所以对顶点 2 继续进行深度优先搜索(图 4-37 中的虚线④箭头转向顶点 2),输出顶点 2 的信息,查找顶点 2 的邻接边节点 3 和邻接边节点 4,由于它们都被访问过,因此

只能返回到虚线④的 DFS 函数调用处，继续查找顶点 4 的邻接边节点 3。而顶点 3 也被访问过，因此只能返回到虚线②（调用 DFS 函数对顶点 4 进行搜索处）继续查找顶点 3 的最后一个邻接边节点 2。以此类推，这样逐层返回直到在顶点 0 的邻接表查找邻接边节点 1 也被访问过为止，整个 DFS 函数递归调用结束。因此，最终得到的顶点搜索序列为

$$0 \rightarrow 3 \rightarrow 4 \rightarrow 1 \rightarrow 2$$

通过图 4-37 可知，深度优先搜索对图中的每个顶点至多调用一次 DFS 函数，因为一旦某个顶点被标识为访问过，就不再从这个顶点出发进行深度优先搜索了。因此，对图进行深度优先搜索的过程实质上就是对每个顶点查找其邻接边节点的过程。由于每个顶点只能调用一次 DFS 函数，因此 n 个顶点总共调用了 n 次 DFS 函数。但对每个顶点都要检查其所有的邻接边节点，若图采用邻接表存储结构，则它的 e 条边所对应的顶点总数为 $2e$，调用 DFS 函数的时间复杂度为 $O(e)$，即深度优先搜索遍历图的时间复杂度为 $O(n+e)$。若图采用邻接矩阵存储结构，则确定一个顶点的邻接边节点要进行 n 次测试，此时深度优先搜索遍历图的时间复杂度为 $O(n^2)$。

4.6.2 广度优先搜索

广度优先搜索遍历图类似于树的按层次遍历。广度优先搜索的基本思想是从图中的某个顶点 v 出发，先访问顶点 v 再依次访问与 v 相邻接的未被访问过的其余邻接边节点 $v_1, v_2, \cdots, v_k$。接下来按上述方法访问与 v_1 邻接的未被访问过的各邻接边节点，访问与 v_2 邻接的未被访问过的各邻接边节点，……，访问与 v_k 邻接的未被访问过的各邻接边节点，这样逐层访问下去直至图中的全部顶点都被访问过。广度优先搜索遍历图的特点是尽可能地先进行横向搜索，即先访问的顶点，其邻接边节点会被先访问；后访问的顶点，其邻接边节点将被后访问。

例如，由顶点 0 开始对图 4-36 所示的无向图进行广度优先搜索遍历，首先访问顶点 0（第一层），然后访问与顶点 0 相邻接且未被访问过的邻接边节点 1 和邻接边节点 3（均为第二层），接下来根据先节点 1 后节点 3 这个顺序，先访问与顶点 1 相邻接且未被访问过的邻接边节点 4（第三层，此时与顶点 1 相邻接的顶点 0 已被访问过）；再访问与顶点 3 相邻接且未被访问过的顶点 2（第三层，此时与顶点 3 相邻接的顶点 0 和顶点 4 已被访问过）。这时，根据先节点 4 后节点 2 这个顺序继续进行访问，而顶点 4 和顶点 2 的所有邻接边节点都已被访问过，至此完成了图 4-36 所示无向图的遍历，所得到的顶点访问序列为

$$0 \rightarrow 1 \rightarrow 3 \rightarrow 4 \rightarrow 2$$

为了实现图的广度优先搜索，必须引入队列来保存已访问过的顶点序列，即从指定的顶点开始，每访问一个顶点就同时使该顶点进入队尾。然后由队头取出一个顶点并依次访问该顶点的所有未被访问过的邻接边节点并且使这些邻接边节点按访问顺序进入队尾。如此进行下去直到队空时为止，则图中从指定顶点开始能够到达的所有顶点均已被访问过。

对以邻接表为存储结构的图进行广度优先搜索的算法如下。

```
int visited[MAXSIZE];            //MAXSIZE 为大于或等于无向图顶点个数的常量
void BFS(VertexNode g[],LQueue *Q,int i)
{        //广度优先搜索遍历用邻接表存储的图，g 为顶点表，Q 为队指针，i 为第 i 个顶点
    int j,*x=&j;                             //出队顶点将由指针 x 传给 j
    EdgeNode *p;
    printf("%4d",g[i].vertex);              //输出顶点 i 的信息，即访问顶点 i
```

```
    visited[i]=1;                              //置顶点 i 被访问过标志
    In_LQueue(Q,i);                            //顶点 i 入队 Q
    while(!Empty_LQueue(Q))                     //当队 Q 非空时
    {
        Out_LQueue(Q,x);                       //队头顶点出队并经由指针 x 送给 j（暂记为顶点 j）
        p=g[j].firstedge;                      //据顶点 j 的表头指针查找其邻接表的第一个邻接边节点
        while(p!=NULL)
        {
            if(!visited[p->adjvex])            //若这个邻接边节点未被访问过
            {
                printf("%4d",g[p->adjvex].vertex);   //输出该邻接边节点的顶点信息
                visited[p->adjvex]=1;          //置该邻接边节点为被访问过标志
                In_LQueue(Q,p->adjvex);        //将该邻接边节点送入队 Q
            }
            p=p->next;                         //在顶点 j 的邻接表中继续查找 j 的下一个邻接边节点
        }
    }
}
```

例 4.7 分析图 4-36 所示的无向图及所存储的邻接表（见图 4-37）从顶点 0 开始执行广度优先搜索算法时的遍历过程，并给出顶点的搜索序列。

【解】由广度优先搜索算法可知，外层 while 循环首先使队头顶点出队，然后由内层 while 循环查找该顶点的邻接表，并对邻接表中未被访问过的邻接边节点进行访问（输出），最后使这个邻接边节点入队。广度优先搜索算法的执行过程如图 4-38 所示。

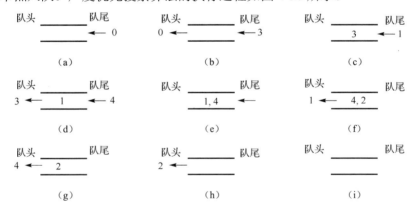

图 4-38 广度优先搜索算法的执行过程

图 4-38 说明如下。

图 4-38（a）：输出顶点 0 且顶点 0 入队。

图 4-38（b）：顶点 0 出队并查找顶点 0 的邻接表，查找到邻接边节点 3，由于未访问过邻接边节点 3，因此输出顶点 3 且使顶点 3 入队。

图 4-38（c）：继续查找顶点 0 的下一个邻接边节点 1，由于未访问过邻接边节点 1，因此输出顶点 1 并使顶点 1 入队。此时继续查找顶点 0 的邻接表，因无待查的邻接边节点而查找结束并返回到外层的 while 循环。

图 4-38（d）：由于队非空，因此顶点 3 出队，并由顶点 3 的邻接表查找到邻接边节点 0。

由于顶点 0 已被访问过，因此在此邻接表继续查找下一个邻接边节点 4，由于未访问过邻接边节点 4，因此输出顶点 4 并使顶点 4 入队。

图 4-38（e）：在顶点 3 的邻接表中继续查找，这时查找到邻接边节点 2，由于未访问过邻接边节点 2，因此输出顶点 2 并使顶点 2 入队。此时顶点 3 的邻接表再无待查的邻接边节点，因此查找结束并返回到外层的 while 循环。

图 4-38（f）：由于队非空，因此顶点 1 出队，并由顶点 1 的邻接表查找到邻接边节点 4。由于邻接边节点 4 已被访问过，因此在该邻接表中继续查找下一个邻接边节点 0。由于邻接边节点 0 已被访问过，因此继续查找，此时邻接表已无待查的邻接边节点而查找结束，返回到外层的 while 循环。

图 4-38（g）：由于队非空，因此顶点 4 出队，并由顶点 4 的邻接表查找邻接边节点，由于查遍该邻接表已无未被访问过的邻接边节点，因此返回到外层的 while 循环。

图 4-38（h）：由于队非空，因此顶点 2 出队，并由顶点 2 的邻接表查找邻接边节点，由于查遍该邻接表已无未被访问过的邻接边节点，因此返回到外层的 while 循环。

图 4-38（i）：此时队已为空，即广度优先搜索算法到此执行结束。

因此，最终得到的顶点访问序列为

$$0 \rightarrow 3 \rightarrow 1 \rightarrow 4 \rightarrow 2$$

由例 4.7 可知，在广度优先搜索算法中每个顶点至多进入队列一次，遍历图的过程实质上是通过边或弧寻找邻接边节点的过程。因此广度优先搜索和深度优先搜索遍历图的时间复杂度相同，即当以邻接表为存储结构时，时间复杂度为 $O(n+e)$。当以邻接矩阵为存储结构时，时间复杂度为 $O(n^2)$。但是，广度优先搜索和深度优先搜索在遍历图的过程中对顶点的访问顺序通常是不同的。

需要注意的是，无论是深度优先搜索还是广度优先搜索，在对一个图进行遍历时都可能会得到不同的遍历序列，而造成遍历序列不唯一的原因有三点：① 遍历起点不同；② 存储结构不同；③ 在邻接表中邻接边节点的先后顺序不同。

4.6.3　图的连通性问题

判断一个图的连通性是图的应用问题，我们可以利用图的遍历算法来求解这个问题。

1．无向图的连通性

在对无向图进行遍历时，对连通图仅需从图中任意顶点出发进行深度优先搜索或广度优先搜索，就可访问图中所有的顶点。对非连通图则需要进行多次搜索，即每次都是在不连通的顶点中选取一个不同的顶点开始搜索，且每次从新顶点出发进行搜索所得到的顶点访问序列，就是包含该出发顶点的连通分量的顶点集合。

因此，要想判断一个无向图是否为连通图，或者有几个连通分量，则可增加一个计数变量 count 并设其初值为 0，在深度优先搜索算法的 DFS 函数里的第二个 for 循环中，每调用一次 DFS 函数就使 count 加 1，这样当算法执行结束时，count 的值即该无向图的连通分量的个数。

计算无向图连通分量的算法如下。

```
int visited[MAXSIZE];          //MAXSIZE 为大于或等于无向图顶点个数的常量
```

```
int count=0;                        //计数变量 count 初值为 0
void DFS(VertexNode g[],int i)
{
   EdgeNode *p;
   printf("%4d",g[i].vertex);       //输出顶点 i 信息,即访问顶点 i
   visited[i]=1;                    //置顶点 i 被访问过标志
   p=g[i].firstedge;               //顶点 i 的表头指针查找其邻接表的第一个邻接边节点
   while(p!=NULL)                    //当邻接边节点不为空时
   {
      if(!visited[p->adjvex])       //若该邻接边节点未被访问过
        DFS(g,p->adjvex);           //对这个邻接边节点进行深度优先搜索
      p=p->next;                    //继续查找顶点 i 的下一个邻接边节点
   }
}
void ConnectEdge(VertexNode g[],int n)
{     //深度优先搜索遍历用邻接表存储的图,其中 g 为顶点表,n 为顶点个数
   int i;
   for(i=0; i<n; i++)               //初始化所有顶点为未被访问标志 0
      visited[i]=0;
   for(i=0; i<n; i++)               //对 n 个顶点的图查找未被访问过顶点并由该顶点开始遍历
      if(!visited[i])               //当 visited[i]等于 0 时,顶点 i 未被访问过
      {
         DFS(g,i);                  //从未被访问过的顶点 i 开始遍历
         count++;                   //一次深度优先搜索遍历结果即访问一个连通分量,故 count 加 1
      }
}
```

2．有向图的连通性

有向图的连通性与无向图的连通性不同，对有向图强连通性及强连通分量的判断可以通过以十字链表为存储结构的有向图进行深度优先搜索来实现。

由于强连通分量中的顶点相互可以用弧到达，因此可以先按出度进行深度优先搜索，记录访问顶点的顺序和连通子集的划分，再按入度进行深度优先搜索，对前一步的结果进一步划分，最终得到各强连通分量。若所有顶点在同一个强连通分量中，则该图为强连通图。

4.6.4　生成树

对于连通的无向图和强连通的有向图 $G=(V, E)$，若从图中任意顶点出发遍历图，则必然会将图中边的集合 $E(G)$ 分为两个子集 $T(G)$ 和 $B(G)$。其中，$T(G)$ 为遍历中所经过的边的集合，而 $B(G)$ 为遍历中未经过的边的集合。显然，集合 $T(G)$ 和图 G 中所有的顶点一起构成了连通图的一个极小连通子图，即 $G'=(V, T)$ 是 G 的一个子图。按照生成树的定义，图 G' 为图 G 的一棵生成树。

连通图的生成树不是唯一的。从不同顶点出发进行图的遍历，或者虽然从图的同一个顶点出发但图的存储结构不同，都可能得到不同的生成树。当一个连通图具有 n 个顶点时，该连通

图的生成树就包含图中全部 n 个顶点但却仅有连接这 n 个顶点的 n-1 条边。生成树不具有回路，在生成树 $G' = (V, T)$ 中任意添加一条属于 $B(G)$ 的边必定产生回路。

我们将由深度优先搜索遍历图得到的生成树称为深度优先生成树，将由广度优先搜索遍历图得到的生成树称为广度优先生成树。图 4-39（b）和图 4-39（c）是由图 4-39（a）所得到的深度优先生成树和广度优先生成树，图 4-39（b）和图 4-39（c）中虚线为集合 $B(G)$ 中的边，而实线为集合 $T(G)$ 中的边。

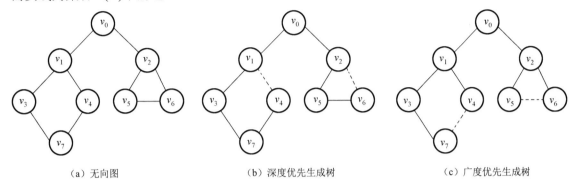

（a）无向图　　　　　　　　　　（b）深度优先生成树　　　　　　　　（c）广度优先生成树

图 4-39　无向图及其生成树

对于非连通图，通过对各连通分量的遍历将得到一个生成森林。

求解深度优先生成树可通过在深度优先搜索算法中添加一条语句得到，因为在 DFS(g,i) 中递归调用 DFS(g,p->adjvex) 时，i 是刚访问过顶点 v_i 的序号，而 p->adjvex 是 v_i 未被访问过且正准备访问的邻接边节点的序号。所以，只要在深度优先搜索算法中的 if 语句里，即在递归调用 DFS(g,p->adjvex) 语句之前将边 "(i,p->adjvex)" 输出即可。同理，也可在广度优先搜索算法中插入输出边的语句即可求得广度优先生成树。

深度优先生成树算法如下。

```
int visited[MAXSIZE];              //MAXSIZE 为大于或等于无向图顶点个数的常量
void DFSTree(VertexNode g[],int i)
{
  EdgeNode *p;
  visited[i]=1;                    //置顶点 i 被访问过的标志
  p=g[i].firstedge;                //顶点 i 的表头指针查找其邻接表的第一个邻接边节点
  while(p!=NULL)                   //当邻接边节点非空时
  {
    if(!visited[p->adjvex])       //若该邻接的这个边节点未被访问过
    {
      printf("(%d,%d),",i,p->adjvex); //先输出刚找到的这条生成树的边
      DFSTree(g,p->adjvex);       //再对邻接边节点进行深度优先搜索
    }
    p=p->next;                     //继续查找顶点 i 的下一个邻接边节点
  }
}
void DFSTraverse(VertexNode g[],int n)
{                                  //深度优先搜索遍历用邻接表存储的图，其中 g 为顶点表，n 为顶点个数
  int i;
```

```
    for(i=0; i<n; i++)                    //初始化所有顶点为未被访问标志 0
        visited[i]=0;
    for(i=0;i<n;i++)                      //查找 n 个顶点的图未被访问过顶点。并由该顶点开始遍历
        if(!visited[i])                   //当 visited[i]等于 0 时，即顶点 i 未被访问过
            DFSTree(g,i);                 //从未被访问过的顶点 i 开始遍历
}
```

广度优先生成树算法如下。

```
int visited[MAXSIZE];                     //MAXSIZE 为大于或等于无向图顶点个数的常量
void BFSTree(VertexNode g[],int i)
{           //广度优先搜索遍历用邻接表存储的图，g 为顶点表，Q 为队指针，i 为第 i 个顶点
    int j,*x=&j;                          //出队顶点将由指针 x 传给 j
    SeQueue *q;
    EdgeNode *p;
    visited[i]=1;                         //置顶点 i 被访问过标志
    Init_SeQueue(&q);                     //队初始化
    In_SeQueue(q,i);                      //顶点 i 入队
    while(!Empty_SeQueue(q))              //当队 q 非空时
    {
        Out_SeQueue(q,x);                 //队头顶点出队并经由指针 x 送给 j（暂记为顶点 j）
        p=g[j].firstedge;                 //根据顶点 j 的表头指针查找其邻接表的第一个邻接边节点
        while(p!=NULL)
        {
            if(!visited[p->adjvex])       //若该邻接边节点未被访问过
            {
                printf("(%d,%d),",j,p->adjvex);   //输出刚找到的这条生成树的边
                visited[p->adjvex]=1;             //置该邻接边节点被访问过标志
                In_SeQueue(q,p->adjvex);          //将该邻接边节点送入队 q
            }
            p=p->next;                    //在顶点 j 的邻接表中继续查找 j 的下一个邻接边节点
        }
    }
}
```

对图 4-36 所示的无向图执行上述两种生成树算法，得到的生成树如图 4-40 所示。

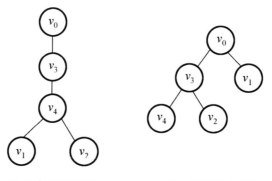

（a）深度优先生成树　　　　　　（b）广度优先生成树

图 4-40　生成树

习题 4

1．单项选择题

（1）以下结论中，正确的是_____。

① 只有一个节点的二叉树其度为 0

② 二叉树的度为 2

③ 二叉树的左、右子树可以任意交换

④ 深度为 k 的完全二叉树其节点个数小于或等于深度相同的满二叉树

　　A．①②③　　　　B．②③④　　　　C．②④　　　　D．①④

（2）设深度为 k 的二叉树上只有度为 0 和度为 2 的节点，则这类二叉树所含的节点数至少为_____。

　　A．$k+1$　　　　B．$2k$　　　　C．$2k-1$　　　　D．$2k+1$

（3）一棵非空的二叉树其先序遍历序列与后序遍历序列正好相反，则该二叉树一定满足_____。

　　A．所有的节点均无左子节点　　　　B．所有的节点均无右子节点

　　C．只有一个叶节点　　　　D．是任意一棵二叉树

（4）一棵完全二叉树上有 1001 个节点，其叶节点的个数是_____。

　　A．250　　　　B．500　　　　C．505　　　　D．A～C 都不对

（5）一棵有 124 个叶节点的完全二叉树最多有_____个节点。

　　A．247　　　　B．248　　　　C．249　　　　D．250

（6）在深度为 7 的满二叉树中，叶节点的个数为_____。

　　A．32　　　　B．31　　　　C．64　　　　D．63

（7）以下说法正确的是_____。

　　A．若一个叶节点是某二叉树先序遍历序列中的最后一个节点，则它必是该二叉树后序遍历序列中的最后一个节点

　　B．若一个叶节点是某二叉树先序遍历序列中的最后一个节点，则它必是该二叉树中序遍历序列中的最后一个节点

　　C．在二叉树中，若两个子节点的父节点在中序遍历系列中，则它的后继节点中必然有一个子节点

　　D．在二叉树中，若一个子节点的父节点在中序遍历系列中，则它的后继节点中没有该子节点

（8）若二叉树采用二叉链表存储结构，要交换其所有分支节点左、右子树的位置，则采用_____遍历最合适。

　　A．先序　　　　B．中序　　　　C．后序　　　　D．按层次

（9）任何一棵二叉树的叶节点在先序遍历序列、中序遍历序列和后序遍历序列中的相对次序_____。

　　A．不发生改变　　B．发生改变　　　C．不能确定　　　D．都不对

（10）设 a、b 分别是一棵二叉树上的两个节点，则中序遍历时节点 a 在节点 b 前面的条件是_____。

    A．节点 a 在节点 b 的右边   B．节点 a 在节点 b 的左边

    C．节点 a 是节点 b 的祖先   D．节点 a 是节点 b 的子孙

（11）在一棵具有 n 个节点的完全二叉树中，分支节点的最大编号为_____。

    A．$\left\lfloor \dfrac{n+1}{2} \right\rfloor$ B．$\left\lfloor \dfrac{n-1}{2} \right\rfloor$ C．$\left\lceil \dfrac{n}{2} \right\rceil$ D．$\left\lfloor \dfrac{n}{2} \right\rfloor$

（12）以下说法中错误的是_____。

    A．哈夫曼树是带权路径长度最短的树，路径上权值较大的节点离根节点较近

    B．若一棵二叉树的叶节点是某子树中序遍历序列中的第一个节点，则它必是该子树后序遍历序列中的第一个节点

    C．已知二叉树的先序遍历序列和后序遍历序列并不能唯一确定这棵二叉树，因为不知道树的根节点是哪一个

    D．在二叉树的先序遍历序列中，任何节点的子树的所有节点都直接跟在该节点之后

（13）假设有 13 个数据，若它们组成一棵哈夫曼树，则该哈夫曼树共有_____个节点。

    A．13   B．12   C．26   D．25

（14）下列 4 棵二叉树都有 4 个叶节点 a、b、c、d，带权值分别为 7、5、2、4，其中是哈夫曼树的是_____。

（15）以下几个编码集合中，不是前缀码的是_____。

    A．{0,10,110,1111}   B．{11,10,001,101,0001}

    C．{00,010,0110,1000}   D．{b,c,aa,ac,aba,abb,abc}

（16）后序遍历序列为 $dabec$，中序遍历序列为 $debac$，则先序遍历序列为_____。

    A．$cbeda$ B．$decab$ C．$deabc$ D．$cedba$

（17）以下说法中错误的是_____。

    A．存在这样的二叉树，对它采用任何次序遍历得到的节点访问序列均相同

    B．二叉树是树的特殊形式

    C．由树转换为二叉树，其根节点的右子树总是空的

    D．在二叉树只有一棵子树的情况下也要指出该子树是左子树还是右子树

（18）下列选项给出的是从根节点分别到达两个叶节点路径上的权值序列，则属于同一棵哈夫曼树的是_____。

    A．24,10,5 和 24,10,7   B．24,10,5 和 24,12,7

    C. 24,10,10 和 24,14,11   D. 24,10,5 和 24,14,6

（19）对 n（$n\geqslant2$）个权值均不相同的字符构成哈夫曼树的叙述中，错误的是_____。

    A. 该树一定是一棵完全二叉树

    B. 树中一定没有度为 1 的节点

    C. 树中两个权值最小的节点一定是兄弟节点

    D. 树中任意非叶节点的权值一定不小于下一层任意节点的权值

（20）将森林 F 转换为对应的二叉树 T，F 中叶节点的个数为_____。

    A. T 中叶节点的个数

    B. T 中度为 1 的节点个数

    C. T 中左子节点指针为空的节点个数

    D. T 中右子节点指针为空的节点个数

（21）设森林 F 中有三棵树，第一棵、第二棵、第三棵树的节点个数分别为 n_1、n_2 和 n_3。与森林 F 对应的二叉树根节点的右子树上的节点个数为_____。

    A. n_1 B. n_1+n_2 C. n_3 D. n_2+n_3

（22）树的基本遍历策略可分为先根遍历和后根遍历，而二叉树的基本遍历策略可分为先序遍历、中序遍历和后序遍历三种。我们把由树转化得到的二叉树称为该树对应的二叉树，则下列说法中正确的是_____。

    A. 树的先根遍历序列与其对应的二叉树先序遍历序列相同

    B. 树的后根遍历序列与其对应的二叉树后序遍历序列相同

    C. 树的先根遍历序列与其对应的二叉树中序遍历序列相同

    D. A～C 都不对

（23）设 F 是森林，B 是由 F 变换得到的二叉树，若 F 有 n 个分支节点，则 B 中右指针域为空的节点有_____个。

    A. n-1   B. n C. n+1   D. n+2

（24）采用双亲表示法表示树时，具有 n 个节点的树至少需要_____个指向父节点的指针。

    A. n B. n+1   C. n-1   D. $2n$

（25）设无向图的顶点个数为 n，则该无向图最多有_____条边。

    A. n-1   B. $\dfrac{n(n-1)}{2}$ C. $\dfrac{n(n+1)}{2}$ D. n^2

（26）若无向图 $G'=(V',E')$ 是无向图 $G=(V,E)$ 的生成树，则下列说法中不正确的是_____。

    A. G' 为 G 的连通分量   B. G' 为 G 的无回路子图

    C. G' 为 G 的子图   D. G' 为 G 的极小连通子图且 $V'=V$

（27）以下说法中不正确的是_____。

    A. 无向图中的极大连通子图称为连通分量

    B. 连通图的广度优先搜索一般采用队列来暂存刚被访问过的顶点

    C. 图的深度优先搜索一般采用栈来暂存刚被访问过的顶点

    D. 有向图的遍历不可以采用广度优先搜索

（28）以下关于无向连通图特性的叙述中，正确的是_____。

① 所有的顶点的度之和为偶数

② 边数大于顶点个数减 1

③ 至少有一个顶点的度为 1

    A．①   B．②   C．①和②   D．①和③

（29）以下关于图的叙述中，正确的是_____。

    A．图与树的区别在于图的边数大于或等于顶点数

    B．假设图 $G=(V, \{E\})$，顶点集 $V' \subseteq V$，$E' \subseteq E$，则 V' 和 $\{E'\}$ 构成 G 的子图

    C．无向图的连通分量是指无向图中的极大连通子图

    D．图的遍历就是从图中某个顶点出发访问图中的其余节点

（30）对有 n 个顶点、e 条边且使用邻接表存储的有向图进行广度优先搜索，其算法的时间复杂度为_____。

    A．$O(n)$ B．$O(e)$ C．$O(n+e)$ D．$O(n \times e)$

（31）以下关于图的叙述中，正确的是_____。

    A．强连通有向图的任何顶点到所有其他顶点都有弧

    B．图中任意顶点的入度都等于出度

    C．有向完全图一定是强连通有向图

    D．有向图边集的子集及顶点集的子集可构成原有向图的子集

（32）若邻接表中有奇数个边节点，则_____。

    A．图中有奇数个顶点   B．图中有偶数个顶点

    C．图为无向图   D．图为有向图

（33）采用邻接表存储的图，其深度优先遍历类似于二叉树的_____。

    A．中序遍历   B．先序遍历   C．后序遍历   D．按层次遍历

（34）用邻接表存储图所用的空间大小_____。

    A．与图的顶点数和边数都有关   B．只与图的边数有关

    C．只与图的顶点数有关   D．与边数的平方有关

（35）若按深度优先搜索访问包含 k 个连通分量的图的所有节点，则必须调用_____次深度优先搜索算法。

    A．k B．1   C．$k-1$ D．$k+1$

（36）对图 4-41 所示的有向图进行深度优先搜索，得到的节点序列为_____。

    A．$abcfdeg$ B．$abcgfde$ C．$abcdefg$ D．$abcfgde$

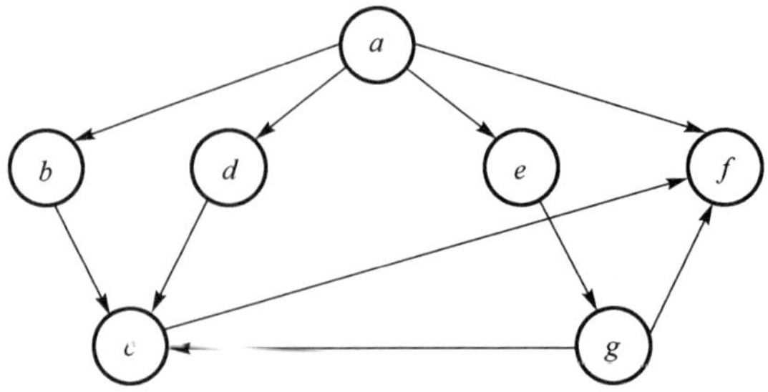

图 4-41　有向图

（37）已知无向图有 8 个节点，分别为 A、B、C、D、E、F、G、H，其邻接矩阵如表 4-2

所示，由此结构从顶点 A 开始深度优先搜索，得到的节点序列是_____。

    A．*ABCDGHFE*   B．*ABCDGFHE*   C．*ABGHFECD*

    D．*ABFHEGDC*   E．*ABEHFGDC*   F．*ABEHGFCD*

表 4-2 无向图的邻接矩阵

顶点	A	B	C	D	E	F	G	H
A	0	1	0	1	0	0	0	0
B	1	0	1	0	1	1	1	0
C	0	1	0	1	0	0	0	0
D	1	0	1	0	0	0	1	0
E	0	1	0	0	0	0	0	1
F	0	1	0	0	0	0	1	1
G	0	1	0	1	0	1	0	1
H	0	0	0	0	1	1	1	0

2．判断题

（1）二叉树是树的特殊形式。（   ）

（2）二叉树只能采用二叉链表存储。（   ）

（3）二叉树是度为 2 的有序树。（   ）

（4）完全二叉树的某节点若无左子节点，则它必是叶节点。（   ）

（5）存在这样的二叉树，对它采用任何次序进行遍历得到的结果都相同。（   ）

（6）若一个节点是二叉树子树的中序遍历序列中的最后一个节点，则它必是该子树的先序遍历序列中的最后一个节点。（   ）

（7）若一个节点是二叉树子树的中序遍历序列中的第一个节点，则它必是该子树后序遍历序列中的第一个节点。（   ）

（8）对 n 个节点的二叉树用递归程序进行中序遍历，最坏情况下需要附加 n 个辅助存储空间。（   ）

（9）当 $k \geqslant 1$ 时，高度为 k 的二叉树至多有 2^{k-1} 个节点。（   ）

（10）一棵含有 n 个节点的完全二叉树，它的高度为 $\lfloor \log_2 n \rfloor + 1$。（   ）

（11）中序遍历序列和后序遍历序列相同的二叉树一定是空树或无右子树的单支树。（   ）

（12）非空二叉树一定满足：某节点若有左子节点，则其中序遍历前驱节点一定没有右子节点。（   ）

（13）哈夫曼树的节点个数不可能是偶数。（   ）

（14）若从二叉树的任意节点出发，到根节点的路径上所经过的节点序列按关键字有序排列，则该二叉树一定是哈夫曼树。（   ）

（15）在哈夫曼编码中，当两个字符出现的频率相同时，其编码也相同，对于这种情况应做特殊处理。（   ）

（16）从概念上讲，树、森林和二叉树是三种不同的数据结构，因此它们的存储结构也不同。（   ）

（17）后序遍历树与中序遍历该树转换的二叉树的遍历序列不同。（   ）

（18）在 n 个节点的无向图中，若边数大于 $n-1$，则该图必是连通图。（   ）

（19）在 n 个节点的有向图中，若边数大于 $n(n-1)$，则该图必是强连通图。（   ）

（20）强连通分量是无向图的极大强连通子图。（　　）

（21）若有向图有 n 个顶点，则其强连通分量最多有 n 个。（　　）

（22）无向图中任何一个边数最少且连通所有顶点的子图都是该无向图的生成树。（　　）

（23）有向图中顶点 v 的度等于邻接矩阵中第 v 行 1 的个数。（　　）

（24）无向图的邻接矩阵一定是对称矩阵，有向图的邻接矩阵一定是非对称矩阵。（　　）

（25）用邻接矩阵存储一个图时，在不考虑压缩存储的情况下，所占用的存储空间大小与图中顶点个数有关，与图的边数无关。（　　）

（26）邻接表只能用于有向图存储，而邻接矩阵对有向图和无向图的存储都适用。（　　）

（27）有 e 条边的无向图，在邻接表中有 e 个节点。（　　）

（28）一个有向图的邻接表和逆邻接表中的节点个数一定相等。（　　）

（29）任意一个无向图都存在生成树。（　　）

（30）若无向图存在生成树，则从同一个顶点出发所得到的生成树相同。（　　）

（31）若有向图不存在回路（即使不用访问标志位），则同一个节点不会被访问两次。（　　）

（32）图的深度优先搜索序列和广度优先搜索序列不是唯一的。（　　）

（33）一个图的广度优先生成树是唯一的。（　　）

（34）已知有向图的邻接矩阵 $A_{m \times n}$，其顶点 v_i 的出度为 $\sum\limits_{j=1}^{n}[j,i]$。（　　）

3．试分别画出具有 3 个节点的树及具有 3 个节点的二叉树的所有不同形态。

4．设 M 和 N 分别为二叉树中的两个节点。

（1）当节点 N 在节点 M 的左边，先序遍历时节点 N 在节点 M 的前面吗？中序遍历时节点 N 在节点 M 的前面吗？

（2）当节点 N 在节点 M 的右边，中序遍历时节点 N 在节点 M 的前面吗？

（3）当节点 N 是节点 M 的祖先，先序遍历时节点 N 在节点 M 的前面吗？后序遍历时节点 N 在节点 M 的前面吗？

（4）当节点 N 是节点 M 的子孙，中序遍历时节点 N 在节点 M 的前面吗？后序遍历时节点 N 在节点 M 的前面吗？

5．已知二叉树左、右子树均含有 3 个节点，试构造满足下列条件的所有二叉树。

（1）左、右子树的先序遍历序列与中序遍历序列相同。

（2）左子树的中序遍历序列与后序遍历序列相同，右子树的先序遍历序列与中序遍历序列相同。

6．有 n 个节点的二叉树，已知叶节点个数为 n_0，请写出求度为 1 节点的个数 n_1 的计算公式；若此树是深度为 k 的完全二叉树，则写出 n 最小的公式；若二叉树中仅有度为 0 和度为 2 的节点，则写出求二叉树节点个数 n 的公式。

7．在一棵二叉树的先序遍历序列、中序遍历序列和后序遍历序列中，任意两种遍历序列的组合可以唯一确定这棵二叉树吗？如果可以，请证明；如果不可以，那么有哪些组合可以，并予以证明。

8．已知一棵二叉树的中序遍历序列为 $BDCEAFHG$，先序遍历序列为 $ABCDEFGH$，请画出这棵二叉树。

9．什么是哈夫曼树？试证明有 n_0 个叶节点的哈夫曼树共有 $2n_0-1$ 个节点。

10．试求有 n_0 个叶节点的非满完全二叉树的高度。

11. 将图 4-42 所示的森林转换为二叉树，并对森林进行先序遍历和后序遍历。

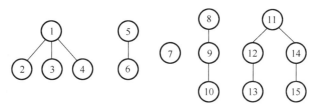

图 4-42 森林

12. 已知森林的先根遍历序列和后根遍历序列分别为 *ABCDEFIGJH* 和 *BDCAIFJGHE*，请画出该森林。

13. 编写一个将二叉树中每个节点的左、右子节点交换的算法。

14. 编写统计二叉树所有叶节点数目的非递归算法。

15. 编写一个判断给定的二叉树是否为完全二叉树的算法。

16. 编写一个求任意二叉树中第一条最长的路径，并输出此路径上各节点的数据的算法。

17. 简述无向图和有向图有哪几种存储结构，并说明各种存储结构在图的不同操作（图的遍历、有向图的拓扑排序等）中的优点。

18. 对于如图 4-43 所示的有向图，试求：

（1）邻接矩阵。

（2）邻接表。

（3）逆邻接表。

（4）强连通分量。

（5）从顶点 1 出发的深度优先搜索遍历序列。

（6）从顶点 6 出发的广度优先搜索遍历序列。

19. 图 4-44 所示为无向图。

（1）从顶点 *A* 出发，求它的深度优先生成树。

（2）从顶点 *E* 出发，求它的广度优先生成树。

（3）根据 Prim 算法，从顶点 *A* 出发求它的最小生成树。

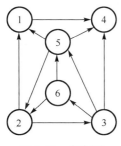

图 4-43 有向图

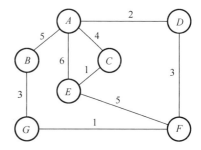

图 4-44 无向图

20. 若无向图的顶点度数最小值大于或等于 2，则 *G* 必然存在回路，试给出证明。

21. 试证明当深度优先搜索遍历算法应用于一个连通图时，所经历的边会形成一棵树。

22. 试给出判断一个图是否存在回路的方法。

23. 试写出已知图的邻接矩阵，要求将图的邻接矩阵转换为邻接表的算法。

24. 设计一种对图 *G* 从顶点 *v* 出发的深度优先搜索遍历非递归算法。

第 5 章

查找与排序

5.1 查找

查找是使用最广泛的操作之一，为了得到某些信息经常需要进行查找。特别是在互联网上查找大量所需的信息，已经成为我们日常生活的一部分。例如，学生用英文字典查找单词，公路交通部门每天花费大量时间查找各种指定车牌号的车辆，游客查找某个城市的景点、交通、街道和饮食情况。

计算机与网络使信息的查找快捷、方便且准确。但是，要从计算机和网络中查找特定的信息，就需要先在计算机中存储包含该特定信息的表。在计算机中，被查找的对象是由一组数据元素组成的表或文件，而每个数据元素是由若干个数据项组成的，并且每个数据元素都有一个能唯一标识该数据元素的关键字（某个数据项）。在这种情况下，查找的定义是给定一个 k 值，在含有 n 个数据元素的表中找出关键字为 k 的数据元素。若能找到，则查找成功，返回该数据元素的信息或该数据元素在表中的位置；否则查找失败，返回相关的提示信息。

用于查找的表和文件统称为查找表，它是以集合为逻辑结构、以查找为目的的数据结构。由于集合中的数据元素之间没有任何"关系"，因此查找表也不受"关系"约束，而是根据实际应用中对查找的具体要求来组织查找表的，以便高效率地实现查找。查找表可分为以下两种类型。

（1）静态查找表：对查找表的查找仅以查询为目的，不改动查找表中的数据元素。

（2）动态查找表：在查找的过程中伴随着插入不存在的数据元素或删除已存在的数据元素这类变更查找表的操作。

查找表的典型结构有线性表、树表和哈希表（Hash Table）等。线性表常用的组织方式包括顺序表、有序顺序表和索引顺序表等；树表常用的组织方式包括二叉排序树（Binary Sort Tree，BST）、平衡二叉树、B 树和 B+树等，在这些结构的查找表中，查找效率取决于查找过程中给定的值与关键字的比较次数。哈希表（又称为散列表）在数据元素的存储位置与该数据元素的关键字之间建立了一个确定关系（映射关系），因此无须比较，可直接查找数据元素。

由于查找运算的主要操作是关键字的比较，因此通常把查找过程中对关键字的比较次数作为衡量一个查找算法效率高低的标准，称为平均查找长度，通常用 ASL 表示。对一个含有 n 个数据元素的表，平均查找长度 ASL 定义为

$$\text{ASL} = \sum_{i=1}^{n} p_i c_i$$

式中，n 为数据元素的个数；p_i 为查找第 i 个数据元素的概率，若不特别声明，则认为对每个数据元素的查找概率相等，即 $p_i = \dfrac{1}{n}$（$1 \leqslant i \leqslant n$）；$c_i$ 是查找第 i 个数据元素比较的次数。

 ## 5.2　静态查找表

5.2.1　顺序查找

顺序查找与数据的存储结构有关。我们以顺序表作为存储结构来实现顺序查找，定义顺序表类型如下。

```
typedef struct
{
  KeyType key;                          //KeyType 为关键字 key 的数据类型
  InfoType otherdata;                   //其他数据
}SeqList;                               //顺序表类型
```

其中，KeyType 是一种虚拟的数据类型，在实际实现中可以是 int、char 等类型（本章算法中 KeyType 默认为 int 类型）；InfoType 是其他数据的虚拟类型；otherdata 是一个虚拟的其他数据，在实际实现中可根据需要设置为一个或多个真实类型和真实数据。

顺序查找又称为线性查找，是最简单、最基本的查找方法。顺序查找是指从表的一端开始，向另一端逐个按给定值与表中数据元素的关键字 key 进行比较的方法。若找到则查找成功，并给出数据元素在表中的位置；若扫描完整个表仍未找到与给定值相同的数据元素关键字，则查找失败，并给出提示信息。

顺序查找的算法如下。

```
int SeqSearch(SeqList R[],int n,int k)  //顺序查找
{
  int i=n;
  R[0].key=k;                           //R[0].key 为查找不成功的监视哨
  while(R[i].key!=k)                    //由表尾向表头方向查找
    i--;
  return i;                             //若查找成功，则返回找到的位置编号；否则返回 0
}
```

在上述算法中，顺序表中的 n 个数据存放于一维数组 R[1]～R[n]中。先将给定值 k 存于 R[0].key（监视哨），再在数组 R 中由后向前查找关键字（R[i].key）为 k 的数据元素，若找到，则返回该数据元素在数组 R 中的下标；若找不到，则必定查找到 R[0]处，由于事先已将 k 存于 R[0].key，因此 R[0].key 的值必然等于 k，这是在 R[1]～R[n]中都找不到关键字为 k 的结果，即查找不成功的位置。设置监视哨 R[0]的目的是简化算法，即无论查找成功与否通过同一个 return 语句返回结果。此外，也避免了在 while 循环中每次都要对条件 "i>0" 进行判断，防止查找中出现数组下标越界的情况。

根据上述算法，对 n 个数据元素的顺序表采用由后向前的比较方式。若给定值 k 与表中第

i 个数据元素的关键字（R[i].key）相等，即定位于第 i 个数据元素，由图 5-1 可知，共对 $n-i+1$ 个数据元素的关键字进行了比较，即 $c_i = n-i+1$，则顺序查找成功时的平均查找长度为

$$\text{ASL} = \sum_{i=1}^{n} p_i \times c_i = \sum_{i=1}^{n} p_i \times (n-i+1)$$

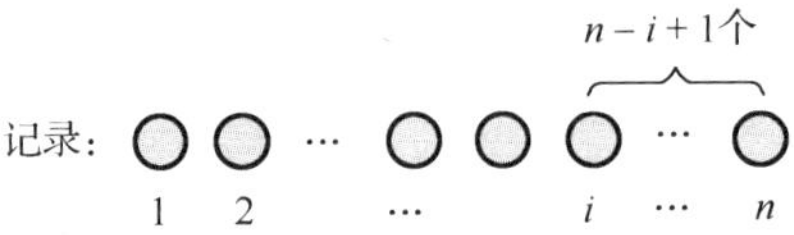

图 5-1　由后向前比较到第 i 个数据元素时的比较次数

设每个数据元素的查找概率相等，即 $p_i = \dfrac{1}{n}$，则有

$$\text{ASL} = \sum_{i=1}^{n} \frac{1}{n} \times (n-i+1) = \frac{1}{n}(n + n - 1 + \cdots + 2 + 1) = \frac{n+1}{2}$$

当查找不成功时，关键字的比较要由 R[n].key 一直持续到监视哨 R[0].key，即总共比较了 $n+1$ 次。

由于上述算法中的基本工作就是关键字的比较，因此查找长度的量级就是查找算法的时间复杂度，即 $O(n)$。注意，若采用的是由前向后查找，则 $c_i = i$，故查找成功时的平均查找长度仍为 $\dfrac{n+1}{2}$，只不过要在 while 循环中增加对条件"i≤n"的判断，防止查找中出现数组下标越界的情况。

顺序查找的缺点是当 n 很大时，平均查找长度较大、效率较低；优点是对表中数据元素的存储结构没有过多的要求。

5.2.2　有序表的查找

1．折半查找

折半查找也称为二分查找，是一种效率较高的查找方法。折半查找要求查找表必须是顺序存储结构且表中数据元素按关键字有序排列（有序表）。

折半查找是指在有序表中，将中间数据元素作为比较对象，若给定值与中间数据元素的关键字相等，则查找成功；否则，由这个中间数据元素位置把有序表划分为两个子表（都不包含该中间数据元素）。若给定值小于中间数据元素的关键字，则在中间数据元素左半区的子表中继续查找；若给定值大于中间数据元素的关键字，则在中间数据元素右半区的子表中继续查找。不断重复上述查找及划分为两个子表的过程，直到查找成功。当所查找的子表区域无数据元素时，则查找失败。

折半查找算法如下。

```
int BinSearch(SeqList R[],int n,int k)
{
    int low=0,high=n-1,mid;
    while(low<=high)
    {                    //当查找区间的最左数据元素位置 low 小于或等于区间的最右数据元素位
置 high 时
```

```
        mid=(low+high)/2;              //取该查找区间的中间数据元素位置 mid
        if(R[mid].key==k)              //当中间数据元素的关键字与 k 相等时
            return mid;                //查找成功
        else                          //当中间数据元素的关键字与 k 不等时
            if(R[mid].key>k)
                high=mid-1;            //继续在 R[low]～R[mid-1]中查找
            else
            low=mid+1;                //继续在 R[mid+1]～R[high]中查找
    }
    return-1;                          //查找失败
}
```

在上述算法中,顺序表中的 n 个数据元素按关键字升序的方式存放于一维数组 R[0]～R[n-1]。整型变量 low、high 和 mid 分别用来标识查找区间最左数据元素、最右数据元素和中间数据元素的位置。折半查找过程可借用二叉树来形象地描述。以当前查找区间的中间位置上的数据元素作为根节点,左半区的子表和右半区的子表分别作为根节点的左、右子树。对左、右子树继续这种划分,得到的二叉树称为折半查找判定树,树中节点内的数字表示该节点(数据元素)在有序表中的位置,位置编号等于数组中的下标加 1。节点个数为 10 的折半查找判定树如图 5-2 所示。

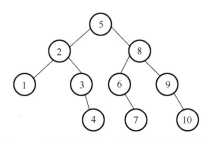

图 5-2 节点个数为 10 的折半查找判定树

由折半查找判定树可知,折半查找的过程恰好是走了一条从根节点到被查找节点的路径,对关键字进行比较的次数即被查节点在树中的层数,因此,折半查找成功时进行的比较次数不能超过树的深度。具有 n 个节点的判定树其深度为 $\lfloor \log_2 n \rfloor+1$,因此,折半查找成功时和给定值的比较次数至多为 $\lfloor \log_2 n \rfloor+1$。

我们以树高为 k 的满二叉树($n=2^k-1$)来讨论折半查找的平均查找长度,在等概率($p_i=\dfrac{1}{n}$)的条件下,折半查找成功的平均查找长度为

$$ASL = \sum_{i=1}^{k} p_i c_i = \frac{1}{n} \sum_{i=1}^{k} i \times 2^{i-1} = \frac{1}{n}(1 \times 2^0 + 2 \times 2^1 + 3 \times 2^2 + \cdots + k \times 2^{k-1})$$

$$= \frac{1}{n}[(2^0 + 2^1 + 2^2 + \cdots + 2^{k-1}) + (2^1 + 2^2 + \cdots + 2^{k-1}) + \cdots + (2^{k-2} + 2^{k-1}) + 2^{k-1}]$$

$$= \frac{1}{n}[(2^k - 1 + 2^k - 2 + \cdots + 2^k - 2^{k-2} + 2^{k-1})]$$

$$= \frac{1}{n}[(k-1)2^k + 2^{k-1} - (2^0 + 2^1 + \cdots + 2^{k-2})]$$

$$= \frac{1}{n}[(k-1)2^k + 1] \text{（由} k = \log_2(n+1) \text{和} 2^k = n+1 \text{求得）}$$

$$= \frac{1}{n}\{[\log_2(n+1) - 1] \times (n+1) + 1\}$$

$$= \frac{n+1}{n}\log_2(n+1) - \frac{n+1}{n} + \frac{1}{n}$$

$$= \frac{n+1}{n}\log_2(n+1) - 1$$

当 n 很大时，ASL$\approx\log_2(n+1)-1$，所以折半查找的时间复杂度为 $O(\log_2 n)$。由于 $\log_2(n+1)$ $=k$，因此 ASL$\approx k-1$，即折半查找成功的平均查找长度约为折半查找判定树的深度减 1，因此，折半查找比顺序查找的平均查找效率高，但折半查找只适用于顺序存储结构。

例 5.1 初始查找表的关键字为 5, 10, 15, 18, 21, 23, 32, 56, 60, 80。（1）查找关键字为 15 的数据元素；（2）查找关键字为 62 的数据元素。

【解】 对关键字分别为 15 和 62 的折半查找过程与结果如图 5-3（a）、图 5-3（b）所示。

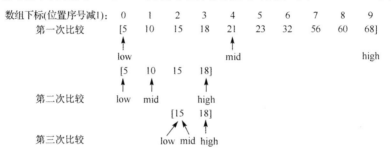

（a）查找 k=15 的过程与结果（3 次比较后查找成功）

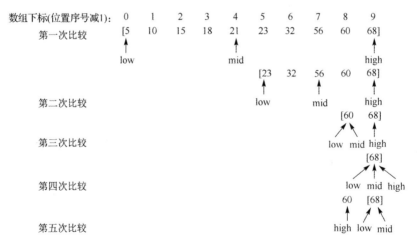

（b）查找 k=62 的过程与结果（4 次比较后因 low 大于 high 而查找不成功）

图 5-3 折半查找过程与结果

对图 5-3（b）来说，第四次比较时执行的语句是"high=mid-1;"，即 high 变为 8，而此时的 low 为 9，再次进行 while 循环的条件"low<=high"已不满足，故终止 while 循环并返回-1。

2．分块查找

分块查找又称为索引顺序查找，它是将顺序查找与折半查找相结合的一种查找方法，在一定程度上解决了顺序查找速度慢及折半查找要求数据元素有序排列的问题。

分块查找将查找表分为若干块，且每一块中的关键字不要求有序排列，但块与块之间的关键字是有序的，即后一块中所有数据元素的关键字均大于前一块中所有数据元素的最大关键字。此外，块还有索引表且索引表项按关键字有序排列，即索引表为递增有序表，它存放各块数据元素的起始地址及该块所有数据元素中的最大关键字。图 5-4 所示为分块查找存储结构。

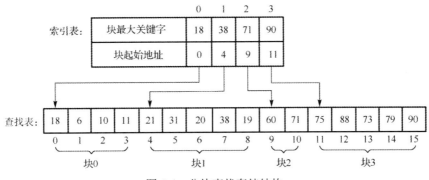

图 5-4　分块查找存储结构

分块查找过程分为两步：第一步，在索引表中确定待查数据元素在哪一块，因为索引表有序，所以可采用折半查找或顺序查找；第二步，在已确定的块中进行顺序查找。

索引表的数据类型定义如下。

```
typedef struct
{
    KeyType key;              //用于存放块内的最大关键字
    int link;                 //用于指向块的起始地址
}IdxType;                     //索引表类型
```

设索引表 I 的长度为 *m*，即其数组元素为 I[0]～I[m-1]，则采用折半查找索引表的分块查找算法如下。

```
int IdxSearch(IdxType I[],int m,SeqList R[],int k)
{                             //索引表 I 的长度为 m（数组元素为 I[0]～I[m-1]）
    int low=0,high=m-1,mid,i,j;
    while(low<=high)          //在索引表中折半查找
    {
        mid=(low+high)/2;
        if(I[mid].key>=k)
            high=mid-1;
        else
            low=mid+1;
    }
    if(low<m)                 //在索引表中已找到待查数据元素关键字所属的块
                              //在属于该块范围内的顺序表（数组 R）中进行顺序查找
    {
        i=I[low+1].link-1;    //i 为该块最后一个数组元素下标
        j=I[low].link;        //j 为该块第一个数组元素下标
```

```
    while(R[i].key!=k && i>=j)
      i--;                          //在块内由后向前查找关键字等于k的数组元素下标
    if(i>=j)
      return i;                     //当i>=j时，查找成功返回i
  }
  return-1;                         //当i<j时，查找失败（已查完该块的顺序表但未找到）
}
```

以图 5-4 为例执行上述算法，即先在索引表中折半查找待查数据元素关键字所属的块，参考图 5-3 折半查找过程与结果可知，无论最终是否查找成功，low 都指向大于或等于给定值 k 的最接近的块中最大关键字的数组元素位置，这恰好是折半查找索引表时所需的结果。对索引表进行折半查找有两种情况。一是给定的 k 恰好等于索引表中的某一块的最大关键字，这种情况下参考图 5-3（a）可知，low、mid 都指向索引表中存放该块最大关键字所对应的块起始地址所指的数组元素下标。为了使算法简洁，并不立即取得这个位置编号，而是将其合并到块最大关键字大于 k 一起处理（算法中的条件变为"I[mid].key≥k"），即继续执行语句"high=mid-1;"。这样，由于此时 high 已小于 low，不满足 while 循环条件"low<=high"而终止 while 循环，此时的 low 仍为索引表中存放该块起始位置的数组元素下标。二是查找不成功，我们此时需要的是与给定值 k 最接近且大于 k 的最大关键字所对应块的起始地址，参考图 5-3（b）折半查找可知，这时的 low 存放的正是索引表中有该块起始位置的那个数组元素下标。此外，查找不成功还要考虑给出的 k 大于索引表中最大关键字（位置为 I[lm-1]）时的情况，在这种情况下，折半查找索引表的结果是 low 定位于并不存在的第 m 个数组元素，这也是判断是否找到所求块的条件"low<m"。注意，当在索引表查找到满足条件的块时，待查数据元素关键字所属块的第一个数据元素在数组中的下标此时可由 I[low].link 得到，而该块最后一个数据元素在数组中的下标可由下一块的起始地址减 1 得到，即 I[low+1].link-1。此时就可以在该块中进行顺序查找了。

由于分块查找实际上是两次查找过程，因此整个分块的平均查找长度应该是两次查找的平均查找长度（索引表的折半查找与块内的顺序查找）之和，即分块查找的平均查找长度为折半查找索引表的平均查找长度 L_b 与块内顺序查找的平均查找长度 L_s 之和，即

$$ASL_{bs} = L_b + L_s$$

为了进行分块查找，可将长度为 n 的表均匀地分成 m 块，每块中含有 t 个数据元素（ $t = \left\lceil \dfrac{n}{m} \right\rceil$ ）。在等概率情况下，块内查找的概率是 $\dfrac{1}{t}$，查找块的概率为 $\dfrac{1}{m}$。

（1）若用顺序查找确定所在的块，则有

$$ASL_{bs} = L_b + L_s = \frac{1}{m}\sum_{j=1}^{m} j + \frac{1}{t}\sum_{i=1}^{t} i = \frac{m+1}{2} + \frac{t+1}{2} = \frac{1}{2}\left(m + \frac{n}{m}\right) + 1$$

（2）若用折半查找确定所在的块，则有

$$ASL_{bs} = \frac{\dfrac{n}{m}+1}{\dfrac{n}{m}}\log_2\left(\frac{n}{m}+1\right) - 1 + \frac{m+1}{2} \approx \log_2\left(\frac{n}{m}+1\right) + \frac{m}{2}$$

我们已经介绍了三种静态查找表。从查找表的结构上看，顺序查找对有序表、无序表均适用，折半查找仅适用于有序表，而分块查找则要求查找表分块后块间有序、块内可以无序。从

查找表的存储结构来看，顺序查找和分块查找对于查找表的顺序存储结构和链式存储结构均适用，而折半查找只适用于顺序存储结构。就平均查找长度而言，折半查找最小，分块查找次之，顺序查找最大。

 ## 5.3 动态查找表

动态查找表主要是对树结构表的查找，包括二叉排序树、平衡二叉树、B 树和 B+树等。动态查找表的特点是查找表是在查找过程中动态生成的，即对于给定的 k，若查找表中存在其关键字等于 k 的数据元素，则查找成功并返回；否则在查找表中插入关键字等于 k 的数据元素。

5.3.1 二叉排序树

1．二叉排序树的定义和查找过程

二叉排序树又称为二叉查找树，它或者是一棵空树，或者是具有如下性质的二叉树。

（1）若它的左子树非空，则左子树上所有节点（数据元素）的值均小于根节点的值。

（2）若它的右子树非空，则右子树上所有节点（数据记录）的值均大于或等于根节点的值。

（3）左、右子树本身也是二叉排序树。

图 5-5 所示为一棵二叉排序树。

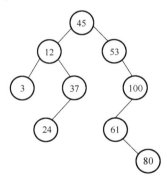

图 5-5 一棵二叉排序树

由二叉排序树的性质可知，二叉排序树可以看作一个有序表，即在二叉排序树的左子树中所有节点的关键字均小于根节点的关键字，而右子树中所有节点的关键字均大于或等于根节点的关键字。所以，二叉排序树的查找与折半查找类似。

二叉排序树的查找过程：若二叉排序树非空，则将给定的 k 与根节点关键字比较，若相等，则查找成功；若不等，则当 k 小于根节点关键字时到根节点的左子树中继续查找，否则到根节点的右子树中继续查找。二叉排序树的这种查找显然是一个递归过程。

通常采用二叉链表作为二叉排序树的存储结构，且二叉链表节点的类型定义如下。

```
typedef struct node
{
    KeyType key;                        //数据元素简化为仅含关键字项
```

131

```
   struct node *lchild,*rchild;                //左、右子节点指针
}BSTree;                                        //二叉排序树节点类型
```

例 5.2 已知图 5-6 中的二叉排序树中各节点的值依次为 32~40，请正确标出各节点的值。

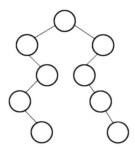

图 5-6 二叉排序树的形态

【解】 根据二叉排序树的性质，对二叉排序树进行中序遍历所得到的一定是按节点值升序排列的节点序列。因此中序遍历图 5-6 所示的二叉排序树，并按遍历的顺序对每个节点进行编号，如图 5-7 所示，再按这个编号填入数字 32~40 即得到如图 5-8 所示的二叉排序树。

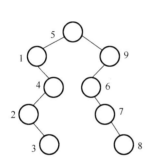

图 5-7 对二叉排序树的节点进行编号

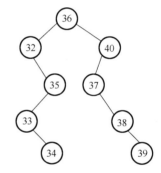

图 5-8 填入数字 32~40 后的二叉排序树

2. 二叉排序树的查找操作

在二叉排序树中查找其关键字为 k 的节点，若查找成功，则返回该节点的指针；若查找失败，则返回空指针。

二叉排序树查找算法如下。

```
BSTree *BSTSearch(BSTree *t,KeyType k)        //查找二叉排序树
{                                             //在指针 t 指向的二叉排序树中查找关键字为 k 的节点
   while(t!=NULL)
      if(k==t->key)
         return t;                            //若 k 等于根节点*t 的关键字，则查找成功，返回 t
      else
         if(k<t->key)
            t=t->lchild;                      //若 k 小于根节点*t 的关键字，则到根节点*t 的左子树中查找
         else
            t=t->rchild;                      //若 k 大于根节点*t 的关键字，则到根节点*t 的右子树中查找
   return NULL;                               //查找失败返回空指针
}
```

3．二叉排序树的插入操作和二叉排序树的构造

若要向二叉排序树插入一个关键字为 *k* 的节点，则先在二叉排序树中查找。若查找成功，说明待插入节点已经存在，则不用再插入；若查找不成功，则新建一个关键字为 *k* 的节点，将其插入二叉排序树。注意，在二叉排序树中，所有新插入的节点一定是作为叶节点插入的。

在二叉排序树中插入一个节点算法如下。

```
void BSTCreat(BSTree *t,int k)
{                                    //在非空二叉排序树中插入一个节点
  BSTree *p,*q;
  q=t;
  while(q!=NULL)                     //当二叉排序树非空时
    if(k==q->key)goto L1;           //若查找成功，则不插入新节点
    else
      if(k<q->key)                   //若 k 小于节点*q 的关键字，则到*t 的左子树中查找
        {p=q; q=q->lchild;}
      else                           //若 k 大于节点*q 的关键字，则到*t 的右子树中查找
        {p=q; q=p->rchild;}
  q=(BSTree *)malloc(sizeof(BSTree));   //若查找不成功，则创建一个新节点
  q->key=k;                          //新节点的关键字为 k
  q->lchild=NULL;                    //新节点作为叶节点插入，故左、右指针均为空
  q->rchild=NULL;
  if(p->key>k)
    p->lchild=q;                     //作为原叶节点*p 的左子节点插入
  else
    p->rchild=q;                     //作为原叶节点*p 的右子节点插入
L1: ;
}
```

构造一棵二叉排序树是逐个插入节点的过程，即每插入一个节点都调用一次上述算法。

例 5.3　假设关键字序列为 45,53,12,37,100,61,24,3,90，试给出一棵二叉排序树的构造过程。

【解】　根据关键字序列构造二叉排序树的过程如图 5-9 所示。

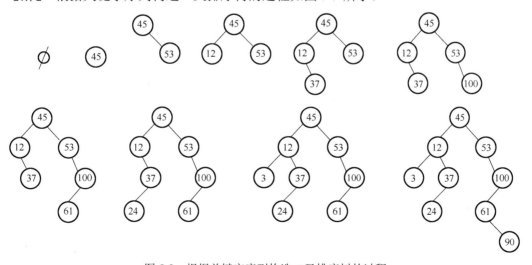

图 5-9　根据关键字序列构造二叉排序树的过程

　　由二叉排序树的构造过程可以看出，每个新节点都是作为叶节点插入二叉排序树的。关键字序列不同，生成的二叉排序树也不同。若关键字序列为有序序列，则构造的二叉排序树为单支树。例如，当关键字序列为 3,12,24,37,45,53,61,90,100 时，构造的二叉排序树如图 5-10 所示。

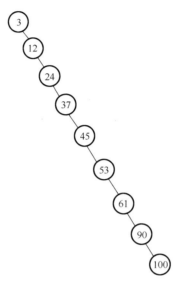

图 5-10　单支二叉排序树

　　可以看出，中序遍历二叉排序树可以得到一个关键字有序的序列。这就是说，一个无序序列可以通过构造一棵二叉排序树变成一个有序序列，且构造二叉排序树的过程是对无序序列进行排序的过程。此外，每次插入的新节点都是作为二叉排序树的叶节点插入的，即在插入过程中无须移动二叉排序树的其他节点，仅需改变原二叉排序树中某个叶节点的指针，使其由空变为非空，从而指向插入的新节点即可。这个特点相当于在一个有序表中插入一个新数据元素且无须移动其他数据元素，因此，二叉排序树既拥有类似折半查找的特性，又因采用了链式存储结构而易于插入和修改节点（数据元素）。由于二叉排序树适合频繁插入数据元素的查找过程，并且查找速度较快，因此它是动态查找表一种较好的实现方法。

　　在二叉排序树上进行查找，若查找成功，则恰好走了一条从根节点到该节点的路径，即和给定值比较的关键字个数等于该节点所在的层数（或路径长度加 1）；若查找不成功，则是走了一条从根节点出发到某叶节点的左、右指针为空的路径，这是因为只有当指针为空时才知道查找失败。因此，当查找成功时，二叉排序树与给定值比较的关键字个数不超过二叉排序树的深度。在此，我们要注意的是，折半查找长度为 n 的表其判定树是唯一的，而含有 n 个节点的二叉排序树却不唯一，即含有 n 个节点的二叉排序树的平均查找长度和树的形态有关。当按关键字有序构造一棵二叉排序树时，所生成的是一棵单支树，此时树的深度为 n，其平均查找长度与顺序查找相同，为 $\dfrac{n+1}{2}$，这是二叉排序树最差的情况。最好的情况是二叉排序树的形态与折半查找判定树相同，其平均查找长度与 $\log_2 n$ 成正比。

　　例 5.4　某棵二叉排序树如图 5-11 所示，求查找成功时的平均查找长度和查找失败时的平均查找长度。

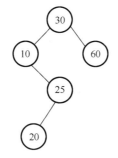

图 5-11 某棵二叉排序树

【解】 若查找成功，则是走了一条从根节点到待查找节点的路径；若查找不成功，则是走了一条从根节点到某叶节点的路径，当到达叶节点时，还要继续沿叶节点的左指针或右指针再查找一次。因此，对图 5-11 所示的二叉排序树查找成功时的平均查找长度为树中各节点的层数之和除以树的节点个数 n，如图 5-12（a）所示。而查找失败时的平均查找长度为图 5-12（b）中空白节点（每个空白节点代表一个空指针）的层数之和除以空白节点的个数 m。因此，查找成功时的 $ASL = \dfrac{1}{5}(1 + 2 \times 2 + 3 + 4) = \dfrac{12}{5}$；查找失败时的 $ASL = \dfrac{1}{6}(3 \times 3 + 4 + 5 \times 2) = \dfrac{23}{6}$。

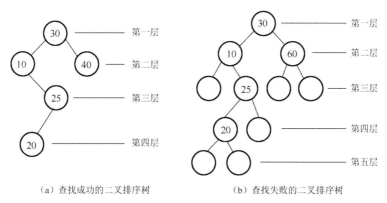

图 5-12 查找成功和查找失败的二叉排序树

4．二叉排序树的删除操作

在二叉排序树中，删除一个节点要比插入一个节点困难，这是因为不能把以该节点为根节点的子树全部删去，只能在保持二叉排序树特性的情况下删除该节点，即删除该节点后中序遍历这棵二叉排序树，所得到的节点序列仍然有序。也就是说，删除二叉排序树中的一个节点相当于删除有序节点序列中的一个节点。

假定待删除节点由指针 q 指向，待删除节点的父节点由指针 p 指向，则指针 q 指向的待删除节点可分为下面给出的四种情况。删除节点前后二叉排序树的变化示意图如图 5-13 所示。

（1）若待删除节点为叶节点，则直接删除，只需将其父节点指向待删除节点的指针置为空即可。

（2）若待删除节点有右子树但无左子树，则可用该右子树的根节点取代待删除节点的位置，如图 5-13（a）所示。这是因为在二叉排序树中序遍历节点序列中，无左子树的待删除节点其后继节点为待删除节点的右子树根节点。用待删除节点右子树根节点取代待删除节点，相当于在该有序节点序列中，直接删去待删除节点，序列中的其他节点排列次序没有改变。

（3）若待删除节点有左子树但无右子树，则可用该左子树的根节点取代待删除节点的位置，如图 5-13（b）所示。这种删除同样没有改变其他节点在该二叉排序树中序遍历节点序列中的排列次序。

（4）若待删除节点的左、右子树均存在，则需用待删除节点在二叉排序树中序遍历节点序列中的后继节点取代该待删除节点，如图 5-13（c）所示。这个后继节点为待删除节点右子树中的最左下节点（右子树中关键字最小的节点，并假定最左下节点由指针 r 指向），找到最左下节点后则用其替换待删除节点（只需将最左下节点的关键字赋给待删除节点即可，相当于将最左下节点移到待删除节点的位置）。注意，最左下节点必然没有左子树（也可能没有右子树），否则就不是待删除节点右子树中关键字最小的节点。这时，删除待删除节点的操作就转化为删除右子树中最左下节点的操作。若最左下节点有右子树，则转化为上面的第二种情况；若既没有左子树又没有右子树（最左下节点为叶节点），则转化为上面的第一种情况。

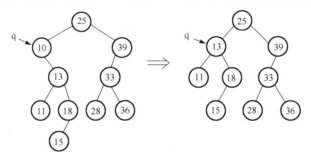

（a）待删除节点有右子树但无左子树

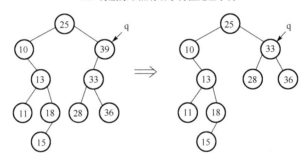

（b）待删除节点有左子树但无右子树

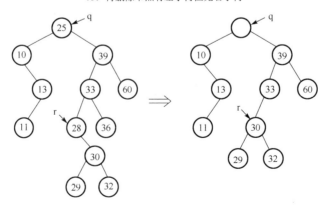

（c）待删除节点的左、右子树均存在

图 5-13　删除节点前后二叉排序树的变化示意图

根据上述情况，在二叉排序树中删去待删除节点*q 的算法如下。

```
void BSTDelete(BSTree **t,int key)
{                               //在二叉排序树中删去节点
    BSTree *p,*q,*r;
    q=*t; p=*t;
    if(q==NULL)goto L2;         //树*t 为空
    if(q->lchild==NULL && q->rchild==NULL && q->key==key)
    {*t=NULL; goto L2;}         //树*t 仅有一个节点（待删除节点*q）时置树*t 为空
    while(q!=NULL)              //查找待删除节点
        if(key==q->key)
            goto L1;            //当 q->key 等于 key 时，找到待删除节点*q
        else                    //若*q 不是待删除节点，则继续查找
            if(key<q->key)      //当 q->key 大于 key 时
            {p=q; q=q->lchild;} //在*q 的左子树中查找待删除节点
            else                //当 q->key 小于 key 时
            {p=q; q=q->rchild;} //在*q 的右子树中查找待删除节点
    if(q==NULL) goto L2;        //树*t 中无待删除节点
L1:if(q->lchild==NULL && q->rchild==NULL)
                                //待删除节点*q 为叶节点，即第一种情况
        if(p->lchild==q)        //删去待删除节点*q
            p->lchild=NULL;
        else
            p->rchild=NULL;
    else                        //当待删除节点*q 不是叶节点时
        if(q->lchild==NULL)     //待删除节点*q 无左子树，即第二种情况
            if(q==*t)*t=q->rchild; //待删除节点*q 是根节点
            else                //待删除节点*q 不是根节点
                if(p->lchild==q) //用待删除节点*q 的右子树根节点取代待删除节点*q
                    p->lchild=q->rchild;
                else
                    p->rchild=q->rchild;
        else
            if(q->rchild==NULL) //待删除节点*q 无右子树，即第三种情况
                if(q==*t)*t=q->lchild; //待删除节点*q 是根节点
                else            //待删除节点*q 不是根节点
                    if(p->lchild==q) //用待删除节点*q 的左子树根节点取代待删除节点*q
                        p->lchild=q->lchild;
                    else
                        p->rchild=q->lchild;
            else                //待删除节点*q 有左、右子树，即第四种情况
            {
                r=q->rchild;
                if(r->lchild==NULL && r->rchild==NULL)
                {               //待删除节点*q 的右子树仅有一个节点（根节点）
                    q->key=r->key; //用右子树的根节点取代待删除节点*q
                    q->rchild=NULL;
                }
```

```
        else                        //当待删除节点*q的右子树上有多个节点时
        {
          p=q;                      //指针p用于指向最左下节点的父节点
          while(r->lchild!=NULL)    //查找最左下节点
          {p=r; r=r->lchild;}
          q->key=r->key;            //将最左下节点*r复制到待删除节点*q的位置
                                    //用最左下节点*r覆盖(删除)待删除节点*q
          if(p->lchild==r)          //删去重复存在(多余)的最左下节点
            p->lchild=r->rchild;
          else
            p->rchild=r->rchild;
        }
      }
  L2:  ;
}
```

5.3.2 哈希表与哈希方法

前面介绍的各种查找方法的共同特点是,数据元素在存储结构中的存储位置是随机的,数据元素的存储位置与关键字之间不存在任何关系。所以,需要通过一系列的关键字比较才能最终确定待查数据元素的存储位置。也就是说,这类查找是以关键字的比较为基础的,并且查找的效率也是由比较一次之后所能缩小的查找范围来决定的。

哈希表查找方法的基本思想是,在数据元素的关键字 key 和数据元素的存储位置 address 之间找出关系函数 f,使得每个关键字都能够被映射到一个存储位置上,即 address = f(key)。当存储一个数据元素时,按照数据元素的关键字 key,通过函数 f 计算出它的存储位置 address,并将该数据元素存入这个位置。这样,当查找这个数据元素时,我们就可根据给定值 key 及函数 f,通过计算 f(key) 求得该数据元素的存储位置,即可直接由该数据元素的存储位置访问这个数据元素。这种方法避免了查找中需进行大量的关键字比较操作,因此查找效率要比前面介绍的各种查找方法的查找效率都高。

上述方法中,函数 f 称为哈希函数或散列函数,通常记为 Hash(key),由哈希函数及关键字计算出来的哈希函数值(存储地址)称为哈希地址,通过构造哈希函数的过程得到一张关键字与哈希地址之间的关系表则称为哈希表或散列表。因此,哈希表可以用一维数组实现。数组元素用于存储包含关键字的数据元素,数组元素的下标就是该数据元素的哈希地址。当需要查找某个关键字时,只要该关键字在哈希表中就可以通过哈希函数确定它在表中(数组中)的存储位置。

例如,有一个由整数组成的关键字序列 27,11,3,56,15,65,33,要求将该关键字序列存储到下标为 0~6 的一维数组中,则选取 Hash(key) = key%7 即可构造出哈希表,如表 5-1 所示。

表 5-1 哈希表

数组下标	0	1	2	3	4	5	6
关键字	56	15	65	3	11	33	27

对于 n 个数据元素的集合,我们总能找到关键字与其存储地址(存储位置)一一对应的函

数。若最大关键字为 m，则分配可存放 m（$m \geqslant n$）个数据元素的存储空间来存放这 n 个数据元素，即选取函数 Hash(key) = key 即可。但有可能 n 远小于 m，这样就会造成存储空间的浪费，甚至无法分配这么大的存储空间。所以，通常可用的哈希地址范围（用于存储关键字的存储空间）要比关键字的范围小得多。这样，就可能出现将不同关键字通过哈希函数映射到同一个哈希地址（存储地址）的情况，这种现象称为冲突，而映射到同一个哈希地址上的关键字称为同义词。

冲突是不可避免的，因为在一般情况下哈希函数是一个从较大的关键字空间到较小的哈希表存储空间的压缩映像函数，这就不可避免会发生冲突。所以，只能尽量减少冲突的发生，即通过恰当的哈希函数使关键字集合能够被均匀地映射到所指定的存储空间中。这样，发生冲突的概率就会大大减小，而存储空间的利用率也会随之提高。

由此可见，哈希方法需要解决以下两个问题。

（1）如何构造哈希函数。

（2）如何处理冲突。

1．哈希函数的构造方法

一个理想的哈希函数应具有简单、均匀这两个特征：简单是指哈希函数的计算简单、快捷；均匀是指哈希函数应尽可能均匀地把关键字映射到事先已知的哈希表中，这种均匀性既可以减少冲突又可以提高查找效率。由于关键字结构与分布的不同，导致与其相适应的哈希函数也不同。因此，我们要充分了解关键字的特点，并利用关键字的某些特征来构造适合查找和存储的哈希函数。

由于非整型关键字也可转换为整型关键字，因此我们只针对整型关键字来讨论构造哈希函数的五种常用方法。

1）直接定址法

取关键字 key 的某个线性函数值作为哈希地址。

$$\text{Hash(key)} = a \times \text{key} + b \qquad （a、b 为常数）$$

这类函数计算简单且函数值与哈希地址一一对应，因此不会产生冲突。但由于各关键字在其集合中的分布是离散的，所以计算出来的哈希地址也是离散的，这常常会造成存储空间的浪费，并且只能通过调整 a、b 的值使得浪费尽可能减少。因此，实际问题中已很少采用这类哈希函数。

例如，关键字序列为 50,100,200,350,400,500，若选取哈希函数为 Hash(key) = key/50（$a = 50$，$b = 0$），则生成的哈希表如表 5-2 所示。

表 5-2　直接定址法的哈希表

Hash(key)	1	2	3	4	5	6	7	8	9	10
key	50	100		200			350	400		500

2）除留余数法

取关键字 key 除以 p 后的余数作为哈希地址，该方法用求余运算符"%"实现。

$$\text{Hash(key)} = \text{key}\%p \qquad （p 为整数）$$

使用除留余数法的关键是选取合适的 p，它决定了生成哈希表的优劣。若哈希表表长为 m，则要求 $p \leq m$ 且尽量接近 m。一般选取的 p 为质数，以便尽可能减少冲突的发生。

例如，关键字序列为 8,13,28,11,23，若选取 $p = 7$，则哈希函数为 Hash(key) = key%7，生成的哈希表如表 5-3 所示。

表 5-3　除留余数法的哈希表

Hash(key)	0	1	2	3	4	5	6
key	28	8	23		11		13

3）数字分析法

若所有关键字都是以 d 为基数（d 进制）的数，各关键字的位数又较多，且事先知道所有关键字在各位上的分布情况，则可通过对这些关键字的分析，选取其中几个数字分布较为均匀的关键字位来构造哈希函数。该方法使用的前提是必须知道关键字的集合。

例如，已知以 10 为基数的各关键字如表 5-4 所示，并假定哈希表的表长为 1000，则可选取 3 位数字作为哈希地址。分析表 5-4 的各关键字可知，关键字位①、②、④、⑥、⑧上的数字分布是不均匀的，故此处只考虑关键字位③、⑤、⑦上的数字，这样就得出最后一列的哈希地址，这些哈希地址分布比较均匀，因此造成冲突的概率也就较低。

表 5-4　数字分析法的哈希表

关键字位	①	②	③	④	⑤	⑥	⑦	⑧	Hash(key) ③⑤⑦
key	2	9	1	3	2	0	3	6	1 2 3
	2	9	2	3	3	0	4	6	2 3 4
	2	9	3	3	5	0	6	7	3 5 6
	1	9	5	3	4	0	8	6	5 4 8
	2	9	6	6	8	1	7	8	6 8 7
	2	9	7	6	5	1	5	8	8 5 5
	2	9	8	6	2	3	1	8	7 2 1

4）平方取中法

若事先无法知道所有关键字在各位上的分布情况，则不能利用数字分析法来求哈希函数。这时可以采用平方取中法来构造哈希函数。采用该方法构造哈希函数的原则是，先计算关键字的平方，再有目的地选取平方结果中的中间若干位来作为哈希地址。具体取几位及取哪几位要根据实际需要来定。由于一个数经过平方之后的中间几位数字与该数的每一位都有关，因此用平方取中法得到的哈希地址也与关键字的每位都有关，从而使得哈希地址具有较好的均匀性，得到的哈希地址也具有较好的随机性。平方取中法适用于关键字中每位取值都不够分散或者相对比较分散的位数小于哈希地址所需位数的情况。

例如，关键字序列为 128,328,228,528，由于各关键字的后两位均是 28，数字在各位上的分布是不均匀的，所以采用平方取中法，平方后的结果及所求的哈希地址如表 5-5 所示，该哈希地址是对关键字平方后由右往左数的第三位、第四位、第五位，因为这三位是均匀分布的。

表 5-5 平方取中法的哈希表

key	key^2	Hash(key)
128	16 384	163
328	107 584	075
228	51 984	519
528	278 784	787

5）折叠法

当关键字的位数过长时，采用平方取中法就会花费过多的计算时间。在这种情况下可采用折叠法，即根据哈希表存储空间的大小，先将关键字分割成相等的几部分（最后一部分的位数可能短些），再将这几部分进行叠加并舍弃最高进位，叠加的结果就作为该关键字的哈希地址。折叠法又分为移位叠加和折叠叠加两种：移位叠加先把分割后的每部分进行右对齐，再相加；折叠叠加把分割后的每部分像"折纸"一样进行折叠相加。

例如，关键字为 1357246890，设哈希表长度为 10000，则可将关键字由低位向高位分割成三部分，每部分占 4 位（最高部分占 2 位），分别进行移位叠加和折叠叠加，其计算过程和结果如图 5-14 所示。

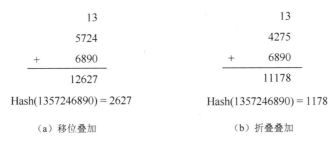

```
              13                        13
            5724                      4275
     +      6890               +      6890
           12627                     11178
Hash(1357246890) = 2627     Hash(1357246890) = 1178

      （a）移位叠加                （b）折叠叠加
```

图 5-14 用折叠法求哈希地址

2．处理冲突的方法

构造出一个理想的哈希函数可以减少冲突，但不可能完全避免冲突。因此，如何处理冲突是哈希方法要解决的另一个关键问题。处理冲突的方法与哈希表（本小节称为散列表，因为处理冲突的过程就是地址散列的过程）本身的组织形式有关，按组织形式的不同，散列表可分为两类：闭散列表与开散列表。

闭散列表与开散列表的区别类似于单链表与顺序表的区别。闭散列表采用一维数组存储，由于无须增加指针域，因此存储效率较高，但由此带来的问题是容易产生堆积（也称为聚集）现象（所谓堆积现象就是指散列表中的关键字在表中连成一片，即出现非同义词对同一个散列地址进行争夺），而且某些基本运算（如删除运算）不易实现，因散列表的大小固定而不适应表的变化，故称为闭散列表。开散列表利用链表方法存储同义词，不产生堆积现象，且使动态查找散列表的基本运算（特别是查找、插入和删除）易于实现。开散列表中的各节点可以动态生成，适用于表长经常变化的情况。由于可以任意增、删散列表中的数据元素并且表的大小不受限制，因此称为开散列表，但其缺点是由于附加了指针域，所以增加了存储开销。

1）闭散列表处理冲突的方法

闭散列表是一个一维数组，其解决冲突的基本思想是对于表长为 m 的散列表，在需要时为关键字 key 生成一个散列地址序列 $d_0,d_1,\cdots,d_{m-1}$。其中，$d_0 = \text{Hash(key)}$ 是 key 的散列地址，所有的 d_i（$0<i<m$）是 key 的后继散列地址。当在散列表中插入关键字为 key1 的数据元素时，若存储位置 d_0 已被具有其他关键字的数据元素占用，则依次探测 $d_1,d_2,\cdots,d_{m-1}$ 地址序列，并将找到的第一个空闲地址作为关键字为 key1 的数据元素的存放位置。若 key 的所有后继散列地址都被占用，则表明该散列表已满（溢出）。因此，对闭散列表来说，构造后继散列地址序列的方法也就是处理冲突的方法。常见的构造后继散列地址序列的方法如下。

（1）开放定址法，其形式为

$$H_i = (\text{Hash(key)}+d_i)\%m \qquad (1\leqslant i<m)$$

式中，Hash(key)为哈希函数；m 为散列表的长度；d_i 为增量序列，它可以有三种取法：①取 $d_i = 1,2,\cdots,m-1$，称为线性探测法；②取 $d_i = 1^2,-1^2,2^2,-2^2,\cdots,q^2,-q^2$ 且 $q\leqslant m/2$，称为二次探测法；③取 d_i 为伪随机序列，称为随机探测法。

最简单的取探测序列的方法是线性探测法，即发生冲突时对散列表中的下一个散列地址进行探测。例如，数据元素的关键字为 k，其哈希函数值 $\text{Hash}(k)=j$。若在 j 位置上发生冲突，则对 $j+1$ 位置进行探测；若再发生冲突，则继续按顺序对 $j+2$ 位置进行探测，以此类推，最后的结果有三种可能：一是在某个位置上查到了关键字等于 k 的数据元素，即查找成功；二是直到探测到一个空存储位置仍查不到关键字为 k 的数据元素，此时就可以将关键字为 k 的数据元素插到这个位置；三是查遍整个散列表也未找到关键字为 k 的数据元素，则表明散列表存储空间已全部占满，此时必须进行溢出处理。

例 5.5　已知哈希函数 $\text{Hash(key)}=\text{key}\%11$，散列表如表 5-6 所示。现需将关键字 42 插入该表，请给出用线性探测法插入关键字 42 的过程。

表 5-6　散列表

地址	0	1	2	3	4	5	6	7	8	9	10
关键字	22	12	24	36	48	38				20	32

【解】　当插入关键字 42 时，因 $\text{Hash}(42) = 42\%11 = 9$，而地址 9 已被关键字 20 占用，故向下一个地址探测，即

$$\text{Hash}(42) = (\text{Hash}(42)+1)\%11 = (9+1)\%11 = 10$$

而地址 10 已被关键字 32 占用，所以继续向后探测，即 $\text{Hash}(42)=(\text{Hash}(42)+2)\%11=(9+2)\%11=0$，而地址 0 又被关键字 22 占用，因此继续向后探测，直到地址 6 为空时才将关键字 42 放入地址 6。

注意，在探测过程中，关键字 42 和关键字 20 是同义词，它们必然发生冲突；但关键字 42 与关键字 32 不是同义词，本来它们之间是不会发生冲突的，但由于关键字 42 初始的散列地址被关键字 20 占用，因此关键字 42 只能探测后继存储地址，这样关键字 42 就与关键字 32 发生了冲突。像这种非同义词为争夺同一个存储位置而发生冲突的现象就是我们之前所说的堆积现象。

线性探测法思路清晰且算法简单，但也存在以下缺点。

① 溢出处理需另外编写程序，一般可另设一个溢出表专门存放散列表中存放不下的数据元素。

② 按线性探测法建立起来的散列表是不能进行删除操作的，若想进行删除操作，必须对该存放位置进行特殊标记，若简单地在散列表中直接删除一个数据元素，则会因该位置为空而造成线性探测序列中断，从而无法查找与被删除数据元素具有相同哈希函数值的后继数据元素。例如，对表 5-6 来说，当删去散列表中的关键字 20 后，我们就无法查找刚放入表中的关键字 42。

③ 线性探测法很容易产生堆积现象，当哈希函数不能把关键字很均匀地存到散列表中时，就非常容易产生堆积现象。产生堆积现象后增加了探测次数，降低了查找效率，如例 5.5 中插入关键字 42 的过程就是如此。

二次探测法和随机探测法是两种降低堆积的有效方法。例如，对于例 5.5 中插入关键字 42 的操作，若采用二次探测法，其插入过程是插入关键字 42 时，$Hash(42) = 42\%11 = 9$，而地址 9 已被关键字 20 占用，故继续探测，即 $Hash(42) = (Hash(42)+1^2)\%11 = (9+1^2)\%11 = 10$，而地址 10 已被关键字 32 占用，故继续探测，即 $Hash(42) = (Hash(42)-1^2)\%11 = (9-1^2)\%11 = 8$，而地址 8 为空，此时可将关键字 42 放入地址 8。

（2）再散列法。再散列法的思想很简单，即在发生冲突时用不同的哈希函数求得新的散列地址，直到不发生冲突为止，散列地址序列 $d_0, d_1, \cdots, d_i$ 的计算式为

$$d_i = Hash_i(key) \qquad i = 1, 2, \cdots$$

式中，$Hash_i(key)$ 表示不同的哈希函数。

例 5.6　已知 $Hash_1(key) = key\%13$，$Hash_2(key) = key\%11$，散列表如表 5-7 所示。现需将关键字 42 插入该表，请给出使用再散列法插入关键字 42 的过程。

表 5-7　散列表

地址	0	1	2	3	4	5	6	7	8	9	10	11	12
关键字			80	85					34				

【解】　当插入关键字 42 时，因 $Hash_1(42) = 42\%13 = 3$，而地址 3 已被关键字 85 占用，故用 $Hash_2$ 继续探测；$Hash_2(42) = 42\%11 = 9$，而地址 9 为空，故将关键字 42 放入地址 9。

2）开散列表处理冲突的方法

开散列表处理冲突的方法称为拉链法，即将所有关键字为同义词的数据元素（节点）连接在同一个单链表中。若散列表长度为 m，则可将散列表定义为一个由 m 个头指针组成的指针数组 ht，其下标为 0～m-1（若哈希函数采用除留余数法，则指针数组长度为 "key%p" 中的 p）。凡是散列地址为 i 的节点，均插到以 ht[i] 为头指针的单链表中，数组 ht 中各数组元素的指针初始值均为空。

例如，一组给定的关键字序列为 23,4,48,1,26,33,38,28,49,85,63,55,69，并且哈希函数为 $Hash(key) = key\%11$，用拉链法实现的开散列表如图 5-15 所示。

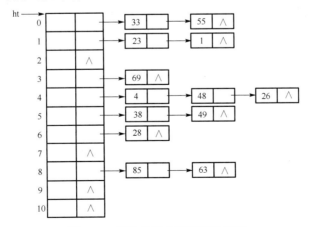

图 5-15　用拉链法实现的开散列表

5.3.3 哈希表的查找

哈希表的查找过程与哈希表的构造过程基本一致，即给定关键字 key 并根据构造哈希表时设定的哈希函数求得其存储地址。若哈希表中此存储地址中没有数据元素，则查找失败；否则将该存储地址中的关键字与 key 比较：若相等则查找成功，否则根据构造哈希表时设定的解决冲突的方法寻找下一个哈希地址，直到查找成功或查找到的哈希地址中无数据元素（查找失败）为止。

假定构造和查找哈希表所采用的哈希函数是用除留余数法构造的，即 $Hash(key) = key\%p$（p 为已知常数），并且表长为 m 的哈希表已经构造好，查找的关键字 key 的类型为 int。

1. 在闭散列表上的插入、查找和删除算法

我们约定，对哈希表 Hash 中未存放数据元素的数组元素 Hash[i]，其标志是 Hash[i]的值为-1。并且，对冲突的处理我们采用线性探测法。Hash[i]为-2 表示存放于 Hash[i]的关键字已被删除，但查找到该项时不应终止查找。下面以长度为 11 的闭散列表为例给出在哈希表上的插入、查找和删除算法。初始时哈希表中的关键字全部置为-1，表示该哈希表为空。

算法如下。

```
#define MAXSIZE 11                 //哈希表的长度
#define key 11                     //哈希函数采用除留余数法（x%key）
void Hash_Insert(int Hash[],int x)
{                                  //哈希表的插入
   int i=0,t;                      //i 为哈希表中已存放的关键字个数计数器
   t=x%key;                        //求哈希地址
   while(i<MAXSIZE)
   {
      if(Hash[t]<=-1)
      {      //若该哈希地址 t 无关键字存放（-1 为空，-2 表示已删除也为空）
         Hash[t]=x;                //将关键字 x 放入该哈希地址 t
         break;
      }
      else                        //该哈希地址 t 已被占用，继续探测下一个存放位置
         t=(t+1)%key;             //在线性探测中形成后继探测地址
      i++;                         //在哈希表中已存放的关键字个数计数加 1
   }
   if(i==MAXSIZE)                  //当计数器 i 达到哈希表长度时，哈希表已放满关键字
      printf("Hashlist is full!\n");
}
void Hash_search(int Hash[],int x)  //哈希表的查找
{                                  //在哈希表中查找关键字为 x 的数据元素
   int i=0,t;                      //计数器 i 数据元素查找次数，初始为 0
   t=x%key;                        //根据关键字 x 映射出哈希地址 t
   while(Hash[t]!=-1 && i<MAXSIZE)
   {              //该哈希地址 t 不为空且关键字个数计数器 i 未达到哈希表长度
      if(Hash[t]==x)              //该哈希地址 t 存放的关键字就是 x
      {                           //若找到，则输出该关键字及其存放位置
```

```
          printf("Hash position of %d is %d\n",x,t);
          break;
       }
       else                        //该哈希地址 t 存放的关键字不是 x
          t=(t+1)%key;             //用开放定址法确定下一个要查找的位置
       i++;                        //查找次数计数加 1
   }
   if(Hash[t]==-1||i==MAXSIZE)     //查到空位置标记-1 或已查完哈希表
   printf("No found!\n");          //输出在哈希表中找不到关键字 x
}
void Hash_Delete(int Hash[],int x)
{                                  //哈希表的删除
   int i=0,t;                      //计数器 i 数据元素查找次数，初始为 0
   t=x%key;
   while(Hash[t]!=-1&&i<MAXSIZE)   //当查找位置标记不为-1 或未查完哈希表时
   {
       if(Hash[t]==x)             //该哈希地址 t 存放的关键字就是 x
       {
          Hash[t]=-2;             //在找到的删除位置上用-2 做删除标记
          printf("%d in Hashlist is deleteded!\n",x); //输出已删除信息
          break;                  //终止查找
       }
       else                       //该哈希地址 t 存放的关键字不是 x
          t=(t+1)%key;            //若未找到，则用开放定址法查找下一个位置
       i++;                       //查找次数计数加 1
   }
   if(i==MAXSIZE)                 //当计数器 i 达到哈希表长度时，表示已查找完整个哈希表
       printf("Delete fail!\n");  //未找到待删除数据元素的位置,删除操作失败
}
```

2. 在开散列表上的查找算法

由于开散列表采用拉链法解决冲突，因此我们定义单链表中的节点的类型如下。

```
typedef struct node
{
   int key;                       //关键字项
   datatype data;                 //数据项
   struct node *next;             //指向节点的指针
}HashChain;                       //单链表节点类型
```

为简单起见，在开散列表的结构中，使指针数组 ht 的类型与单链表节点的类型一致，且指针数组 ht 的长度为除留余数法 "key%p" 中的 p，即 HashChain *ht[p];。

查找算法如下。

```
HashChain *HashSearch2(HashChain *ht[],int key)
{                      //在表长为 m 的哈希表中查找关键字为 key 的单链表节点(数据元素)
   int h;
   HashChain *p;
```

```
    h=Hash(key);                    //求哈希表中指针数组 ht 的数组元素下标（哈希地址）
    p=ht[h]->next;                  //将数组元素 ht[h] 的头指针赋给 p
    while(p!=NULL&&p->key!=key)     //在哈希地址为 h 的单链表中顺序查找
        p=p->next;
    return p;                //若查找成功，则返回所查数据元素的节点指针；否则返回空指针
}
```

虽然哈希表在关键字与数据元素的存储位置之间建立了直接映射，但由于"冲突"的出现而使哈希表的查找过程仍然是一个用给定值和关键字进行比较的过程。因此，仍需以平均查找长度作为衡量哈希表查找效率的标准。

5.4　排序

5.4.1　排序的基本概念

排序是计算机程序设计中的一种重要操作，排序的主要目的是方便查找。排序是指按照数据元素集合中每个数据元素的关键字之间存在的递增、递减关系，将该集合中的数据元素次序重新排列的过程。

若待排序的数据元素序列中 R_i 和 R_j 的关键字相同，且在排序前 R_i 的位置领先于 R_j，在排序后 R_i 与 R_j 的相对次序保持不变，即排序之后 R_i 的位置仍然领先于 R_j，则为稳定排序；反之为不稳定排序（通常是找出实例来验证这种不稳定关系）。

排序按照数据元素序列存放物理位置的不同分为内排序和外排序：内排序的排序过程是在内存中进行的；外排序在排序过程中需要在内、外存之间交换信息。按排序的策略不同可以将内排序划分为五种类型，分别为插入排序、交换排序、选择排序、归并排序、基数排序。

内排序均可以在不同的存储结构上实现，通常待排序的数据元素有三种存储结构。

（1）以一维数组作为存储结构：排序过程是对数据元素本身进行物理重排，即通过比较和判断，把数据元素移动到合适的位置上。

（2）以链表作为存储结构：排序过程中无须移动数据元素，只需修改指针即可。通常把这类排序称为表排序。

（3）采用辅助表排序：有的排序方法难以在链表上实现却又要避免排序过程中的移动数据元素，这时就可以通过为待排序数据元素建立一个辅助表来完成排序，如由数据元素的关键字和指向数据元素的指针所组成的索引表。这样，排序过程中只需对这个辅助表的表项进行物理重排即可，而表项中存储的数据元素的关键字和指向数据元素的指针并未发生变化，即只移动辅助表项而不移动数据元素本身。

评判一种排序方法的优劣是比较困难的，这是因为在不同情况下排序算法的优劣是不一样的。评价排序方法优劣的标准主要有两条：一是算法执行所需的时间，由于排序是经常使用的一种运算，因此算法执行所需的时间是衡量排序方法优劣的重要标志；二是算法执行中所需的辅助空间。

在介绍排序方法之前，需要定义数据元素的存储结构及类型，算法如下。

```
typedef struct
```

```
{
   KeyType key;            //关键字项
   OtherType data;         //其他数据项
}RecordType;               //数据元素类型
```

5.4.2　插入排序

所谓插入排序，就是把一个数据元素按其关键字的大小插入一个有序的数据元素序列，插入后该序列仍然有序。

插入排序的基本思想是，将数据元素集合分为有序和无序两个序列。从无序序列中任取一个数据元素，根据该数据元素的关键字大小在有序序列中查找一个合适的插入位置，使得该数据元素放入这个位置后，这个有序序列仍然保持有序。每插入一个数据元素就称为一趟插入排序，经过多趟插入排序，使得无序序列中的数据元素全部插入有序序列中，排序完成。

1.　直接插入排序

直接插入排序是一种最简单的排序方法，其做法是在插入第 i 个数据元素 R[i]时，R[1], R[2], …, R[i-1]已经有序，这时将待插入数据元素 R[i]的关键字 R[i].key 由后向前依次与关键字 R[i-1].key, R[i-2].key, …, R[1].key 进行比较，从而找到 R[i]应该插入的位置 j，并且由后向前依次将 R[i-1], R[i-2], …, R[j+1], R[j]后移一个位置（这样移动可保证每个被移动的数据元素信息不被破坏），然后将 R[i]放到刚腾出位置，即原 R[j]处，这种插入使得前 i 个位置上的所有数据元素 R[1], R[2], …, R[i]保持有序。

在此，我们仍然默认关键字 key 的类型为 int，则直接插入排序算法如下。

```
void D_Insert(RecordType R[],int n)
{                           //对 n 个数据元素序列 R[1]~R[n]进行直接插入排序
   int i,j;
   for(i=2;i<=n;i++)        //进行 n-1 趟排序
     if(R[i].key<R[i-1].key)
     {      //当 R[i].key 小于 R[i-1].key 时，将 R[i]插入有序序列 R[1]~R[i-1]中
        R[0]=R[i];          //将 R[0]设置为查找监视哨并保存待插入数据元素 R[i]
        j=i-1;              //指针 j 指向有序序列 R[1],R[2],…,R[i-1]最后的 R[i-1]位置
        while(R[j].key>R[0].key)
        {                   //关键字大于 R[i].key（此时为 R[0].key）
                            //所有 R[j]（j=i-1,i-2,…）后移一个数据元素位置
           R[j+1]=R[j];
           j--;
        }
        R[j+1]=R[0];        //将 R[i]值（在 R[0]中）放入查找到的插入位置
     }
}
```

算法中，R[1]~R[i-1]是有序表，R[i]~R[n]是无序表，指针 i 总是指向无序表中的第一个数据元素位置，而该数据元素（R[i]）就是本趟要插入有序表中的数据元素。外层 for 循环 i 从 2 变化到 n 是因为仅有一个数据元素的表是有序的（初始时有序表为 R[1]，无序表为 R[2]~R[n]），因此，整个排序过程是从 R[2]开始直到 R[n]逐个向有序表中进行插入操作的，即外层

for 循环共执行了 $n-1$ 趟。内层 while 循环开始前，指针 j 总是指向有序表中的最后一个元素位置（R[i-1]），然后通过"j--"操作由后向前在有序表 R[1]～R[i-1]中寻找 R[i]应该插入的位置，并在查找的同时将关键字大于 R[i]关键字的所有数据元素都顺序后移一个数据元素位置以便腾出插入 R[i]的位置。在外层 for 循环每趟插入结束时，有序表已变为 R[1]～R[i]，无序表则变为 R[i+1]～R[n]。这时，外层 for 循环的"i++"又使指针 i 指向缩小后的无序表新的第一个数据元素位置。这样，经过 $n-1$ 趟插入排序后，有序表变为 R[1]～R[n]，无序表变为空，即此时 n 个数据元素已按关键字有序，插入排序结束。

引入 R[0]的作用有两个：一是保存了数据元素 R[i]，不至于在数据元素后移的操作中丢失待插入数据元素 R[i]；二是在 while 循环中取代判断指针 j 是否小于 1 的功能，即防止下标越界。当指针 j 为 0 时，while 循环的判断条件就变成了"R[0].key>R[0].key"，由此终止 while 循环。因此，R[0]起到了监视哨的作用。

图 5-16 所示为直接插入排序的排序过程。在图 5-16 中，i 从 2 变化到 n（$n=8$），$i-1$ 表示插入的次数（排序的趟数），方括号"[ ]"中的数据元素序列为有序表，方括号"[ ]"之外的数据元素序列为无序表。由图 5-16 也可看出，排序前 <u>48</u> 在 48 之后，排序后 <u>48</u> 仍在 48 之后。故直接插入排序为稳定的排序方法。

	R[0]	R[1]	R[2]	R[3]	R[4]	R[5]	R[6]	R[7]	R[8]
	监视哨↓								
初始关键字		[48]	33	61	96	72	11	25	<u>48</u>
$i=2$		[33	48]	61	96	72	11	25	<u>48</u>
$i=3$		[33	48	61]	96	72	11	25	<u>48</u>
$i=4$		[33	48	61	96]	72	11	25	<u>48</u>
$i=5$		[33	48	61	72	96]	11	25	<u>48</u>
$i=6$		[11	33	48	61	72	96]	25	<u>48</u>
$i=7$		[11	25	33	48	61	72	96]	<u>48</u>
$i=8$		[11	25	33	48	<u>48</u>	61	72	96]

图 5-16 直接插入排序的排序过程

从空间效率上看，直接插入排序仅使用了 R[0]一个辅助单元，故空间复杂度为 $O(1)$。从时间效率上看，直接插入排序算法由双重循环组成，外层的 for 循环进行了 $n-1$ 趟（向有序表中插入第二个到第 n 个数据元素）；内层 while 循环用于确定待插入数据元素的具体位置并且在保证有序的情况下通过移动有序表中的数据元素来空出插入位置，其主要操作是进行关键字的比较和数据元素的后移。而比较次数和后移次数则取决于待排序列中各数据元素关键字的初始序列，可分三种情况讨论。

（1）最好情况：待排序列已按关键字有序，每趟排序只需比较 1 次和移动 0 次，即

总比较次数 = 趟数 = $n-1$ 次

总移动次数 = 0 次

（2）最坏情况：待排序列已按关键字有序，但为逆序。这时每趟排序都需要将待插入数据元素插到有序序列的第一个数据元素位置，即第 i 趟操作要将数据元素 R[i]插到原 R[1]的位置，这需要同前面的 i 个数据元素（包括监视哨 R[0]）进行 i 次关键字的比较，移动数据元素的次数（包括将 R[i-1]～R[1]移至 R[i]～R[2]、初始的 R[i]赋给 R[0]及移动结束时的 R[0]赋给 R[j+1]）为 $i+1$ 次，即

$$总比较次数 = \sum_{i=2}^{n} i = \frac{1}{2}(n+2)(n-1)$$

$$总移动次数 = \sum_{i=2}^{n} (i+1) = \frac{1}{2}(n+4)(n-1)$$

（3）平均情况：可取最好情况和最坏情况这两种极端情况的平均值，约为 $\frac{n^2}{4}$。因此，直接插入排序的时间复杂度为 $O(n^2)$。

2．折半插入排序

在直接插入排序中，数据元素集合被分为有序序列 R[1],R[2],…,R[i-1]和无序序列 R[i],R[i+1],…,R[n]。并且，排序的基本操作是向有序列 R[1]～R[i-1]中插入 R[i]。由于可以采用折半查找来确定 R[i]在有序序列 R[1]～R[i-1]中应插入的位置，所以可以减少查找的次数。实现这种方法的排序称为折半插入排序。

折半插入排序算法如下。

```
void B_InsertSort(RecordType R[],int n)
{                               //对 n 个数据元素序列 R[1]～R[n]进行折半插入排序
   int i,j,low,high,mid;
   for(i=2; i<=n; i++)          //进行 n-1 趟排序
   {
      R[0]=R[i];                //将 R[0]设置为查找监视哨并保存待插入数据元素 R[i]
      low=1; high=i-1;          //设置初始查找区间
      while(low<=high)          //寻找插入位置
      {
         mid=(low+high)/2;
         if(R[0].key>R[mid].key)
            low=mid+1;          //插入位置在右半区
         else
            high=mid-1;         //插入位置在左半区
      }
      for(j=i-1; j>=high+1; j--) //插入位置为 high+1
         R[j+1]=R[j];           //将 R[i-1],R[i-2],…,R[high+1]后移一个位置
      R[high+1]=R[0];           //将 R[i]（在 R[0]中）放入查找到的插入位置 high+1
   }
}
```

采用折半插入排序方法可以减少关键字的比较次数，因为每插入一个数据元素最多需要比较的次数为具有 i 个节点的判定树深度 $\log_2 i$，而外层 for 循环执行 $n-1$ 次，故关键字比较次数的时间复杂度为 $O(n\log_2 n)$；而数据元素移动的次数与直接插入排序相同，故时间复杂度仍为 $O(n^2)$。折半插入排序也是一个稳定的排序方法。

3. 希尔（Shell）排序

直接插入排序算法简单并且具有如下两个特点。

（1）当 n（待排数据元素的个数）较小时，效率较高。

（2）当 n 较大时，若待排序列中数据元素按关键字基本有序，则效率仍然较高，其时间复杂度可减小至 $O(n)$。

希尔排序又称为缩小增量排序，是根据直接插入排序的这两个特点而改进的分组插入方法。希尔排序方法：先将整个待排序列中的数据元素按给定的下标增量进行分组，并对每个组内的数据元素采用直接插入法排序（由于初始时组内数据元素较少所以排序效率高），再减少下标增量，即使每组包含的数据元素增多，也继续对每组组内的数据元素采用直接插入法排序。以此类推，当下标增量减少到 1 时，整个待排序数据元素序列已成为一组，但由于此前已经做过直接插入排序工作，因此整个待排序数据元素序列已经基本有序。此时，已满足直接插入排序方法的第二个特点。因此，对所有待排序数据元素再进行一次直接插入排序即可完成排序工作并且效率较高。图 5-17 所示为希尔排序过程，所取增量因子依次为 $d=5$、$d=3$、$d=1$。

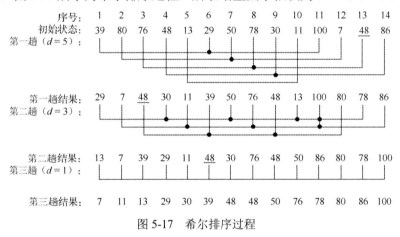

图 5-17 希尔排序过程

希尔排序算法如下。

```
void ShellInsert(RecordType R[],int n,int d)          //希尔排序
{                        //对R[1]~R[n]中的数据元素进行希尔排序，d为增量因子（步长）
    int i,j;
    for(i=d+1; i<=n; i++)
      if(R[i].key<R[i-d].key)
      {           //当R[i].key小于前一增量因子d的R[i-d].key时，应向前找寻其插入位置
        R[0]=R[i];           //暂存待插入数据元素R[i]
        for(j=i-d;j>0&&R[0].key<R[j].key;j=j-d)
          R[j+d]=R[j];   //将位于R[i]之前下标差值为增量因子的倍数且关键字大于
                         //R[0].key(原R[i].key)的所有R[j]都后移一个增量因子位置
        R[j+d]=R[0];     //将R[i](在R[0]中)放入查找到的插入位置
      }
}
void ShellSort(RecordType R[],int n)
```

```
{                        //按递增序列 d[0]、d[1]、…、d[t-1]对顺序表 R[1]~R[n]进行希尔排序
    int d[10],t,k;
    printf("\n 输入增量因子的个数:\n");
    scanf("%d",&t);                    //输入增量因子的个数
    printf("由大到小输入每一个增量因子:\n");
    for(k=0; k<t; k++)
        scanf("%d",&d[k]);             //由大到小输入增量因子
    for(k=0; k<t; k++)
        ShellInsert(R,n,d[k]);         //按增量因子 d[k]对顺序表 R 进行希尔排序
}
```

注意，在 ShellInsert 算法中，实现希尔排序的次序稍微做了一点改动，即并不是先将同一增量因子的一组数据元素全部排好后再进行下一组数据元素的排序，而是由 R[d] 开始依次扫描到 R[n]为止，即对每个扫描到的 R[i]先与位于其前面的 R[i-d]进行关键字比较，若 R[i].key 小于 R[i-d].key，则先将 R[i]暂存于 R[0]，然后执行内层的 for 循环。而内层的 for 循环则是将 R[i].key（此时的 R[0].key）依次与相差一个增量因子的 R[i-d].key,R[i-2d].key,…逐一进行比较，若小于，则依次将 R[i-d],R[i-2d],…后移一个增量因子的位置；若大于，则通过语句 "R[j+d] = R[0];" 将待插入数据元素 R[i]放入此时的 j+d 位置。所以，对于图 5-17 的初始序列，我们给出了按照 ShellInsert 算法的第一趟排序过程，如图 5-18 所示。

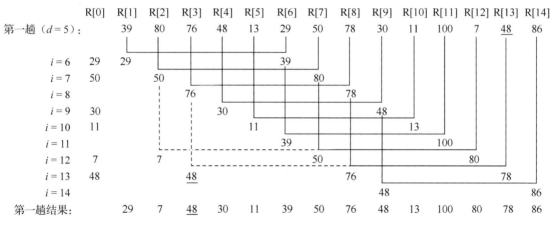

图 5-18　采用 ShellInsert 算法进行希尔排序的过程

由图 5-18 可知，第一趟的排序结果完全与图 5-17 中的第一趟结果相同。此外，由图 5-18 排序前后 48 与 48 所处的位置可知，希尔排序是不稳定的排序方法。

希尔排序仍是一种插入排序，其主要特点是每趟以不同的增量因子进行排序。增量因子序列可以有各种取法，但应使增量因子序列的值没有除 1 外的公因子，否则会出现多余的重复排序。此外，最后一个增量因子必须是 1，否则可能有遗漏的数据元素未参加排序而最终导致数据元素序列无序。

一般来说，希尔排序的速度比直接插入排序的速度快，但希尔排序的效率很难分析，这是因为关键字的比较次数及数据元素的移动次数都要依赖于增量因子的选取。在有关著作里给出的希尔排序的平均比较次数和平均移动次数都为 $n^{1.3}$ 左右。

5.4.3 交换排序

交换排序是通过交换数据元素在表中的位置实现排序的。交换排序的思想是两两比较待排数据元素的关键字，若发现两个数据元素的关键字次序与排序要求相逆，则交换这两个数据元素的位置，直到表中没有逆序关键字的数据元素存在为止。

1. 冒泡排序

对 R[1]～R[n]这 n 个数据元素的冒泡排序过程：第一趟从第一个数据元素 R[1] 开始到第 n 个数据元素 R[n]为止，对 n-1 对相邻的两个数据元素进行两两比较，若其关键字与排序要求相逆，则交换两者的位置。这样，经过一趟的比较、交换后，具有最大关键字的数据元素就被交换到 R[n]位置。第二趟从第一个数据元素 R[1]开始到第 n-1 个数据元素 R[n-1]为止，继续重复上述的两两比较与交换，这样，具有次大关键字的数据元素就被交换到 R[n-1]位置。如此重复，在经过 n-1 趟这样的比较、交换后，R[1]～R[n]这 n 个数据元素已按关键字有序。这个排序过程就像一个个往上（往右）冒泡的气泡，最轻的气泡先冒上来（到达 R[n]位置），较重的气泡后冒上来，因此形象地称其为冒泡排序。

冒泡排序最多进行 n-1 趟，在某趟的两两数据元素关键字的比较过程中，若一次交换都未发生，则表明 R[1]～R[n] 中的数据元素已按关键字有序，这时可结束排序过程。

冒泡排序算法如下。

```
void BubbleSort(RecordType R[],int n)
{                                       //对 R[1] ～ R[n] 这 n 个数据元素进行冒泡排序
  int i,j,swap;
  for(i=1; i<n; i++)                    //进行 n-1 趟排序
  {
    swap=0;                             //设置未发生交换标志
    for(j=1; j<=n-i; j++)               //对 R[1]～R[n-i] 数据元素进行两两比较
      if(R[j].key>R[j+1].key)
      {                                 //若 R[j].key 大于 R[j+1].key, 则交换 R[j] 和 R[j+1]
        R[0]=R[j];
        R[j]=R[j+1];
        R[j+1]=R[0];
        swap=1;                         //有交换发生
      }
    if(swap==0)break;                   //本趟比较中未出现交换则结束排序（已排好序）
  }
}
```

图 5-19 所示为冒泡排序过程。

初始序列	48	33	61	82	72	11	25	48
第一趟	33	48	61	72	11	25	48	82
第二趟	33	48	61	11	25	48	72	82
第三趟	33	48	11	25	48	61	72	82
第四趟	33	11	25	48	48	61	72	82
第五趟	11	25	33	48	48	61	72	82
第六趟	11	25	33	48	48	61	72	82

图 5-19　冒泡排序过程

上述冒泡排序算法是从左向右进行冒泡排序的（假定关键字越大气泡越轻），当然，也可参考此算法设计出从右往左的冒泡排序算法。

从空间效率上看，冒泡排序仅用了一个辅助单元；从时间效率看，最好的情况是待排序数据元素序列已全部按关键字有序。这样，冒泡排序在第一趟排序过程中就没有发生数据元素交换，所以在该趟排序完成后结束排序，即只在第一趟中进行了 $n-1$ 次比较。最坏的情况是待排序数据元素序列按关键字逆序排列，这种情况下共需进行 $n-1$ 趟排序，且第 i 趟排序需进行 $n-i$ 次比较。则有

$$总比较次数 = \sum_{i=1}^{n-1}(n-i) = \frac{1}{2}n(n-1)$$

因此，冒泡排序的时间复杂度为 $O(n^2)$。交换数据元素的次数与比较数据元素的次数相同，最坏的情况发生在待排序数据元素按关键字逆序排列时。

由图 5-19 可知，48 与 48 在排序前后的先后次序没有改变，故冒泡排序是一种稳定的排序方法。由图 5-19 还可以看出，最大关键字 82 经过一趟排序就移到了它最终放置的位置上，而最小关键字 11 在每趟排序中仅向前移动一个位置，即若具有 n 个数据元素的待排序的序列初始时已按关键字基本有序，但是其中具有最小关键字的数据元素却位于该数据元素序列的最后，则进行冒泡排序仍需进行 $n-1$ 趟才能排好序。因此，我们可以采用双向冒泡排序的方法来解决这个问题（本书不再详细介绍双向冒泡排序算法，感兴趣的读者可自行学习）。

2. 快速排序

快速排序是基于交换思想对冒泡排序改进后的一种交换排序方法，又称为分区交换排序。快速排序的基本思想：在待排序数据元素序列中，任取其中一个数据元素（通常取第一个数据元素）作为基准数据元素，即以该数据元素的关键字作为基准，经过一趟交换后，所有关键字比它小的数据元素都交换到它的左边，而所有关键字比它大的数据元素都交换到它的右边（注意只是交换并不排序）。此时，该基准数据元素在有序序列中的最终位置就已确定。然后分别对划分到基准数据元素左右两部分区间的数据元素序列重复上述过程，直到每部分最终划分为一个数据元素为止，即最终确定了所有数据元素各自在有序序列中应该放置的位置，这也意味着完成了排序。因此，快速排序的核心操作是划分。

快速排序算法如下。

```
int Partition(RecordType R[],int i,int j)    //划分算法
{        //对于R[i]~R[j],以R[i]为基准数据元素进行划分,并返回R[i]在划分后的放置位置
    R[0]=R[i];                               //用R[0]暂存基准数据元素R[i]
    while(i<j)                   //从序列R[i]~R[j]的两端交替向中间扫描,i,j为扫描指针
    {
        while(i<j && R[j].key>=R[0].key)
            j--;                 //从右向左扫描,查找第一个关键字小于R[0].key的数据元素R[j]
        if(i<j)                  //当i<j时,R[j].key小于R[0].key,将R[j]交换到表的左端
        {
            R[i]=R[j];
            i++;
```

```
        }
        while(i<j && R[i].key<=R[0].key)
            i++;                  //从左向右扫描查找第一个关键字大于 R[0].key 的数据元素 R[i]
        if(i<j)                   //当 i<j 时，R[i].key 大于 R[0].key，将 R[i]交换到表的右端
        {
            R[j]=R[i];
            j--;
        }
    }
    R[i]=R[0];                    //将基准数据元素 R[0]送入最终（指排好序时）应放置的位置
    return i;                     //返回基准数据元素 R[0]最终放置的位置
}
void QuickSort(RecordType R[],int s,int t)  //快速排序
{
    int i;
    if(s<t)
    {
        i=Partition(R,s,t);
                //  i 为基准数据元素位置，并由此将表分为 R[s]～R[i-1]和 R[i+1]～R[t]两部分
        QuickSort(R,s,i-1);       //对表 R[s]～R[i-1]进行快速排序
        QuickSort(R,i+1,t);       //对表 R[i+1]～R[t]进行快速排序
    }
}
```

Partition 算法完成在给定区间 R[i]～R[j]中的一趟快速排序划分。具体做法：设置两个搜索指针 i 和 j 来指向给定区间的第一个数据元素和最后一个数据元素，并将第一个数据元素作为基准数据元素。首先，从指针 j 开始自右向左搜索关键字比基准数据元素关键字小的数据元素（该数据元素应位于基准数据元素的左侧），找到后将其交换到指针 i 处（此时已位于基准数据元素的左侧）；然后，指针 i 右移一个位置并由此开始自左向右搜索关键字比基准数据元素关键字大的数据元素（该数据元素应位于基准数据元素的右侧）；找到后将其交换到指针 j 处（此时已位于基准数据元素的右侧）；最后，指针 j 左移一个位置并继续上述自右向左搜索、交换的过程。如此由两端交替向中间搜索、交换，直到指针 i 与指针 j 相遇（指针相等），这表明位置指针 i 左侧的数据元素其关键字都比基准数据元素的关键字小，而指针 j 右侧的数据元素其关键字都比基准数据元素的关键字大，而指针 i 和指针 j 所指向的同一个位置就是基准数据元素最终要放置的位置。在 Partition 算法中，为了减少数据元素的移动次数，可以先将基准数据元素暂存于 R[0]，待最终确定了基准数据元素的放置位置后，再将暂存于 R[0]的基准数据元素放置于此位置。图 5-20 所示为一趟快速排序，方框中表示的是基准数据元素的关键字，它只是示意应该交换的位置。在 Partition 算法中，只有当一趟划分完成时，才能真正将基准数据元素放入最终确定的位置。

快速排序的递归过程可用一棵二叉树来描述，图 5-21 所示为图 5-20 中待排序数据元素的关键字序列在快速排序递归调用中不断划分为左、右子树的过程。

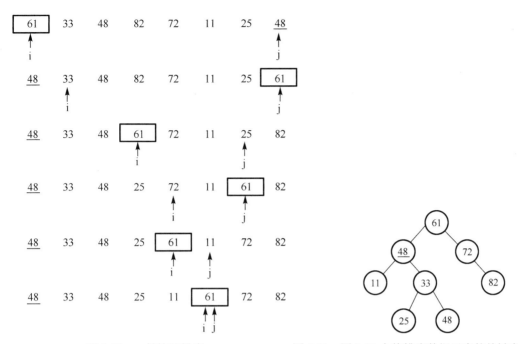

图 5-20　一趟快速排序　　　　　图 5-21　图 5-20 中待排序数据元素的关键字序列在
快速排序递归调用中不断划分为左、右子树的过程

　　从空间效率来看，快速排序是递归的，每层递归调用时的指针和参数都要用栈来存放。由于递归调用的层数与上述二叉树示意的深度一致，因此存储开销（空间复杂度）在理想的情况下为 $O(\log_2 n)$；在最坏情况下（当二叉树为单支树时）空间复杂度为 $O(n)$。

　　从时间效率来看，对于 n 个数据元素的待排序序列，一次划分需要约 n 次关键字的比较，时间复杂度为 $O(n)$。假设 $T(n)$ 为对 n 个数据元素进行快速排序所需的时间，则理想情况下每次划分正好将 n 个数据元素分为等长的子序列，并且每次划分所需的比较次数为 $n-1$，则有

$$T(n) \leqslant n + 2T(n/2)$$
$$\leqslant n + 2(n/2 + 2T(n/4)) = 2n + 4T(n/4)$$
$$\leqslant 2n + 4(n/4 + T(n/8)) = 3n + 8T(n/8)$$
$$\cdots \quad\quad \cdots$$
$$\leqslant n\log_2 n + nT(1) = O(n\log_2 n)$$

　　在最坏情况下，每次划分只得到一个子序列，即时间复杂度为 $O(n^2)$。

　　快速排序被认为是在所有同数量级（$O(n\log_2 n)$）的排序算法中平均性能最好的排序方法。但是若初始数据元素序列按关键字有序或基本有序时，则快速排序将退化为冒泡排序，即此时的时间复杂度上升到 $O(n^2)$。因此，通常用三者取中法来选取基准数据元素，即在排序区间的两端和中间这三个位置上的数据元素中，取其关键字居中的数据元素作为基准数据元素。此外，由图 5-20 可以看出，在排序之前 48 位于 48 之后，而一趟排序之后 48 已位于 48 之前（但图 5-20 待排序列最终结果 48 仍在 48 之后，读者可以另选一组关键字序列，如 5,5,2 来验证其不稳定性）。因此，快速排序是一个不稳定的排序方法。

5.4.4 选择排序

选择排序的基本思想：每趟从待排序的无序数据元素序列中选出关键字最小的数据元素，并按顺序放在已排好序的数据元素序列的最后，直至全部数据元素排序完成。由于选择排序算法每趟总是从无序数据元素中挑选关键字最小的数据元素，因此适合用于从大量数据元素中选择一部分数据元素的场合。例如，从 10 000 个数据元素中选出关键字最小（或最大）的前十个数据元素，应采用选择排序。

1. 直接选择排序

直接选择排序又称为简单选择排序，其实现方法是在 n 个无序数据元素序列中，第一趟从这 n 个数据元素中找出关键字最小的数据元素与第一个数据元素交换（此时第一个数据元素有序）；第二趟从第二个数据元素开始的 $n-1$ 个无序数据元素中，选出关键字最小的数据元素与第二个数据元素交换（此时第一个和第二个数据元素有序）；如此下去，第 i 趟则从第 i 个数据元素开始的 $n-i+1$ 个无序数据元素中选出关键字最小的数据元素与第 i 个数据元素交换（此时前 i 个数据元素已有序），这样经过 $n-1$ 趟排序后，前 $n-1$ 个数据元素已有序，无序数据元素只剩一个（第 n 个数据元素），因为关键字小的前 $n-1$ 个数据元素都已进入有序序列，则这第 n 个数据元素必为关键字最大的数据元素，所以无须交换，即数据元素序列中的 n 个数据元素已全部有序。

直接选择排序算法如下。

```
void SelectSort(RecordType R[],int n)
{                                    //对R[1]~R[n]这n个数据元素进行选择排序
   int i,j,k;
   for(i=1; i<n; i++)                //进行n-1趟选择
   {
     k=i;                           //假设关键字最小的数据元素为第i个数据元素
     for(j=i+1; j<=n; j++)
          //从第i个数据元素开始的n-i+1个无序数据元素中选出关键字最小的数据元素
       if(R[j].key<R[k].key)
         k=j;                       //用k保存关键字最小数据元素的存放位置
       if(i!=k)                     //将找到的关键字最小数据元素与第i个数据元素交换
       {
         R[0]=R[k];
         R[k]=R[i];
         R[i]=R[0];
       }
   }
}
```

该算法中，R[0]作为暂存单元使用。假定 R[1]~R[i-1]是有序序列，R[i]~R[n]是无序序列，则指针 i 始终指向无序序列中第一个数据元素的位置（初始时指针 i 为 1，即有序序列为空，而 R[1]~R[n]为无序序列）。内层 for 循环完成在无序序列中找出其中关键字最小的数据元素，外层 for 循环则通过 if 语句将这个关键字最小的数据元素与无序序列的第一个数据元素（R[i]）进行交换。这时，有序序列变为 R[1]~R[i]，无序序列变为 R[i+1]~R[n]，而外层 for 循环的语句

"i++" 则使指针 i 指向缩小后的新无序序列的第一个数据元素位置。上述操作共执行 *n*-1 趟，直到无序序列仅剩一个数据元素 R[n] 为止（R[n] 此时已是关键字最大的数据元素，故无须交换），*n* 个数据元素已全部有序。

图 5-22 所示为直接选择排序过程，方括号"[ ]"内的数据元素序列为无序序列，方括号"[ ]"之外的数据元素序列为有序序列。

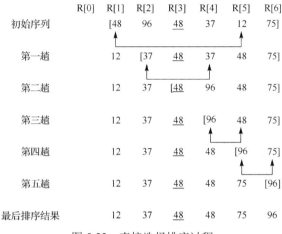

图 5-22　直接选择排序过程

采用直接选择排序，数据元素的关键字比较次数与数据元素的初始排列无关。在第 *i* 趟选择排序中，内层 for 循环进行了 *n*-(*i*+1)+1 = *n*-*i* 次比较，即

$$总比较次数 = \sum_{i=1}^{n-1}(n-i) = \frac{1}{2}n(n-1)$$

因此直接选择排序的时间复杂度为 $O(n^2)$。直接选择排序移动数据元素的次数较少，最好的情况是初始时 *n* 个数据元素已按关键字有序排列，即移动次数为 0；最坏的情况是初始时 *n* 个数据元素已按关键字逆序排列，即每趟均要执行交换操作，所以总的移动次数为 3(*n*-1)。由图 5-22 可知，直接选择排序是一种不稳定的排序方法。

2．堆排序

对于 *n* 个关键字序列 $k_1, k_2, \cdots, k_n$，当且仅当满足下述关系之一时就称其为堆。

$$k_i \leqslant \begin{cases} k_{2i} \\ k_{2i+1} \end{cases} \quad 或 \quad k_i \geqslant \begin{cases} k_{2i} \\ k_{2i+1} \end{cases} \quad 其中，i = 1, 2, \cdots, \left\lfloor \frac{n}{2} \right\rfloor$$

若将此关键字序列对应的一维数组（以一维数组作为此序列的存储结构）看成一棵完全二叉树，则堆的含义表明：完全二叉树中所有分支节点（非叶节点）的关键字均不大于（或不小于）其左、右子节点的关键字。因此在一个堆中，堆顶关键字（完全二叉树的根节点）必是 *n* 个关键字序列中的最小值（或最大值），并且堆中任意一棵子树也同样是堆。我们将堆顶关键字为最小值的堆称为小根堆，将堆顶关键字为最大值的堆称为大根堆，如关键字序列 12,36,24,85,47,30,53,91 是一个小根堆，而关键字序列 91,47,85,24,36,53,30,16 是一个大根堆。两个堆的完全二叉树表示和一维数组存储结构如图 5-23 所示。

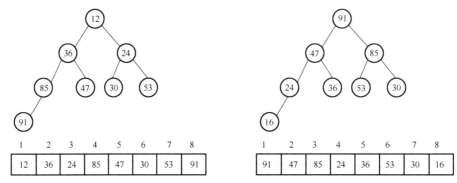

图 5-23 两个堆的完全二叉树表示和一维数组存储结构

堆排序是一种树选择排序，更确切地说是二叉树选择排序。我们以小根堆为例，堆排序的思想是，对于 n 个待排序的数据元素，首先根据各数据元素的关键字按堆的定义排成一个序列（建立初始堆），从而由堆顶得到最小关键字的数据元素。然后，将剩余的 $n-1$ 个数据元素调整成一个新堆，即又由堆顶得到这 $n-1$ 个数据元素中最小关键字的数据元素。如此反复进行出堆和将剩余数据元素调整为堆的过程，当堆仅剩下一个数据元素出堆时，则 n 个数据元素已按出堆次序排成按关键字有序的序列。因此，堆排序的过程分为两步（以小根堆为例，大根堆与之类似）。

（1）建立初始堆。为简单起见，我们以数据元素的关键字来代表数据元素。首先将待排序的 n 个关键字放到一棵完全二叉树（用一维数组存储）的各个节点中（此时完全二叉树中各个节点并不一定具备堆的性质）。由二叉树性质可知，所有序号大于 $\left\lfloor \dfrac{n}{2} \right\rfloor$ 的叶节点已经是堆（因其无子节点），故初始建堆是以序号为 $\left\lfloor \dfrac{n}{2} \right\rfloor$ 的最后一个分支节点开始的。通过调整，逐步使序号为 $\left\lfloor \dfrac{n}{2} \right\rfloor, \left\lfloor \dfrac{n}{2} \right\rfloor-1, \left\lfloor \dfrac{n}{2} \right\rfloor-2, \cdots$，为了使根节点的子树满足堆的定义，直到序号为 1 的根节点排成堆为止，则这 n 个关键字已构成了一个堆。在对根节点序号为 i 的子树建堆的过程中，可能要对节点的位置进行调整以满足堆的定义（必须与关键字小的子节点进行位置调整，否则不满足堆的定义）。但是这种调整可能会出现原先是堆的下一层子树不再满足堆的定义的情况，这就需要再对下一层进行调整。如此一层层地调整下去，这种调整也可能会持续到叶节点。这种建堆方法就像过筛子一样，把最小关键字向上逐层筛选出来直到到达完全二叉树的根节点（序号为 1）为止。此时即可输出堆顶节点（根节点）的关键字。

（2）调整成新堆。输出堆顶节点的关键字后，如何将堆中剩余的 $n-1$ 个节点调整为堆呢？首先，将堆中序号为 n 的最后一个节点与待出堆序号为 1 的堆顶节点（完全二叉树的根节点）进行交换（序号为 n 的节点此时用来保存出堆节点，不再是堆中的节点），这时只需要使序号从 $1\sim n-1$ 的节点满足堆的定义即可，即需将剩余的 $n-1$ 个节点再构成堆。相对于原来的堆，此时仅堆顶节点发生了改变，而其余 $n-2$ 个节点的存放位置仍是原来堆中的位置，即这 $n-2$ 个节点仍满足堆的定义，我们只需对这个新的堆顶节点（显然不满足堆的定义）进行调整即可。也就是说，在完全二叉树中，只对根节点进行自上而下的调整。调整的方法是将根节点与左、右子节点中关键字较小的那个节点进行交换（保证交换后满足堆的定义），若与左子节点进行交换，则左子树堆被破坏，且仅左子树的根节点不满足堆的定义；若与右子节点交换，则右子树的堆被破坏，且仅右子树的根节点不满足堆的定义。继续对不满足堆的定义的子树进行上述交换操作，这种调整需持续到叶节点或者到某节点已满足堆的定义时为止。

　　堆排序的过程：先将 n 个关键字序列建成堆（初始堆），再执行 n-1 趟堆排序。第一趟堆排序先将序号为 1 的根节点与序号为 n 的节点交换（此时第 n 个节点用于存储出堆节点），再调整此时的前 n-1 个节点为堆；第二趟堆排序先将序号为 1 的根节点与序号为 n-1 的节点交换（此时第 n-1 个节点用于存储出堆节点），再调整此时的前 n-2 个节点为堆；以此类推，第 n-1 趟堆排序将序号为 1 的根节点与序号为 2 的节点交换（此时第二个节点用于存储出堆节点）。由于此时的待调整的堆仅有序号为 1 的根节点，因此无须调整，整个堆排序过程结束。至此，在一维数组中的关键字已全部有序，但为逆序排列。若需要按升序排序，则建立大根堆，若需要按降序排列，则建立小根堆。

　　我们以关键字 42,33,25,81,72,11 为例，通过图 5-24 和图 5-25 给出堆排序过程。

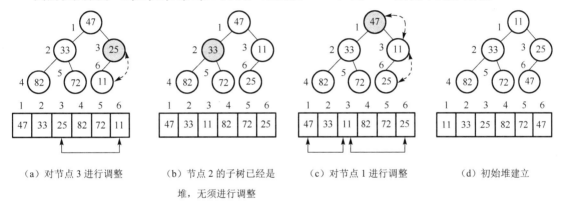

（a）对节点 3 进行调整　　　（b）节点 2 的子树已经是　　　（c）对节点 1 进行调整　　　（d）初始堆建立
　　　　　　　　　　　　　　　　　堆，无须进行调整

图 5-24　初始堆的建立过程

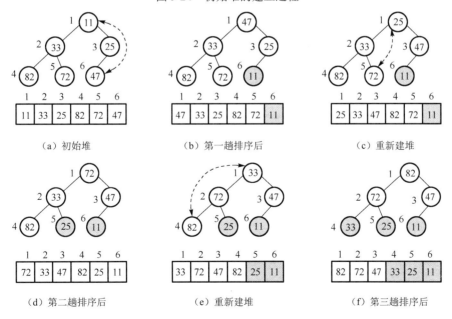

（a）初始堆　　　　　　　（b）第一趟排序后　　　　　　（c）重新建堆

（d）第二趟排序后　　　　　（e）重新建堆　　　　　　（f）第三趟排序后

图 5-25　堆排序及将图 5-24 的堆调整为新堆的过程

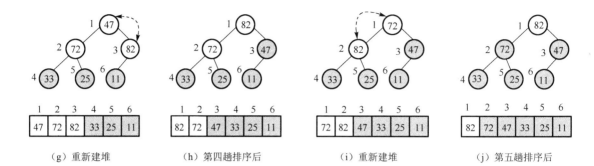

（g）重新建堆   （h）第四趟排序后   （i）重新建堆   （j）第五趟排序后

图 5-25　堆排序及将图 5-24 的堆调整为新堆的过程（续）

为了最终得到一个升序的关键字序列，建立大根堆，即每次调整都是与关键字大的节点进行调整。

基于大根堆的堆排序算法如下。

```
void HeapAdjust(RecordType R[],int s,int t)        //基于大根堆的堆排序
{    //R[s]～R[t]除R[s]外均满足堆定义，只需将R[s]为根节点的完全二叉树调整为堆
  int i,j;
  R[0]=R[s];                                       //R[s]暂存于R[0]
  i=s;                                             //记住根节点R[s]的位置
  for(j=2*i; j<=t; j=2*j)        //沿关键字较大的子节点向下调整，先假定为左子节点
  {
    if(j<t&&R[j].key<R[j+1].key)
      j=j+1;                     //若右子节点的关键字大，则沿右子节点向下调整
    if(R[0].key>R[j].key)break;
                      //因为R[s]关键字已大于R[j]关键字满足堆的定义，所以不再向下调整
    R[i]=R[j];                   //将关键字大的子节点R[j]调整至父节点R[i]
    i=j;                         //定位于子节点继续向下调整
  }
  R[i]=R[0];        //找到满足堆定义的R[0]，即R[s]的放置位置i，将R[s]调整于此
}
void HeapSort(RecordType R[],int n)
{                               //对R[1]～]R[n]这n个数据元素进行堆排序
  int i;
  for(i=n/2;i>0;i--)//按完全二叉树分支节点R[n/2],R[n/2-1],…,R[1]顺序建初始堆
    HeapAdjust(R,i,n);
  for(i=n;i>1;i--)              //对初始堆进行n-1趟堆排序
  {
    R[0]=R[1];                 //堆顶的R[1]与堆底的R[i]交换
    R[1]=R[i];
    R[i]=R[0];
    HeapAdjust(R,1,i-1);       //将未排序的前i-1个节点重新调整为堆
  }
}
```

对于 n 个关键字序列，堆排序花费的时间主要在建立初始堆和 $n-1$ 趟堆排序上。相应的建立的堆是具有 n 个节点的完全二叉树，其深度 $h = \lfloor \log_2 n \rfloor + 1$，由于堆排序中根节点依次

向下与子树每一层的某个节点进行比较，因此比较次数为树的深度减 1，即 $h-1$，而每一层都要比较两次，即一趟堆排序最多需要 $2\times(h-1)=2\left\lfloor\log_2 n\right\rfloor$ 次比较。初始建堆是由序号为 $\left\lfloor\dfrac{n}{2}\right\rfloor$ 的分支节点开始的，一直到序号为 1 的根节点，故进行了 $\left\lfloor\dfrac{n}{2}\right\rfloor$ 趟。

由于二叉树第 i 层上的节点至多为 2^{i-1} 个，以它们为根节的二叉树深度 $h'=h-i+1$，则 $\left\lfloor\dfrac{n}{2}\right\rfloor$ 趟建堆过程总的关键字比较次数不超过

$$
\begin{aligned}
\sum_{i=h-1}^{1} 2^{i-1}\times 2(h'-1) &= \sum_{i=h-1}^{1} 2^{i-1}\times 2(h-i)\\
&= 2^{h-1}+2\times 2^{h-2}+3\times 2^{h-3}+\cdots+(h-1)\times 2^1\\
&= 2^h\left(\frac{1}{2^1}+\frac{2}{2^2}+\frac{3}{2^3}+\cdots+\frac{h-1}{2^{h-1}}\right)\\
&\leqslant 2^h\times 2 \leqslant 2\times 2^{\left\lfloor\log_2 n\right\rfloor+1}\\
&= 4\times 2^{\left\lfloor\log_2 n\right\rfloor}\\
&\leqslant 4\times 2^{\log_2 n}\\
&= 4n
\end{aligned}
$$

而 $n-1$ 趟堆排序（需调整堆顶节点 $n-1$ 次）总的关键字比较次数不超过

$$2\left(\left\lfloor\log_2(n-1)\right\rfloor+\left\lfloor\log_2(n-2)\right\rfloor+\cdots+\left\lfloor\log_2 2\right\rfloor+\left\lfloor\log_2 1\right\rfloor\right)<2n\times\left\lfloor\log_2 n\right\rfloor$$

因此，堆排序的时间复杂度为 $O(n\log_2 n)$，堆排序的时间复杂度要低于快速排序。在最坏情况下，堆排序的时间复杂度也为 $O(n\log_2 n)$。

由于初始建堆所需比较的次数较多，因此堆排序不适合用于数据元素较少的场合。对大量数据元素的排序来说，堆排序是非常有效的。并且，堆排序只需要一个数据元素的辅助空间，即其空间复杂度为 $O(1)$。此外，堆排序也是一种不稳定的排序方法。

5.4.5　归并排序

前面介绍的插入排序、交换排序和选择排序这三种排序方法都是将无序的数据元素序列按照各自关键字的大小排成一个有序序列。而归并排序则是将两个或两个以上的有序序列合并成一个有序序列的过程。将两个有序序列合并成一个有序序列的过程称为二路归并排序；将 n 个有序序列归并成一个有序序列的过程称为 n 路归并排序。在此，以二路归并排序为例来讨论归并排序，因为二路归并排序最为简单且常用。

二路归并排序的思想：只有一个数据元素的序列总是有序的，故初始时先将 n 个待排序数据元素看作 n 个有序序列（每个有序序列的长度为 1，即仅有一个数据元素），然后开始第一趟二路归并的过程，即将第一个序列同第二个序列归并，第三个序列同第四个序列归并，以此类推，若最后仅剩一个序列，则不参加归并。这样得到的 $\left\lfloor\dfrac{n}{2}\right\rfloor$ 个长度为 2（最后一个序列的长度可能为 1）的有序序列。然后进行第二趟归并，即将第一趟得到的有序序列继续进行二路归

并的过程，从而得到 $\left\lceil \dfrac{n}{4} \right\rceil$ 个长度为 4（最后一个序列的长度可能小于 4）的有序序列。以此类推，直到第 $\lceil \log_2 n \rceil$ 趟归并就得到了长度为 n 的有序序列。

因此，可以将长度为 n 的无序序列对半分成两个无序子序列，并对每个无序子序列继续进行对半拆分为两个子序列的工作，直到每个子序列的长度为 1，这样就形成了长度为 1 的有序子序列（序列长为 1 时为有序序列），然后从第一个子序列开始与相邻子序列进行二路归并的过程，即将两个有序子序列归并为一个有序子序列。这种二路归并一直持续到归并为一个长度为 n 的有序序列时为止。而二路归并的过程恰好是前面将一个子序列不断对半分为两个子序列的逆过程，因此拆分与归并工作均可以在一个递归函数里完成，即在递归的逐层调用中完成将一个子序列拆分成两个子序列的工作，而在递归的逐层返回中完成将两个有序子序列归并成一个有序子序列的工作。

二路归并排序递归算法如下。

```
void Merge(RecordType R[],RecordType R1[],int s,int m,int t)  //一趟二路归并排序
{          //将有序序列R[s]~R[m]及R[m+1]~R[t] 归并为一个有序序列R1[s]~R1[t]
   int i,j,k;
   i=s; j=m+1; k=s;
   while(i<=m&&j<=t) //将两个有序序列数据元素按关键字大小收集到序列R1中，使序列R1有序
      if(R[i].key<=R[j].key)
         R1[k++]=R[i++];
      else
         R1[k++]=R[j++];
   while(i<=m)          //将第一个有序序列未收集完的数据元素收集到有序序列R1中
      R1[k++]=R[i++];
   while(j<=t)          //将第二个有序序列未收集完的数据元素收集到有序序列R1中
      R1[k++]=R[j++];
}
void MSort(RecordType R[],RecordType R1[],int s,int t) //递归方式的归并排序
{                //将无序序列R[s]~R[t]归并为一个有序序列R1[s]~R1[t]
   int m;
   RecordType R2[MAXSIZE];
   if(s==t)
      R1[s]=R[s];
   else
   {
      m=(s+t)/2;        //找到无序序列R[s]~R[t]的中间位置
      MSort(R,R2,s,m);
                        //递归地将前半个无序序列R[s]~R[m]归并为有序序列R2[s]~R2[m]
      MSort(R,R2,m+1,t);
                        //递归地将后半个无序序列R[m+1]~R[t]归并为有序序列R2[m+1]~R2[t]
      Merge(R2,R1,s,m,t);          //进行一趟归并
            //将有序序列R2[s]~R2[m]和R2[m+1]~R2[t]归并到有序序列R1[s]~R1[t]
   }
}
```

若将一个存于一维数组 R[1]～R[n]中的数据元素排成有序序列，则可用下面的语句调用二路归并排序递归算法实现。

$$MSort(R,R1,1,n);$$

式中，R 和 R1 为 RecordType 类型且长度为 $n+1$ 的一维数组，n 为已知常数。

二路归并排序递归算法实现的过程：同一棵二叉树一样，首先将无序序列 R[1]～R[n]通过函数 MSort 中的两条 MSort 语句对半分为第二层的两个部分。由于是递归调用，因此在没有执行将两个有序子序列归并为一个有序子序列的函数调用语句 Merge 之前，又递归调用 MSort 函数再次将第二层的每部分继续对半拆分为两个部分。以此类推，这种递归调用拆分的过程持续到每部分只有一个数据元素时为止，然后逐层返回执行每一层还未执行的 Merge 函数调用语句，而该语句则是将两个部分归并为一个部分，并且在归并中使其成为有序序列（每部分只有一个数据元素时必有序，因此是将两个有序序列归并为一个有序序列的过程）。由于每次将一个序列对半分为两个子序列操作的语句（两个 MSort 函数调用语句）其后面都有一个将两个有序子序列归并为一个有序子序列的语句（Merge 函数调用语句），因此两个序列的归并恰好与前面的拆分对应，最终恰好归并为一个长度为 n 的有序序列。二路归并排序递归调用中的对半拆分过程如图 5-26 所示。

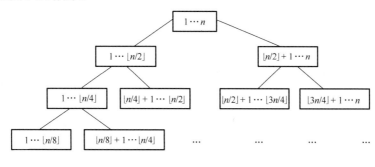

图 5-26　二路归并排序递归调用中的对半拆分过程

在二路归并排序递归过程中，当对半拆分到一个数据元素（可看作叶节点）时，对半拆分过程结束，归并排序过程开始。故归并过程是由叶节点开始逐层返回并进行二路归并排序的，一直持续到根节点为止，即最终归并为一个有 n 个数据元素的有序序列。这个合并过程恰好是前面对半拆分的逆过程。图 5-27 所示为二路归并排序递归过程，方括号"[ ]"表示其中的数据元素是有序序列。

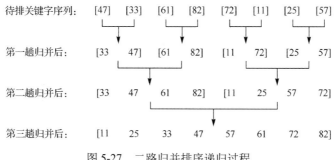

图 5-27　二路归并排序递归过程

对 n 个数据元素的序列，我们将这 n 个数据元素看作叶节点，并将二路归并排序生成的子序列看作它们的父节点，则归并过程是一个由叶节点向上生成一棵二叉树直至根节点的过程。所以归并趟数约等于二叉树的高度减 1，即 $\lfloor \log_2 n \rfloor$。每趟归并需要移动数据元素 n 次，故时间复杂度为 $O(n\log_2 n)$。此外，归并排序是一种稳定的排序方法。

习题 5

1．单项选择题

（1）静态查找表与动态查找表的根本区别在于____。

    A．逻辑结构不一样   B．施加的操作不一样

    C．所包含的数据元素类型不一样   D．存储结构不一样

（2）查找 n 个数据元素的有序表时，最有效的查找方法是____。

    A．顺序查找   B．分块查找   C．折半查找   D．二叉排序树

（3）对线性表进行折半查找时，要求线性表必须____。

    A．以顺序存储结构存储

    B．以链式存储结构存储

    C．以顺序存储结构存储且数据有序

    D．以链式存储结构存储且数据有序

（4）设有一个按各数据元素的值排好序的线性表且表长大于 2，对给定值 k 分别用顺序查找和折半查找来查找一个与 k 相等的数据元素，比较的次数分别是 s 和 b。在查找不成功的情况下，正确的 s 和 b 的数量关系是____。

    A．总有 $s=b$ B．总有 $s>b$ C．总有 $s<b$ D．与 k 有关

（5）下列选项中，不能构成折半查找中关键字比较序列的是____。

    A．500,200,450,180   B．500,450,200,180

    C．180,500,200,450   D．180,200,500,450

（6）某数据序列为 53,30,37,12,45,24,96，从空二叉树开始逐个插入数据来形成二叉排序树，若要求二序叉排序树的高度最小，则应选择下列哪个序列输入____。

    A．45,24,53,12,37,96,30   B．37,24,12,30,53,45,96

    C．12,24,30,37,45,53,96   D．30,24,12,37,45,96,53

（7）存放数据元素的数组下标由 1 开始，对有 18 个数据元素的有序表进行折半查找，则查找 $A[3]$ 时比较的下标序列为____。

    A．1,2,3   B．9,5,2,3   C．9,5,3   D．9,4,2,3

（8）图 5-28 所示为一棵二叉排序树，不成功的平均查找长度为____。

    A．$\dfrac{21}{7}$ B．$\dfrac{28}{7}$ C．$\dfrac{15}{6}$ D．$\dfrac{21}{6}$

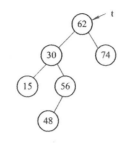

图 5-28　一棵二叉排序树

（9）从具有 n 个节点的二叉排序树中查找一个数据元素时，最坏情况下的时间复杂度为____。

    A．$O(n)$　　　　　　B．$O(1)$　　　　　　C．$O(\log_2 n)$　　　　D．$O(n^2)$

（10）以下关于二叉排序树的论述中，错误的是____。

    A．当所有节点的权值都相等时，用这些节点构造的二叉排序树除根节点外只有右子树

    B．中序遍历二叉排序树的节点可以得到排好序的节点序列

    C．任一二叉排序树的平均查找时间都小于顺序查找的平均查找时间

    D．对两棵具有相同关键字集合而形状不同的二叉排序树，按中序遍历得到的序列是一样的

（11）以下说法中正确的是____。

    A．数字分析法要事先知道所有可能出现的关键字及关键字中各位的分布情况，且关键字的位数比散列地址的位数多

    B．除留余数法要求事先知道全部关键字

    C．平方取中法需要事先掌握关键字的分布情况

    D．随机数法适用于关键字不相等的场合

（12）假定有 k 个关键字互为同义词，若用线性探测法把这 k 个关键字存入散列表至少要进行____次探测。

    A．$k-1$　　　　　B．k　　　　　　C．$k+1$　　　　　D．$\dfrac{k(k+1)}{2}$

（13）与其他查找方法相比，哈希表查找方法的特点是____。

    A．通过关键字的比较进行查找

    B．通过关键字计算数据元素的存储地址来进行查找

    C．通过关键字计算数据元素的存储地址并进行一定的比较来实现查找

    D．以上均不对

（14）设哈希表的长度 $m=14$，哈希函数 Hash$(k)=k\%11$，哈希表中已有 4 个数据元素，如图 5-29 所示。如果用二次探测再散列来处理冲突，则关键字为 49 的数据元素的存储地址为____。

    A．8　　　　　　B．3　　　　　　C．5　　　　　　D．9

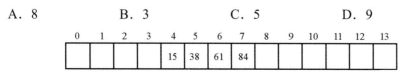

图 5-29　哈希表示意图

（15）下列说法中错误的是____。

　　A．哈希表存储的基本思想是由关键字决定数据元素的存储地址

　　B．哈希表的节点中只包含数据元素自身的信息，不包含任何指针

　　C．装填因子是哈希表的一个重要参数，它反映了哈希表的装填程度

　　D．哈希表的查找效率主要取决于哈希表构造时所选取的哈希函数和处理冲突的方法

（16）用线性探测法解决冲突得到的哈希表如图 5-30 所示。哈希函数 $Hash(k)=k\%11$，若要查找数据元素 14，则探测的次数是____。

　　A．8　　　　　　　　B．9　　　　　　　　C．3　　　　　　　　D．6

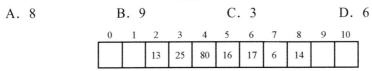

0	1	2	3	4	5	6	7	8	9	10
		13	25	80	16	17	6	14		

图 5-30　用线性探测法解决冲突得到的哈希表

（17）哈希表的平均查找长度____。

　　A．与处理冲突的方法有关，但与哈希表的长度无关

　　B．与处理冲突的方法无关，但与哈希表的长度有关

　　C．与处理冲突的方法有关，也与哈希表的长度有关

　　D．与处理冲突的方法无关，也与哈希表的长度无关

（18）在采用线性探测法处理冲突所构成的闭散列表上进行查找，可能要探测多个位置，在查找成功的情况下，所探测的这些位置上的关键字____。

　　A．一定都是同义词　　　　　　　　B．一定都不是同义词

　　C．都相同　　　　　　　　　　　　D．不一定都是同义词

（19）某种内排序方法的稳定性是指_____。

　　A．该排序方法不允许有相同的关键字数据元素

　　B．该排序方法允许有相同的关键字数据元素

　　C．排序前后相同关键字数据元素的绝对位置没有改变

　　D．排序前后相同关键字数据元素的前后次序没有改变

（20）对同一个待排序的数据元素序列分别进行折半插入排序和直接插入排序，两者之间的不同之处可能是_____。

　　A．排序的总趟数　　　　　　　　　B．数据元素的移动次数

　　C．使用辅助空间的数量　　　　　　D．数据元素之间的比较次数

（21）若对 n 个数据元素进行直接插入排序，则进行第 i 趟排序之前有序表中的数据元素个数为_____。

　　A．i　　　　　　　　B．$i+1$　　　　　　　C．$i-1$　　　　　　　D．1

（22）在待排序的数据元素序列按关键字基本有序的前提下，效率最高的排序方法是_____。

　　A．直接插入排序　　　　　　　　　B．快速排序

　　C．冒泡排序　　　　　　　　　　　D．选择排序

（23）以下四种排序方法中要求存储容量最大的是_____。

　　A．插入排序　　　　B．选择排序　　　　C．快速排序　　　　D．归并排序

（24）下列算法中，_____算法可能出现在最后一趟开始之前，所有数据元素都不在其最终的位置上的情况。

　　　A．堆排序　　　　B．冒泡排序　　　C．插入排序　　　D．快速排序

（25）对一个关键字集合{15,9,7,8,20,-1,4}用希尔排序方法进行排序，经一趟排序后关键字序列变为15,-1,4,8,20,9,7，则该次采用的增量因子为____。

　　　A．1　　　　　　B．4　　　　　　C．3　　　　　　D．2

（26）通过一趟排序就能从整个数据元素序列中选出具有最大（或最小）关键字的数据元素，这种排序方法是_____。

　　　A．堆排序　　　　B．快速排序　　　C．插入排序　　　D．归并排序

（27）在对 n 个数据元素进行冒泡排序的过程中，最好情况下的时间复杂度为_____。

　　　A．$O(1)$　　　　B．$O(\log_2 n)$　　C．$O(n^2)$　　　D．$O(n)$

（28）以下四种排序方法中，_____是不稳定的排序方法。

　　　A．插入排序　　　B．冒泡排序　　　C．归并排序　　　D．堆排序

（29）对下列四个序列用快速排序方法进行排序，以序列的第一个数据元素作为基准进行划分。在第一趟划分过程中，数据元素移动次数最多的是_____序列。

　　　A．70,75,82,90,23,16,10,68　　　　　B．70,75,68,23,10,16,90,82

　　　C．82,75,70,16,10,90,68,23　　　　　D．23,10,16,70,82,75,68,90

（30）已知快速排序在最坏情况下的时间复杂度为 $O(n^2)$，则在最坏情况下时间复杂度仍优于快速排序的排序方法是_____。

　　　A．堆排序　　　　B．冒泡排序　　　C．选择排序　　　D．插入排序

（31）对一个关键字集合{84,47,25,15,21}进行排序，关键字的排列次序在排序过程中变化为84,47,25,15,21，15,47,25,84,21，15,21,25,84,47，15,21,25,47,84，则采用的排序是_____。

　　　A．插入排序　　　B．冒泡排序　　　C．快速排序　　　D．选择排序

（32）在含有 n 个关键字的小根堆中，关键字最大的数据元素有可能存储在_____位置上。

　　　A．$\left\lfloor \dfrac{n}{2} \right\rfloor$　　　B．$\left\lfloor \dfrac{n}{2} \right\rfloor - 1$　　　C．1　　　　　　D．$\left\lfloor \dfrac{n}{2} \right\rfloor + 2$

（33）若要在时间复杂度最大为 $O(n\log_2 n)$ 完成排序且要求排序是稳定的，则可选择的排序方法为_____。

　　　A．快速排序　　　B．堆排序　　　　C．归并排序　　　D．选择排序

（34）对给出的关键字 14,5,19,20,11,19 进行升序排序，第一趟排序结果为 14,5,19,20,11,19，则采用的排序方法为_____。

　　　A．选择排序　　　B．快速排序　　　C．希尔排序　　　D．归并排序

（35）对给出的关键字 25,84,21,47,15,27,68,35,20 进行升序排序，第一趟排序的结果为20,15,21,25,47,27,68,35,84，则采用的排序方法是_____。

　　　A．选择排序　　　B．冒泡排序　　　C．归并排序　　　D．快速排序

（36）对一组数据元素的关键字 {45,80,55,40,42,85} 利用堆排序方法建立的初始堆为_____。

　　　A．80,45,50,40,42,85　　　　　　B．85,80,55,40,42,45

　　　C．85,80,55,45,42,40　　　　　　D．85,55,80,42,45,40

（37）在对 n 个数据元素进行快速排序的过程中，第一趟划分最多需要移动____次数据元素（包括开始将基准数据元素移到临时变量的那一次）。

    A．$n/2$ B．$n-1$ C．n D．$n+1$

（38）一个数据元素序列中有 10 000 个数据元素，若只想得到其中关键字最小的前十个数据元素，则最好采用_____。

    A．快速排序   B．堆排序   C．希尔排序   D．冒泡排序

（39）从未排序序列中依次取出数据元素与已排序序列（初始时为 1 个）中的数据元素进行关键字比较，将其放入已排序序列中并仍保持有序性的方法称为_____。

    A．希尔排序   B．冒泡排序   C．插入排序   D．选择排序

（40）从未排序的序列中选择数据元素，并将其放入已排序序列（初始为空）一端的方法，称为_____。

    A．希尔排序   B．归并排序   C．插入排序   D．选择排序

（41）在对 n 个数据元素进行选择排序的过程中，第 i 趟需从第_____个数据元素中选出关键字最小的数据元素。

    A．$n-i$ B．$n-i+1$ C．i D．$i+1$

（42）比较次数与数据元素初始排列序列无关的排序方法是_____。

    A．插入排序   B．冒泡排序   C．快速排序   D．选择排序

（43）关键字序列 8,9,10,4,5,6,20,1,2 只能是_____的两趟排序后的结果。

    A．选择排序   B．冒泡排序   C．插入排序   D．堆排序

（44）_____不能实现每趟排序至少将一个数据元素放到其最终放置的位置上。

    A．快速排序   B．希尔排序   C．堆排序   D．冒泡排序

（45）移动次数和记录初始排列次序无关的排序方法是____。

    A．插入排序   B．冒泡排序   C．基数排序   D．快速排序

（46）已知一个小根堆关键字序列为 8,15,10,21,34,16,12，删除关键字 8 之后需重新调整为堆。在重新调整为堆过程中，关键字之间的比较数是_____。

    A．1   B．2   C．3   D．4

（47）一组数据元素的关键字为 25,50,15,35,80,85,20,40,36,70，其中含有 5 个长度为 2 的有序序列，用归并排序方法对该序列进行一趟归并后的结果为_____。

    A．15,25,35,50,20,40,80,85,36,70   B．15,25,35,50,80,20,85,40,70,36

    C．15,25,50,35,80,85,20,36,40,70   D．15,25,35,50,80,20,36,40,70,85

（48）就排序中所用的辅助空间而言，堆排序、快速排序和归并排序的关系是_____。

    A．归并排序>快速排序>堆排序   B．快速排序>归并排序>堆排序

    C．堆排序>归并排序>快速排序   D．堆排序>快速排序>归并排序

（49）若采用递归方式对顺序表进行快速排序，则以下关于递归次数的叙述中正确的是_____。

    A．递归次数与数据元素的初始排列次序无关

    B．每次划分后，先处理较长的分区可以减少递归次数

    C．每次划分后，先处理较短的分区可以减少递归次数

    D．递归次数与每次划分后得到的各分区处理顺序无关

（50）一个排序算法的时间复杂度与_____有关。

A．排序算法的稳定性　　　　　　B．所需比较关键字的次数

C．所采用的存储结构　　　　　　D．所需辅助存储空间的大小

2．判断题

（1）用数组或单链表存储的有序表均可用折半查找来提高查找速度。（　　　）

（2）将 n 个数据元素存放在一维数组中，在进行顺序查找时，这 n 个数据元素的排列有序或无序决定了平均查找长度的不同。（　　　）

（3）在任意一棵非空二叉排序树中，删除某节点后又将其插入，则所得到的二叉排序树与删除之前的原二叉排序树相同。（　　　）

（4）除叶节点外，对二叉树中的任一节点 x，其左子树根节点的值都小于节点 x 的值，其右子树根节点的值都不小于节点 x 的值，则此二叉树一定是二叉排序树。（　　　）

（5）折半查找先确定待查有序序列的数据元素范围，再逐步缩小查找范围，直到找到或找不到该数据元素为止。（　　　）

（6）在二叉排序树的任意一棵子树中，关键字最小的节点必无左子节点，关键字最大的节点必无右子节点。（　　　）

（7）就平均查找长度而言，分块查找最小，折半查找次之，顺序查找最大。（　　　）

（8）无论是顺序表还是树表，其节点在表中的位置与关键字之间存在着一一对应关系。因此进行查找时，总是进行一系列和关键字比较的操作来实现查找。（　　　）

（9）对两棵具有相同关键字集合但形状不同的二叉排序树，中序遍历它们所得到的序列相同。（　　　）

（10）在二叉排序树上删除一个节点时不必移动其他节点，只需将该节点的父节点指针域置空即可。（　　　）

（11）对二叉排序树的查找都是从根节点开始的，若查找失败则一定落到叶节点上。（　　　）

（12）任意一棵二叉排序树的平均查找长度都小于用顺序查找方法查找同样节点的平均查找长度。（　　　）

（13）在采用线性探测法处理冲突的哈希表中，所有同义词在哈希表中的位置一定相邻。（　　　）

（14）快速排序的速度在所有排序方法中最快，且所需的附加空间也最少。（　　　）

（15）对有 n 个数据元素的集合进行归并排序，所需要的辅助空间个数与初始数据元素的排列状况有关。（　　　）

（16）当待排序的数据元素很多时，为了交换数据元素的位置需要花费较多的时间来移动数据元素，这是影响时间复杂度的主要原因。（　　　）

（17）用希尔方法排序时，若数据元素关键字的初始序列杂乱无序，则排序的效率很低。（　　　）

（18）对 n 个数据元素的集合进行归并排序，最坏情况需要的时间复杂度为 $O(n^2)$。（　　　）

（19）在执行某个排序算法过程中，若出现数据元素关键字朝着最终排序序列位置相反方向移动，则该算法是不稳定的。（　　　）

（20）堆一定是平衡二叉树。（　　　）

（21）在任何情况下，归并排序都比插入排序快。（　　）

（22）对一个堆按二叉树的层次进行遍历即可得到一个有序序列。（　　）

（23）若小根堆中任意节点的关键字均小于它的左、右子节点的关键字，则小根堆中具有最大值的节点一定是一个叶节点并可能在小根堆的最后两层中。（　　）

3．试叙述顺序查找、折半查找和分块查找对查找表中数据元素的要求。对长度为 n 的表来说，三种查找方法在查找成功时的平均查找长度各是多少？

4．若有序表的序列为 $5,10,19,21,31,37,42,48,50,55$，已存放在下标由 1 开始的一维数组中，试分析关键字 $k=66$ 的折半查找过程。

5．对长度为 12 的有序表（$a_1, a_2, \cdots, a_{12}$）（其中 $a_i < a_j$）当 $i < j$ 时进行折半查找，假定查找不成功时，关键字 $x < a_1$、$x > a_{12}$ 及 $a_i < x < a_i+1$（$i = 1, 2, \cdots, 11$）等情况的发生概率相同，则查找不成功的平均查找长度是多少？

6．设 k_1、k_2、k_3 是三个不同的关键字且 $k_1 > k_2 > k_3$，请画出按不同输入顺序所建立的相应二叉排序树。

7．证明二叉排序树用中序遍历输出的信息是由小到大排列的。

8．给定序列为 $3, 5, 7, 9, 11, 13, 15, 17$，按序列中数据元素的顺序依次插入到一棵初始为空的二叉排序树中，画出插入完成后的二叉排序树，并求在等概率情况下查找成功的平均查找长度。

9．使用哈希函数 Hash(x)=x%11，把一个整数转换为哈希表下标，现要把数据 $1, 13, 12, 34, 38, 33, 27, 22$ 插入哈希表。

（1）使用线性探测再散列法来构造哈希表。

（2）使用链地址法来构造哈希表。

10．编写一个能由大到小遍历一棵二叉排序树的算法。

11．编写判断给定的二叉树是否为二叉排序树的算法。

12．编写一个利用折半查找算法在有序表中插入一个关键字为 x 的数据元素，并且保持表的有序性的算法。

13．在冒泡排序的过程中，有的数据元素的关键字在某趟排序中可能朝着与最终排序相反的方向移动，试举例说明。快速排序过程中有没有这种现象出现？

14．我们知道，对由 n 个数据元素组成的线性表进行快速排序时，所需要进行的比较次数与这 n 个数据元素的初始序列有关。

（1）当 $n = 7$ 时，在最好情况下需要进行多少次比较？请说明理由。

（2）当 $n = 7$ 时，给出一个最好情况下的初始序列实例。

（3）当 $n = 7$ 时，在最坏情况下需要进行多少次比较？请说明理由。

（4）当 $n = 7$ 时，给出一个最坏情况下的初始序列实例。

15．回答下列关于堆的有关问题：

（1）堆的存储结构是顺序存储结构还是链式存储结构？

（2）假设有一个小根堆，即堆中任意节点的关键字均小于它的左子节点和右子节点的关键字，则具有最大关键字的节点可能在什么位置？

（3）在对 n 个数据元素进行初始建堆的过程中，最多可做多少次数据比较？

16．采用比较方法，从 n 个数据元素的序列中找出关键字最大和次大的数据元素，最少需要比较多少次？说明理由和实现的排序方法。

17．如果待排序数据元素按关键字基本有序，那么各排序算法的时间复杂度是否会发生变化？若发生变化，则时间复杂度将如何改变？

18．编写双向冒泡排序算法。

19．编写双向选择排序算法。

20．设计一种用链表表示的插入排序算法。

21．编写快速排序的非递归算法。

22．编写二路归并排序的非递归算法。

第6章

操作系统

6.1 操作系统概述

6.1.1 操作系统的定义

计算机系统是由硬件系统和软件系统两大部分组成的，硬件系统是计算机赖以工作的实体，软件系统则保证计算机系统的硬件部分按用户的要求协调地工作。

计算机硬件系统由 CPU、内存、外存和各种输入、输出设备组成，它提供了基本的计算机资源。只有硬件的计算机称为裸机。

计算机硬件由软件来控制。按与硬件相关的密切程度不同，通常将计算机的软件分为系统软件和应用软件两类，用户可以直接使用的软件通常为系统软件，应用软件一般需借助系统软件来指挥计算机硬件完成预期的功能。

操作系统是什么呢？英文中 Operating System（操作系统）的含义为掌控局势的一种系统，也就是说，计算机里的一切事情均由操作系统来操控（管理）。现在我们面临两个问题：一是操作系统到底是什么？二是操作系统到底操控（管理）什么？

由图 6-1 可以大致得到第一个问题的答案：操作系统是介于硬件和应用软件之间的一个件系统，即操作系统的下面是硬件平台，上面是应用软件。

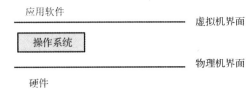

图 6-1 操作系统上下界面

下面分析第二个问题，操作系统掌控的事情是计算机中发生的一切事情。最早的计算机并没有操作系统，是直接由人来操控的。随着计算机复杂性的增加，人们已经不能胜任对计算机的直接操控了，于是编写出操作系统这个"软件"来掌控和管理计算机。这个掌控有着多层、深远的意义。

（1）由于计算机的功能不断趋向完善和复杂，操作系统所掌控的事情也就越来越多，越来越复杂，即操作系统必须掌控计算机的所有软、硬件资源，并使计算机的工作变得有序。这是早期驱动操作系统不断改进的根本原因。

（2）既然操作系统是专门掌控计算机的，那么计算机上发生的所有事情必须得到操作系统的允许，但由于所设计的操作系统不可能做到十全十美，因此攻击者就有了可乘之机，而操作系统设计人员和攻击者之间的博弈是当前驱动操作系统不断改进的一个重要动力。

（3）为了更好地掌控计算机上发生的所有事情，同时也为了更好地满足人们对操作系统越来越苛刻的要求，操作系统必须不断完善。

也就是说，从计算机管理的角度看，操作系统的引入是为了更加充分、有效地使用计算机系统资源，也就是合理地组织计算机的工作流程，有效地管理和分配计算机系统的硬件和软件资源，同时注意操作系统的安全性。从用户使用的角度看，操作系统的引入是为了给用户使用计算机提供一个安全的环境和良好的界面，以便用户无须了解计算机硬件或系统软件的有关细节就能安全、方便地使用计算机。

因此，操作系统是掌控、管理计算机上所有事情的系统软件，它具有以下五种功能。

（1）控制和管理计算机系统的所有硬件和软件资源。

（2）合理地组织计算机的工作流程，保证计算机资源的公平竞争和使用。

（3）方便用户使用计算机。

（4）防止非法侵占和使用计算机资源。

（5）保证操作系统的正常运转。

任何计算机只有在安装了相应的操作系统后才能构成一个可以使用的计算机系统，用户才能方便地使用计算机。只有在操作系统的支持下，计算机的各种资源才能安全、方便、合理地分配给用户使用，各种软件（编译程序、数据库程序、网络程序及各种应用程序等）才能安全、高效、正常地运行。操作系统性能的好坏直接决定了计算机整体硬件的功能能否充分发挥。操作系统本身的安全性和可靠性在一定程度上决定了整个计算机系统的安全性和可靠性。操作系统在计算机系统中的地位如图 6-2 所示。

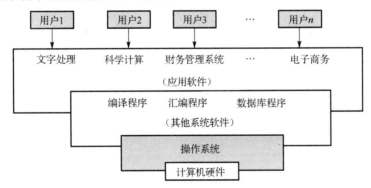

图 6-2　操作系统在计算机系统中的地位

由图 6-2 可以看出，计算机系统具有层次结构，其中操作系统是在硬件基础上的第一层软件，是其他软件和硬件之间的接口。因此，操作系统是最重要的系统软件，它控制和协调各用户程序对硬件的使用。实质上，用户在使用计算机时直接面对的并不是计算机的硬件，而是应用软件，由应用软件在"幕后"与操作系统打交道，再由操作系统指挥计算机硬件完成相应的工作。

6.1.2　操作系统的主要功能

为了高效地使用计算机软、硬件资源，提高计算机系统资源的利用率和方便性，在计算机系统中都采用了多道程序设计技术。多道程序设计技术是指内存中同时放入多道程序（进程）交替运行并共享系统资源，当一道程序（进程）由于某种原因（如输入、输出请求）而暂停执行时，CPU 则立即转去执行另一道程序（进程）。这样，不仅使 CPU 得到充分利用，还提高了输入、输出设备和内存的利用率。多道程序设计技术的引入，使得操作系统具有多道程序（进程）同时运行且宏观上并行、微观上串行的特点，而操作系统也正是随着多道程序设计技术的出现而逐步发展起来的。要保证内存中多道程序的正常运行，在技术上需要解决以下五个问题。

（1）在多道程序之间应如何分配 CPU，使得 CPU 既能满足各程序运行的需要，又能有较高的利用率？此外，一旦将 CPU 分配给某程序后，应在何时回收且如何回收？

（2）如何为每道程序分配必要的内存空间，使它们在内存中彼此隔离、互不干扰，不会出现因内存区的重叠导致程序无法运行或数据破坏丢失的情况？此外，还要防止出现因某道程序异常而导致其他程序被破坏的情况。

（3）系统中可能有多种类型的输入、输出设备供多道程序共享，应如何分配这些输入、输出设备？如何做到既方便用户对设备的使用，又提高了设备的利用率？

（4）在现代计算机系统中通常存放着大量的程序和数据，应如何组织它们才便于用户使用并保证数据的安全性和一致性？

（5）系统中的各种应用程序有的属于计算型，有的属于输入/输出型，有的既重要又紧迫，有的要求系统及时响应，这时系统应如何组织这些程序的工作流程呢？

实际上，这些问题就是操作系统的核心内容。因此，操作系统应具有以下四个方面的管理功能：处理器管理、存储管理、设备管理及文件管理。同时，为了方便用户使用计算机，操作系统还应向用户提供方便、友好的用户接口。

1．处理器管理

处理器管理主要是指对计算机系统中 CPU 的管理，其主要任务是对 CPU 进行分配，并对 CPU 的运行进行有效的控制与管理。

为了提高计算机的利用率，操作系统采用了多道程序技术。为了描述多道程序的并发执行引入了进程的概念，进程可看作正在执行的程序，通过进程管理来协调多道程序之间的运行关系，使 CPU 资源得到最充分的利用。在多道程序环境下，CPU 的分配与运行是以进程为基本单位的。对 CPU 的管理和调度最终归结为对进程的管理和调度。

2．存储管理

存储管理是指对内存空间的管理。程序要运行就必须由外存装入内存，当多道程序被装入内存共享有限的内存资源时，存储管理的主要任务就是为每道程序分配内存空间，使它们彼此隔离、互不干扰，并将程序中的逻辑地址转换为可直接访问的内存物理地址，这样才能使程序正常运行。尤其是当内存不够用时，要通过虚拟技术来扩充物理内存，即把当前不运行的程序和数据及时调出内存，待以后需要运行时再将其由外存调入内存，由此腾出的内存空间就可以给需要运行的程序使用，从而达到了扩充内存的效果。存储管理的主要功能包括内存分配、内存保护、地址变换和内存扩充。

3．设备管理

设备管理是指计算机中除 CPU 和内存外的所有输入、输出设备（也称为外部设备，简称外设）的管理。其首要任务是为这些设备提供驱动程序或控制程序，以便用户不必详细了解设备及其接口的细节就可以方便地对其进行操作。设备管理的另一个任务就是通过中断技术、通道技术和缓冲技术使输入、输出设备尽可能与 CPU 并行工作，以提高设备的使用效率。为了完成这些任务，设备管理的主要功能包括输入/输出设备的分配与释放、缓冲区管理、共享型输入/输出设备的驱动调度、虚拟设备等。

4．文件管理

文件是计算机系统中除 CPU、内存、输入/输出设备等硬件设备外的另一类资源，即软件资源。程序和数据以文件的形式存放在外存（如磁盘、光盘、磁带、优盘）中，需要时再把它们装入内存。文件管理的主要任务是有效地组织、存储、保护文件，使用户方便、安全地访问文件。文件管理的主要功能包括文件存储空间管理、文件目录管理、文件存取控制和文件操作等。

5．用户接口

为了方便用户使用，操作系统向用户提供了各种功能的使用接口。接口通常以命令、图形和系统调用等形式呈现给用户，前两种形式用户可以通过键盘、鼠标或屏幕进行操作，后一种形式供用户在编程时使用。用户接口的主要功能包括命令接口管理、图形接口管理（图形实际上是命令的图形化表现形式）和程序接口管理。用户通过这些接口能方便地调用操作系统的功能。

6.1.3　操作系统的基本特征

目前存在多种类型的操作系统，不同类型的操作系统有各自的特征，但它们都具有并发性（Concurrency）、共享性（Sharing）、虚拟性（Virtual）和不确定性（Nondeterminacy）等共同特征。在这些共同特征中，并发性是操作系统中最重要的特征，其他三个特征都是以并发性为前提的。

1．并发性

并发性是操作系统最重要的特征之一。并发性是指两个或两个以上的事件或活动在同一时间间隔内发生（注意，不是同一时刻）。也就是说，在计算机系统中同时存在多个进程，从宏观上看，这些进程是同时运行并向前推进着的；从微观上看，任何时刻只能有一个进程执行，如果在单 CPU 的条件下，这些进程就是在 CPU 上交替执行的。

操作系统的并发性能够有效地改善系统资源的利用率，提高操作系统的效率。例如，一个进程等待输入或输出时，就让出 CPU，并由操作系统调度另一个进程占用 CPU 运行。这样，在一个进程等待输入或输出时，CPU 就不会空闲，这就是并发技术。

操作系统的并发性使操作系统的设计和实现变得更加复杂。例如，以何种策略选择下一个可执行的进程？怎样从正在执行的进程切换到另一个等待执行的进程？如何将内存中各个交替执行的进程隔离开来，使它们之间互不干扰？怎样让多个交替执行的进程互通消息并协作完成任务？如何协调多个交替执行的进程对资源的竞争？多个交替执行的进程共享文件数据时，如何保证数据的一致性？为了更好地解决这些问题，操作系统必须具有控制和管理进程并发执行的能力，必须提供某种机制和策略进行协调，从而使各并发进程能够有条不紊地向前推进（运行）并获得正确的运行结果。此外，操作系统要想充分发挥系统的并行性，就要合理地组织计算机的工作流程，协调各类软、硬件资源的工作，充分提高资源的利用率。

注意，并发性与并行性是两个不同的概念。并发性是指两个或多个进程在同一时间段内执行，即宏观上并行（同时执行），微观上串行（交替执行）；而并行性则是指同时执行，如不同硬件（CPU 与输入、输出设备）同时执行。

2．共享性

共享性是操作系统的另一个重要特征。在内存中并发执行的多个进程可以共同使用系统中的资源（包括硬件资源和信息资源）。资源共享的方式有以下两种。

（1）互斥使用方式。

互斥使用方式是指当一个进程正在使用某种资源时，其他欲使用该资源的进程必须等待，只有当这个进程使用完该资源并释放后，才允许另一个进程使用这个资源，即它们只能互斥地共享该资源，因此这类资源也称为互斥资源。系统中的有些资源，如打印机、磁带机就是互斥资源。

（2）同时使用方式。

系统中有些资源允许在同一段时间内被多个进程同时使用，这里的同时是宏观意义上的同时。典型的可供多个进程同时使用的资源是磁盘。一些可重入程序（可以供多个进程同时运行的程序），如编译程序也可以被同时使用。

共享性和并发性是操作系统两个最基本的特征，它们互为依存。一方面，资源的共享是因为程序的并发执行而引起的，若操作系统不允许程序并发执行，自然也就不存在资源共享的问题。另一方面，如果操作系统不能对资源共享实施有效的管理，则必然会影响到程序的并发执行，甚至使程序无法并发执行，操作系统也就失去了并发性，导致整个操作系统效率低下。

3．虚拟性

虚拟性的本质含义是指将一个物理实体映射为多个逻辑实体。前者是实际存在的；后者是虚拟的，是一种感觉性的存在。例如，在单 CPU 系统中虽然只有一个 CPU 存在，且每一时刻只能执行一道程序，但操作系统采用了多道程序技术后，在一段时间间隔内，从宏观上看有多个程序在运行，给人的感觉好像有多个 CPU 在支持每一道程序运行。这种情况就是将一个物理的 CPU 虚拟为多个逻辑的 CPU。

4．不确定性

在多道程序设计环境下，不确定性主要表现在以下三个方面。

（1）在多道程序环境中，允许多个进程（程序）并发执行，但由于资源等因素的限制，每个进程的运行并不是一气呵成的，而是以"走走停停"的方式执行的。内存中的每个进程何时开始执行、何时暂停、以什么速度向前推进、每个进程需要多长时间才能完成都是不可预知的。

（2）并发程序的执行结果也可能不确定，即在其他并发程序执行的影响下，对于同一程序和同样的初始数据，其多次执行的结果可能是不同的。因此，在程序的并发执行中，操作系统必须解决这个问题，即保证在相同初始条件下，重复执行同一个程序时不受运行环境的影响，从而得到完全相同的结果。

（3）外部设备中断、输入/输出请求、程序运行时发生中断的时间等都是不可预测的。

6.2 操作系统的形成与发展

操作系统不断改进与发展是由以下两个因素驱动的。

（1）硬件成本的不断降低。

（2）计算机的功能和复杂性不断提高。

以硬盘为例，IBM 公司（International Business Machines Corporation）制造的第一个硬盘装置高 1.7 米，长 1.5 米（内有 50 个直径 61 厘米的硬盘），造价 100 多万美元，但容量仅 5MB；而现今一个硬盘直径仅 9 厘米，而成本只有几十美元，其容量已达几个 TB（1TB=1024 ×1024MB）。最初，计算机组件体积庞大、数量少，且功能单一。现今，硬件质量和数量的提升，使得计算机的功能更加全面、复杂。硬件成本的下降和计算机复杂性的提高，推动了操作系统的发展。成本的降低意味着同样的价格可以买到更先进的计算机，而复杂性的提高则需要操作系统管理的能力也随之提升。这些变化使得操作系统从最初仅仅几百行或几千行代码的独立库函数，发展到如今多达 4000 万行代码的操作系统（如 Windows XP 操作系统），而某些 Linux 版本的操作系统代码行数更加庞大。

操作系统的发展历史可以分为以下三个时期。

6.2.1 操作系统的形成时期

1. 手工操作阶段

从第一台计算机诞生（1946 年）至 20 世纪 50 年代中期生产的计算机属于第一代计算机，构成计算机的主要元器件是电子管，计算机运算速度慢、设备少，操作系统尚未出现。这时的计算机操作由用户（程序员）采用人工操作方式直接使用计算机硬件系统，由手工控制作业（程序）的输入、输出，通过控制台开关启动程序运行。到了 20 世纪 50 年代，出现了穿孔卡片和纸带，用户（操作员）首先将编写（最初采用机器语言编写，后来采用汇编语言编写）好的程序和数据穿孔在卡片或纸带上，然后将卡片或纸带装入卡片输入机或纸带输入机，并启动输入机将程序和数据输入计算机，最后通过控制台开关操控计算机运行该程序。当程序运行结束且将计算结果在打印机上输出后，操作员卸下卡片或纸带并取走打印结果，这时后续用户才可以依次重复前述上机操作过程来运行各自的程序。手工操作阶段计算机的工作过程如图 6-3 所示。

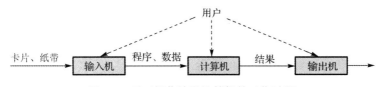

图 6-3　手工操作阶段计算机的工作过程

这个时期的代表机型为美国的宾夕法尼亚大学（University of Pennsylvania）与其他机构合作制造的第一台电子计算机 ENIAC。在 ENIAC 刚被制造出来的时候，没有人知道计算机是怎么回事，所以没有操作系统的整体概念，唯一能想到的就是提供一些标准命令供用户使用，这些标准命令的集合就构成了原始操作系统 SOSC（Single Operator Single Console）。SOSC 设计的目的是满足用户使用计算机的基本功能并提供人机交互。在这种操作系统下，无论任何时候都只能做一件事，即不支持并发和多道程序运行。由于操作系统本身只是一组标准库函数，因此无法主动管理计算机资源，只能被动地等待操作员输入命令再运行，即输入一条命令就执行一个对应的库函数。因此，这种原始的操作系统根本称不上操作系统。

手工操作方式存在着以下三个方面的缺点。

（1）用户独占全部计算机资源。此时，用户既是程序员又是操作员，计算机及其全部资源只能由上机用户独占，资源利用率低，如打印机在装卸纸带和计算过程中是闲置的。

（2）CPU 等待人工操作。当用户进行程序装入或结果输出等人工操作时，CPU 及内存等资源处于空闲状态，严重降低了计算机资源的利用率。

（3）CPU 和输入、输出设备串行工作。所有设备均由 CPU 控制，CPU 向设备发出命令后设备开始工作，而此时 CPU 处于等待状态。当 CPU 工作时，输入、输出设备处于等待 CPU 命令的状态，即 CPU 和输入、输出设备不能同时工作。

手工操作方式本身耗费了大量时间，在这个时间里计算机只能等待，因此严重降低了计算机资源的利用率，即出现了严重的人机矛盾。随着计算机系统规模的不断扩大，以及 CPU 工作速度的迅速提高，人机矛盾越来越突出，手工操作越来越影响计算机的效率。此外，由于输入、输出设备的速度提高缓慢，这也使 CPU 与输入、输出设备之间速度不匹配的矛盾更加突出。

为了缓解人机矛盾，有人提出了"自动作业（程序）定序"思想，即按顺序依次将作业（程序）装入计算机的这种转换装入工作，不再由手工操作完成，而是由计算机自动实现。作业（程序）自动转换装入技术的实现推动了操作系统的雏形——监控程序的产生。

2．监控程序阶段（早期批处理阶段）

1947 年，贝尔实验室的 William Shockley、John Bardeen 和 Walter Brattain 发明并制造出了晶体管，开辟了电子时代新纪元，晶体管的发明极大地改变了计算机的性能。随着第二代晶体管数字计算机的出现，计算机的运算速度显著提高，手工操作的低速度与计算机运算的高速度形成了强烈的反差，使得手工操作计算机方式的弊端更加突出。在手工操作计算机时，CPU 是无法运行的，这就浪费了大量的 CPU 时间，从而严重地影响了 CPU 的利用率，使得在缓慢的手工操作方式下，计算机运行速度提高得并不明显。为了减少作业（程序）间用手工转换装入的时间，提高 CPU 的利用率，20 世纪 50 年代中期，出现了监控程序干预下的单道批处理操作系统，即完全由计算机控制实现作业（程序）间的转换装入。单道批处理操作系统是操作系统的雏形，其工作流程如图 6-4 所示。

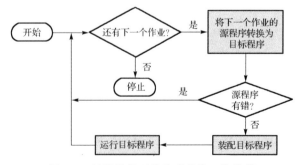

图 6-4　单道批处理操作系统的工作流程

缩短手工操作时间的方法是尽量减少人工干预。按照这一思想，操作员根据作业的性质组织一批作业，并将这批作业统一由纸带或卡片输入到磁带上，再由监控程序将磁带上的作业一个接一个地装入内存投入运行，即作业由装入内存到运行结束各个环节均实现自动处理。这个处理过程首先由监控程序将磁带上的第一个作业装入内存，并将运行控制权交给该作业；其次当该作业运行结束（处理完成）时，又将控制权交还给监控程序，由监控程序将磁带上的第二个作业调入内存；最后按照这种方式使作业一个接一个地自动得到处理，直至磁带上的所有作业全部处理完毕。由于作业的装入、启动运行等操作都由监控程序自动完成，无须用户进行人工干预，因此 CPU 和其他系统资源的利用率都显著提高。由此看出，虽然操作系统的功能还很有限，但已经开始主动地管理计算机资源了。

20 世纪 50 年代中期，第一个批处理操作系统（也是第一个操作系统）由 General Motors 开发并用于 IBM 701 计算机上。这个概念随后经过一系列的改进，出现了：IBM 开发的 FORTRAN 监视系统，用于 IBM 709 计算机上；IBM 开发的基于磁带的工作监控系统 IBMSYS，用于 IBM 7090 和 IBM 7094 计算机上；密歇根大学（University of Michigan）开发的密歇根大学执行系统（UMES），用于 IBM 7094 计算机上。

在当时，世界上最先进的计算机是 IBM 7094。IBM 将 IBM 7094 作为礼物，分别赠送给密歇根大学和麻省理工学院（Massachusetts Institute of Technology）。密歇根大学坐落在密歇根湖畔，IBM 公司的高管喜欢在此组织帆船比赛，每次帆船比赛都需要使用计算机来安排赛程、计算成绩、打印名次等。因此，IBM 公司在捐赠计算机时有一个要求，计算机平时归学校使用，一旦进行帆船比赛就得停下一切计算任务为比赛服务。这使得学校很恼火，因为那个时候很难在程序执行中间停下来（由于当时的操作系统没有中断功能，故无法从程序执行的中断处恢复正常执行），只要停下来，执行的程序就必须从头再来。于是在 1959 年，密歇根大学的 R.M.Graham、Bruce Arden 和 Bernard Galler 开发出当时著名的 UMES，它是一个能够保存中间结果的操作系统，即程序被中断执行时，系统能够将此时程序运行的中间结果和现场信息保存起来，待该程序再次投入运行时，先恢复保存的中间结果并复原中断时的现场信息，程序就可以不受影响地由被中断执行的断点处继续向下执行了。有了这个系统，密歇根大学的计算机运行基本上不受 IBM 公司组织的帆船比赛带来的中断影响。

单道批处理操作系统是在解决人机矛盾的过程中出现的，它解决了依次执行的作业之间自动转换装入的问题，极大地缓解了人机矛盾，但系统中的资源得不到充分利用的问题依然存在。由于内存中仅有一个作业（程序），每当该程序在运行中发出输入、输出请求后，CPU 就处于等待状态，只有在输入、输出工作完成后才继续运行，并且输入、输出设备的低速性使得 CPU 的利用率更为低下。随着 CPU 与输入、输出设备在速度上的差异日益扩大，CPU 因等待输入、输出操作而空闲的时间越来越多，CPU 与输入、输出设备在速度上不匹配的矛盾也越来越突出。因此，单道批处理操作系统仍然没有解决系统资源无法充分利用的问题。

在批处理操作系统中，用户提交给计算机的工作通常被称为作业。一个作业通常由程序、数据和作业说明书组成。当用户将作业提交给操作员以后，为了减少作业处理过程中的时间浪费，操作员先将作业按其性质进行分组（分批），然后以批为单位将作业提交给计算机，由计算机自动完成这批作业的装入、执行并输出运行结果。在作业的整个运行期间，用户处于脱机状态，无法干预作业的执行，因此批处理操作系统具有用户脱机工作和作业批量处理的特征。

单道批处理操作系统的特征是一批作业自动按提交顺序逐个装入内存，每次只允许一个作业驻留内存并投入运行，先提交的作业先完成。在单道批处理操作系统中，整个系统的资源被进入内存的作业独占使用，因此资源利用率很低。例如，当运行的作业进行输入、输出操作时，由于内存中无其他作业，CPU 只能等待，导致 CPU 的利用率很低。

6.2.2 操作系统的成熟时期

1. 多道批处理操作系统

20 世纪 60 年代初期，计算机硬件取得了两个方面的进展，即通道的引入和中断的出现。通道是一种专门的处理部件，它能控制一台或多台输入、输出设备工作，并负责输入、输出设备与内存之间的数据传送。通道一旦被启动就能独立于 CPU 运行，即通道可以与 CPU 并行工作。这样，通过通道控制，使得输入、输出设备与 CPU 并行操作成为可能，这在多道程序设计技术中是非常重要的。中断是指当 CPU 接到外部信号（如输入、输出设备完成操作的信号）时，马上停止当前程序的运行而转去处理这一事件，并在该事件处理完毕后返回被中断运行程序的断点处恢复运行。

中断和通道的出现使多道程序设计技术成为现实。多道程序设计技术就是在内存中放入多个程序（进程）并允许它们交替执行，当正在运行的程序（进程）因某种原因（如 I/O 请求）而不能继续运行时，就通过中断信号向 CPU 发出中断请求，这时 CPU 暂停正在执行的程序（进程）而去处理中断，即启动通道完成这个 I/O 请求，同时 CPU 转去执行另一道程序（进程）。当通道 I/O 操作完成后，再通过中断向 CPU 发出中断请求，使 CPU 返回到被暂停执行程序（进程）的断点处继续运行。这样，就真正实现了 CPU 与 I/O 设备的并行工作，从而提高了计算机的效率。

借助多道程序设计技术，人们成功设计出具有一定并发处理能力的监控程序，并在此基础上进一步形成了由一系列程序模块组成且功能更加强大的系统管理程序，即出现了真正的操作系统。典型的多道批处理操作系统是 IBM 公司的 OS/360。

在多道批处理操作系统中，用户提交的作业都先放在外存中并排成一个队列，称为后备作业队列，再由作业调度程序按一定的算法从后备作业队列中选择若干个作业调入内存，使它们共享 CPU 及系统中的各种资源。

多道批处理操作系统一次仍然自动完成一批作业的处理，但允许多个作业同时进入内存并发执行。在多道批处理操作系统中，作业的运行次序与作业的提交顺序没有严格的对应关系，先提交的作业有可能后完成，因为作业的执行顺序是由调度算法确定的。多道批处理操作系统的资源利用率很高，这是因为当一个正在运行的作业需要等待输入、输出时，操作系统就调度另一个作业开始运行。

为什么设计操作系统必须引入多道程序设计技术呢？在单道系统（如早期的单道批处理操作系统）中，任何时间内存中仅有一个作业，CPU 与其他硬件设备串行工作，导致许多资源空闲，系统性能差。图 6-5 显示了 CPU、输入机及打印机的串行工作情况。由图 6-5 可以看出，当输入机或打印机工作时，CPU 必须等待。

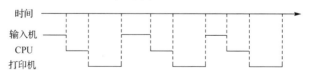

图 6-5　单道系统中程序的运行情况

多道程序设计是指允许多个程序同时进入计算机内存，并采用交替执行方法使它们交替运行。尽管从微观上看，这些程序交替运行轮流使用唯一的 CPU，但从宏观上看，这些程序是同时运行的。在操作系统设计中，引入多道程序设计技术可以提高 CPU 的利用率，充分发挥计算机硬件的并行能力。图 6-6 显示了多道系统中 A、B、C 三个程序的运行情况。图 6-6 中程序 A、B、C 在运行过程中的部分操作是并行的，即真正做到了 CPU 与输入、输出设备的操作同时进行。

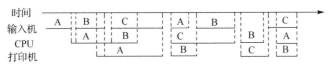

图 6-6　多道系统中 A、B、C 三个程序的运行情况

必须注意：多道程序设计中程序的数量不是任意的，它受程序中输入、输出占用时间的比例、内存大小及用户响应时间等诸多因素影响。

进行多道程序设计时，需要解决以下三个问题。

（1）程序浮动与存储保护问题。程序浮动是指程序能从一个内存位置移动到另一个内存位置，且不影响其运行。存储保护指多个程序共享内存时，要求每个程序只能访问授权的区域。

（2）CPU 的调度和管理问题。多道程序对 CPU 的使用是交替进行的，这就要求对每个程序何时使用 CPU，以及怎样使用 CPU 等环节进行安排和管理。

（3）其他资源的管理和调度问题。多道程序除了能共享 CPU 资源，还能共享系统中的其他资源，如何保证资源的合理分配，以及如何正确使用这些资源也是需要解决的问题。

多道批处理操作系统 OS/360 是由密歇根大学为 IBM 公司开发的，它运行在 IBM 第三代计算机 System/360、System/370 上。OS/360 在技术和理念上都是划时代的操作系统，它首次引入了内存分段管理思想，同时支持商业和科学应用，而此前的操作系统仅支持科学计算。IBM 公司随后对 OS/360 进行了改进，使其逐渐演变为一个功能强大、性能可靠的操作系统，这个改进的版本被命名为 OS/390，它提供了资源管理和共享，允许多个输入、输出操作同时进行，以及 CPU 运行和磁盘操作可以并发执行。OS/390 的这些特点使其得到了广泛的商业应用。

多道批处理操作系统能够使多道程序在内存中交替运行，使得 CPU 始终处于忙碌状态，而内存装入多道程序也提高了内存利用率，多道程序的并发执行也导致了输入、输出设备利用率的提高。因此，多道批处理操作系统具有资源利用率高和系统吞吐量（系统在单位时间内完成的工作总量）大的优点。由于多台输入、输出设备可以同时工作，所以在多道批处理操作系统中，除了批处理解决了人机矛盾，"多道"又较好地解决了 CPU 与输入、输出设备之间速度不匹配的矛盾。

多道批处理操作系统的缺点：① 作业平均周转时间长。作业的周转时间是指从作业进入系统开始到运行完成并退出系统所经历的时间。由于每个作业都需要在作业队列中排队等待系统的处理和执行，因此作业的周转时间较长。② 无交互性。用户一旦提交了作业就失去了对该作业的控制（交由系统进行控制），不能再与该作业进行交互，这使程序的修改与调试极为不便。

在多道批处理操作系统中，系统资源被多个作业所共享，每一批中的作业之间由系统自动调度执行，即实现了作业流程的自动化。多道批处理操作系统的主要特征如下。

（1）用户脱机使用计算机。用户在提交作业后一直到获得计算结果之前无法和计算机交互。

（2）成批处理。计算机管理员把用户提交的作业分批进行处理。每一批中的作业将由操作系统负责作业之间的自动切换与运行。

（3）多道程序运行。操作系统按照多道程序设计的调度原则，从一批作业中选取多道作业送入内存并控制管理它们的运行，这种方式也称为多道批处理。

2. 分时操作系统

尽管批处理操作系统具有效率高的优点，但计算机在脱机方式（用户给计算机提交了作业后就不再对作业进行控制）下工作，用户无法干预此程序运行，不能掌握程序运行的进展情况，不利于程序调试和排错，使用计算机非常不方便。用户对计算机系统的期望是使用方便，能人机交互，多个用户能以共享方式同时使用一台计算机。于是，在操作系统设计中，同时融合了多道程序设计技术和分时技术，出现了能够使多个用户同时与系统交互，并能对用户请求及时响应的分时操作系统（简称分时系统）。如今，分时操作系统已经成为最流行的操作系统之一，几乎所有的现代通用操作系统都具备分时操作系统的功能。

如果说推动多道批处理操作系统形成和发展的主要动力是提高资源利用率和系统吞吐量的话，那么推动分时操作系统形成和发展的主要动力则是用户的需求。也就是说，分时操作系统是为了满足用户需求而形成的一种新型操作系统。用户需求具体表现在以下三个方面。

（1）人机交互。每当程序员写好一个新程序时，都需要上机进行调试。由于新编写的程序难免有错需要修改，因此希望能像早期使用计算机时一样对它进行直接控制，即以边运行边修改的方式对程序中的错误进行修改。因此，用户希望能进行人机交互。

（2）共享主机。在 20 世纪 60 年代，计算机非常昂贵，不可能像现在这样每人独占一台计算机，只能由多个用户共享一台计算机，但用户在使用计算机时，应能够像自己独占计算机一样，不仅可以随时与计算机交互，还感觉不到其他用户也在使用计算机。

（3）便于用户上机。用户在使用计算机时希望能通过自己的终端直接将作业送到计算机上进行处理，并能对自己的作业进行控制。

在分时操作系统的管理下，计算机的工作方式是一台主机连接了多个带有显示器和键盘的设备终端，如图 6-7 所示，每台终端供一个用户使用，这些用户同时通过各自的终端以交互方式向系统发出请求，分时操作系统将 CPU 的执行时间划分为若干个片段，这些片段称为时间片。分时操作系统以时间片为单位，使 CPU 轮流为各终端用户服务，每次服务的时间长度为一个时间片，如 0.1 秒（其特点是利用人的错觉，使人感觉不到 CPU 同时在为其他终端用户服务）。每个用户程序一次只能执行一个时间片，若时间片用完而程序尚未执行完，则放弃CPU，暂停执行（除了放弃 CPU，有可能还要将程序自身由内存对换至外存），系统此时则将CPU 分配给下一个终端用户程序执行，而暂停执行的终端程序则等到下一轮系统分配给它的时间片到来时再继续执行。由于计算机运算速度很快，各终端用户程序运行轮转得也很快，即各终端用户程序每次暂停执行的间隔非常短，这使得每个终端用户感觉他是在独自使用这台计算机。因此，从宏观上看是多个终端用户在同时使用一台计算机，从微观上看则是多个终端用户在分时轮流使用一台计算机，即由此看出：

（1）分时操作系统为用户提供交互命令。

（2）分时操作系统采用分时方法，为多个终端用户服务。

（3）分时方法是将 CPU 的执行时间划分为若干个时间片。

（4）分时操作系统以时间片为单位轮流为各终端用户服务。

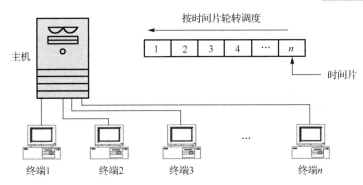

图 6-7　分时操作系统示意图

1959 年，麻省理工学院正式提出了分时思想，并在 1962 年开发出第一个分时操作系统 CTSS（Compatible Time Sharing System），且成功在 IBM 7094 上运行，它能支持 32 个交互式用户同时工作。分时操作系统中最著名的是 MULTICS（分时操作系统）和 UNIX 操作系统。麻省理工学院将密歇根大学开发出来的 UMES 移植到 IBM 7094 中，后来大家觉得只保存中间结果还不是最好的办法，毕竟频繁地保存中间结果等帆船比赛结束后再进行重载（复原上次程序运行中断处的运行环境，并由该中断处恢复程序的正常运行）仍然很麻烦，于是就想开发一个可同时支持多个用户上机的分时操作系统，以便一劳永逸地解决同一时间内只能允许一个用户上机的问题。1965 年，在美国国防部的支持下，麻省理工学院邀请密歇根大学开发过 UMES 的 R.M.Graham 负责主持，与来自贝尔实验室、DEC（美国数字设备公司）和麻省理工学院的设计人员一起开始了 MULTICS 的研发。不过，在 MULTICS 还没有开发出来的时候，团队内部就出现了分歧，贝尔实验室的几个人自立门户开发出了 UNIX 操作系统，并由此获得了图灵奖。而 UNIX 操作系统的出现使得 MULTICS 一经面世就难以立足。

虽然 UNIX 操作系统的辉煌掩盖了 MULTICS 的光芒，但 MULTICS 引入了许多现代操作系统概念的雏形，如分时处理、远程联机、段页式虚拟存储器、文件系统、多级反馈调度、保护环安全机制、多 CPU 管理、多种程序设计环境等，这对后来操作系统的设计有着极大的影响。

3．分时操作系统的特性

分时操作系统主要具有以下四个特性。

（1）独立性。由于分时操作系统采用时间片轮转法，使一台计算机同时为若干个终端用户服务，因此客观效果是这些用户彼此独立，互不干扰，使每个用户感觉好像自己在独自使用计算机。

（2）同时性（多路性）。从宏观上看，多个终端用户可同时使用一台计算机。

（3）交互性。分时操作系统的用户（终端用户）是联机用户，各终端用户可以采用人机对话的方式与自己的程序对话，直接控制程序运行。

（4）及时性。系统对终端用户的请求能够在足够短的时间内得到响应。这一特性与计算机 CPU 的处理速度、分时操作系统中联机终端用户的个数，以及时间片的长短密切相关。

4．分时操作系统与批处理操作系统的区别

分时操作系统和多道批处理操作系统虽然都有基于多道程序设计技术的共性，但还存在以下四点不同。

（1）追求目标不同。批处理操作系统以提高资源利用率与系统吞吐量为主要目标，分时操

作系统则以满足用户的人机交互需求，以及方便用户使用计算机为主要目标。

（2）适应作业不同。批处理操作系统适用于非交互型的大型作业，而分时操作系统则适用于交互型的小型作业。

（3）作业的控制方式不同。批处理操作系统由用户利用作业控制语言（Job Control Language，JCL）书写作业控制说明书并预先提交给操作系统，处理过程属于脱机工作；分时操作系统是交互型系统，由用户从键盘上输入操作命令来控制作业，处理过程属于联机工作。

（4）资源的利用率不同。批处理操作系统可合理安排不同负载的作业，使各种资源均衡使用，利用率较高；在分时操作系统中，当多个终端作业使用同类型编译程序和公共子程序（都属于可重入代码）时，系统调用它的开销较小。

6.2.3　操作系统的进一步发展时期

20 世纪 80 年代后，随着微电子技术的迅速发展，大规模及超大规模集成电路技术得到了广泛的应用。计算机工业获得了井喷式的发展，计算机硬件不断升级换代，计算机的体系结构更加灵活多样，各种新型计算机和新型操作系统不断出现和发展，计算机和操作系统均进入了一个百花齐放、百家争鸣的时代。尤其是微型计算机的飞速发展，推动了微型计算机操作系统的出现和发展。微型计算机迅速普及，使其主要使用对象也发生了改变，计算机的使用对象趋于个人化，这使得在进行操作系统设计时，更注重用户使用计算机的环境和方便性。系统的操作界面朝着更加方便用户与计算机交互的方向发展，传统的字符界面逐渐被图形界面所取代。这个时期的微机操作系统种类繁多，功能强大，典型代表为磁盘操作系统（DOS）、Windows 操作系统、OS/2 操作系统、UNIX 操作系统等。

20 世纪 90 年代后期，网络的出现促成了网络操作系统和分布式操作系统的诞生，计算机应用逐步向网络化、分布式及智能化方向发展，推动操作系统进入一个新的发展时期。各种网络操作系统、多 CPU 操作系统、分布式操作系统及嵌入式操作系统层出不穷，功能日新月异。操作系统的设计理念也发生了改变，由主要追求如何提高系统资源的利用率，转变为同时要考虑使用方便及提高人工效率等因素。对于网络操作系统来说，其任务是将多个计算机虚拟为一个计算机，传统的网络操作系统在现有操作系统的基础上增加了网络功能，分布式操作系统则从一开始就把对多计算机的支持考虑进来，由于分布式操作系统是重新设计的操作系统，因此分布式操作系统比网络操作系统的效率高。分布式操作系统除了提供传统操作系统的功能，还提供多计算机协作功能。

随着计算机的不断普及，操作系统的功能变得越来越复杂。在这种趋势下，操作系统的发展面临着两个方向的选择：一是朝着微内核方向发展；二是朝着大而全的全方位方向发展。虽然有不少人在研究微内核操作系统，但获得工业界认可的并不多，这方面的代表是 Mach 操作系统。对工业界来说，更多的操作系统朝着多功能、全方位方向发展，某些版本的 Linux 操作系统已有 2 亿行代码。

鉴于大而全的操作系统管理起来过于复杂，现代操作系统采取的都是模块化的管理方式，即一个小的内核加上模块化的外部管理功能。例如，Solaris 操作系统被划分为核心内核和可装入模块两个部分，其中，核心内核分为中断管理模块、引导和启动模块、陷阱管理模块、CPU 管理模块等功能模块；可装入模块分为调度类模块、文件系统模块、可加载系统调用模块、可执行文件格式模块（将普通二进制文件转换为可加载执行的二进制文件）、流模块、设备模块和总线驱动程序等。

Windows 操作系统分为内核（Kernel）、执行体（Executive）、视窗、图形驱动及可装入模块。Windows 执行体又划分为 I/O 管理器、文件缓冲管理器、热插拔管理器（即插即用管理器）、电源管理器、安全访问监视器、虚拟内存管理、进程与线程管理、注册表与配置管理器、对象管理等。此外，Windows 还在用户层设置了数十个功能模块，可谓功能繁多、结构复杂，Windows XP 操作系统结构如图 6-8 所示。

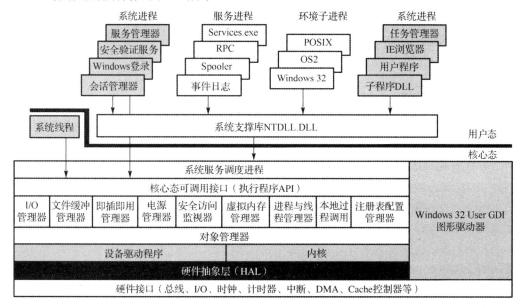

图 6-8　Windows XP 操作系统结构

进入 21 世纪以来，操作系统发展的一个新动态是虚拟化技术和云操作系统的出现。虚拟化技术和云操作系统虽然听上去不易理解，但它们只是传统操作系统和分布式操作系统的延伸和深化。虚拟机扩展的是传统操作系统，即将传统操作系统的一个虚拟机变成多个虚拟机，从而同时运行多个传统操作系统。云操作系统扩展的是分布式操作系统，这种扩展具有两层含义：分布式范围的扩展及分布式从同源到异源的扩展。虚拟机技术带来的最大好处是闲置计算机资源的利用，而云操作系统带来的最大好处是分散的计算机资源整合和同化。

 6.3　进程

6.3.1　程序的顺序执行

在使用计算机完成各种任务时，总是使用程序这个概念。程序是一个在时间上严格按先后次序操作实现算法功能的指令序列。程序本身是静态的，一个程序只有经过运行才能得到最终结果。一个具有独立功能的程序独占 CPU 运行，直到获得最终结果的过程称为程序的顺序执行。在单道程序设计环境中（任何时候内存仅存放一个程序运行），程序总是顺序执行的。例如，用户要求计算机完成一道程序的运行时，通常是先输入程序和数据，再运行程序进行计算，最后将计算的结果打印出来。假设系统中有两个程序要投入运行，每个程序都由三个程序段 I、

C 和 P 组成。其中，I 表示从输入设备上读入程序和所需的数据到内存，C 表示 CPU 执行程序的计算过程，P 表示在打印机上打印出程序的计算结果。在单道程序环境下，每一个程序的这三个程序段只能一个接一个地顺序执行，即输入、计算和打印三者串行工作，并且前一个程序段执行结束后，才能开始后一个程序段的执行。也就是说，这三个程序段存在着前趋关系，后一个程序段必须在前一个程序段执行完成后方可开始执行。由于是单道程序环境，因此这两个程序是依次被调入内存的，如图 6-9 所示。

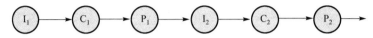

图 6-9　程序段顺序执行的前趋关系图

由上述程序的顺序执行情况可以看出，程序的顺序执行具有以下三个特点。

（1）顺序性。当程序在 CPU 上执行时，CPU 按程序规定的顺序严格执行程序的操作，每个操作都必须在前一个操作结束后才能开始。除人为干预造成计算机暂时的停顿外，前一个操作的结束就意味着后一个操作的开始。程序和计算机执行程序的活动严格一一对应。

（2）封闭性。程序运行时独占全机资源，程序运行的结果仅由初始条件和程序本身的操作决定，程序一旦开始运行，其运行结果不会受到外界因素的影响。也就是说，程序是在完全封闭的环境下运行的。

（3）可再现性。程序运行的结果仅与初始条件有关，与运行的时间和速度无关。只要初始条件相同，当程序重复运行时，无论是从头到尾不间断地运行，还是断断续续地运行，都将获得相同的结果。

概括地说，顺序性是指程序的各部分都能严格按照程序所规定的逻辑次序运行。封闭性是指程序一旦开始运行，其运行结果只取决于程序本身，除人为改变计算机运行状态或发生机器故障外，不受外界因素的影响。可再现性是指当同一个程序以相同的初始条件重复执行时，必将获得相同的运行结果。

单道程序的顺序性、封闭性和可再现性给程序的编制、调试带来了极大的方便，但缺点是 CPU 与输入、输出设备之间不能并行工作，资源利用率低，计算机效率不高。

6.3.2　程序的并发执行

在计算机硬件引入通道和中断机构后，就使得 CPU 与输入、输出设备之间，以及输入、输出设备与输入、输出设备之间可以并行操作，从而实现多道程序设计。这样，在操作系统的管理下，可以在内存中存放多道用户程序。在同一时刻，有的程序占用 CPU 运行、有的程序通过输入、输出设备传递数据。从宏观上看多道程序在同时运行，从微观上看它们在交替执行（对单个 CPU 而言）。

如果多个程序在执行时间上是重叠的，即使这种重叠很小，也称这些程序是并发执行的。程序在执行时间上的重叠是指一个程序的第一条指令的执行是在另一个程序的最后一条指令执行完成之前开始的。这样，在一个时间段内就可能有多个程序都处于正在执行但尚未运行结束的状态。注意，在多道程序设计环境下，多个程序可以在单 CPU 上交替执行，也可以在多个 CPU 上并行执行。程序的并发执行通常是指多个程序在单个 CPU 上的交替执行。

对单 CPU 系统而言，在一段时间内可以有多个程序在同一个 CPU 上运行，但任一时刻只能有一个程序占用 CPU 运行。因此，多道程序的并发执行是指多个程序在宏观上的并行，微观上的串行。程序并发执行时，不同程序之间（确切地说是各进程之间）的执行顺序由于受到程序间制约关系、资源使用限制等诸多因素的影响，从而无法事先确定。

　　程序的并发执行实质上是程序间的并发，CPU 与输入、输出设备之间的并行。由于在并发执行中，不同程序的程序段之间不存在如图 6-9 中程序段之间的前趋关系，因此第一个程序的计算任务可以在第二个程序的输入任务完成之前进行，也可以在第二个程序的输入任务完成之后进行，甚至为了节省时间也可以同时进行。因为输入任务主要使用的是输入设备，而计算任务主要使用的是 CPU；所以对一批程序进行处理时，可以使它们并发执行。对于图 6-10 所示的四个程序的并发执行，第 $i+1$ 个程序的输入程序段 I_{i+1}，第 i 个程序的计算程序段 C_i，以及第 $i-1$ 个程序的输出程序段 P_{i-1} 在时间上是重叠的，这表明在对第 $i-1$ 个程序进行输出打印的同时，可以对第 i 个程序进行计算及对第 $i+1$ 个程序进行输入，即 P_{i-1}、C_i 和 I_{i+1} 可以并发执行。

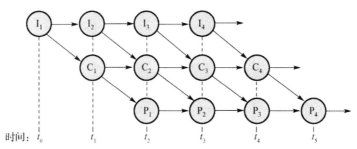

图 6-10　程序段并发执行的前趋关系图

　　由图 6-10 可以看出，程序 2 中 C_2 的执行必须要在 I_2 执行完成的基础上，还需要程序 1 的 C_1 也执行完成并释放 CPU 使用权。因此，程序 2 的运行不再是一个封闭的环境，并发执行使得制约条件增加了。也就是说，并发执行的程序除了每一个操作都必须在前一个操作结束后才能开始，还要受到本程序之外的其他程序和系统资源（如 CPU 和输入、输出设备）这些外界因素的制约和影响。因此，程序并发执行环境下的计算机资源（硬件或软件资源），已不再被某一个用户程序所独占，而是由多个并发执行的程序所共享。这种资源共享一方面提高了资源的利用率，另一方面却引发了多个并发程序对资源的竞争。

　　另外，并发程序对资源的共享与竞争，会导致程序执行环境与运行速度的改变，从而可能造成程序运行结果不唯一。

　　我们通过一个火车售票系统来说明并发程序运行结果的不唯一性。假定该系统连有两个终端，顾客通过终端购票。P1 和 P2 表示这两个售票终端的程序，它们共享同一个票源数据库。两终端的程序如下。

```
终端 1:                              终端 2:
void P1()                            void P2()
{                                    {
    int x1;                              int x2;
    x1=从票源数据库查询所求购的票数;       x2=从票源数据库查询所求购的票数;
①--if(x1>=1)                             if(x2>=1)
    {                                    {
        x1=x1-1;                             x2=x2-1;
        将修改后的 x1 返回票源数据库;
        售出一张票;
```

```
        }                                          将修改后的 x2 返回票源数据库；
    else                                                 售出一张票；
        显示无票可售；                                        }
}                                                  else
                                                        显示无票可售；
                                                   }
```

假设有两顾客分别通过终端 1 和终端 2 购买相同的票，并且该票仅剩一张。如果两顾客不同时购票则一切正常，后来者将买不到票。如果恰好两人同时购票，且首先执行终端 1 的 P1 并在①处被中断（如在分时系统中分配给程序 P1 的时间片已用完），即此时 x1=1，只是还未执行 if 语句进行售票操作。这时，CPU 转向执行终端 2 的 P2，由于此时的票源数据库并未修改，故 x2=1，即将该票售给顾客。然后 CPU 又回到终端 1 的程序 P1 被中断的①处继续执行，又将同一张票卖给了另一顾客，即出现了和不同时购票完全不同的结果。从运行过程可以看出，该错误的出现与 P1 和 P2 推进的速度有关。

由此可见，多道程序环境下程序并发执行出现了与单道程序环境下程序顺序执行不同的特性。

（1）间断性。多个程序在并发执行时共享系统资源，导致并发执行的程序之间产生了相互制约的关系。例如图 6-10 中，当程序 2 的 I_2 完成输入后，如果程序 1 的 C_1 尚未完成，则程序 2 的 C_2 就无法进行，这使得程序 2 必须暂停执行。当程序 1 的 C_1 完成后，程序 2 的 C_2 才可以继续执行。也就是说，相互制约将导致并发执行的程序（并发程序），具有"执行—暂停—执行"这种间断性活动规律。

（2）失去了封闭性。程序并发执行时要受到外界条件的限制，多个并发执行的程序共享系统中的所有资源，因此这些资源的使用状态由多个并发执行的程序来改变，使程序的运行失去了封闭性。某程序在向前推进时，必然会受到其他并发执行程序的影响。例如，当系统仅有一台打印机且这一资源已被某个程序占用时，其他要使用该打印机的程序必须等待。

（3）不可再现性。程序因并发执行失去了封闭性，程序的运行结果不再完全由程序本身和初始条件决定，还与程序并发执行的速度和并发执行的环境有关，因此程序的执行失去了可再现性。这种不可再现性除了指并发程序的运行结果不确定，还指并发程序的执行速度和运行轨迹也是不确定的。由于系统资源的状态受到多个并发程序的影响，并且每次执行时参与并发执行的程序个数、执行的顺序及各程序运行时间的长短都在发生变化，因此同一个程序重复执行时将很难重现完全相同的执行过程。

6.3.3　进程的概念及状态转换

1．进程的定义

在单道程序环境下，程序与 CPU 执行的活动是一一对应的。在多道程序环境下，程序的并发执行破坏了程序的封闭性和可再现性，程序与 CPU 执行的活动之间不再一一对应。程序是完成某一特定功能的指令序列，是一个静态的概念，而 CPU 的执行活动则是程序的执行过程，是一个动态的概念。例如，在分时操作系统中，一个编译程序可以同时为几个终端用户服务，该编译程序就对应多个动态的执行过程。如同一个程序在一段时间内可以多次被执行，而且是并发执行，这些并发执行的动态过程也无法简单地用程序加以区别。此外，由于资源共享和程序的并发执行，又会导致在各个程序活动之间存在相互制约的关系，而这种制约关系也无法在程序中反映出来。可见，程序这个静态的概念已无法正确描述并发程序的动态执行。因此，必须引入一个新的概念来反映并发程序的执行特点。

（1）能够描述并发程序的执行过程——计算。

（2）能够反映并发程序"执行—暂停—执行"这种交替执行的活动规律。

（3）能够协调多个并发程序的运行及资源共享。

20 世纪 60 年代，MULTICS 的设计者与以 E.W.Dijkstra（迪杰斯特拉）为首的 THE 系统的设计者开始广泛使用进程（Process）这一新概念来描述程序的并发执行。进程是现代操作系统中一个最基本也是最重要的概念，掌握这个概念对于理解操作系统实质，分析、设计操作系统都具有非常重要的意义。但遗憾的是，至今对这一概念尚无一个非常确切的、令人满意的、统一的定义。不同的人站在不同的角度，对进程进行了不同的描述。下面是历史上曾经出现过的几个较有影响力的进程的定义。

（1）行为的规则称为程序，程序在 CPU 上执行时的活动称为进程（E.W.Dijkstra）。

（2）一个进程是一系列逐一执行的操作，而操作的确切含义则有赖于以何种详尽程度来描述进程（Per Brinch Hansen）。

（3）进程是可以与别的进程并发执行的计算部分（S.E.Madnick 和 J.T.Donowan）。

（4）进程是一个独立的可以调度的活动（E.Cohen 和 D.Jofferson）。

（5）进程是一个抽象实体，当它执行某个任务时，将要分配和释放各种资源（P.Denning）。

（6）顺序进程（有时称为任务）是一个程序与其数据集一起顺序通过 CPU 的执行所发生的活动（Alan C.Shaw）。

1978 年，我国操作系统方面的研究人员在庐山召开的全国操作系统学术会议上，对进程给出如下定义：进程是一个可并发执行的、具有独立功能的程序关于某个数据集合的一次执行过程，也是操作系统进行资源分配和调度的基本单位。

以上关于进程的定义，虽然侧重点不同，但都是正确的，而且本质是一致的，即都强调进程是一个动态的执行过程这一概念。虽然进程这一概念尚未完全统一，但长期以来进程这个概念却已广泛且成功地用于许多操作系统，成为构造操作系统不可缺少的强有力工具。

2．进程的结构

进程的定义虽然很多，但这些定义似乎都过于抽象。我们需要知道的是，在计算机和操作系统中，进程到底是什么样的？我们把操作系统中更具体、更形象的进程称为进程实体。需要说明的是，很多情况下我们并不严格区分进程和进程实体，一般可根据上下文来判断。

通常的程序是不能并发执行的。为了使程序能够并发执行，应为其配置一个数据结构，用来存储程序（进程）并发执行过程中所要记录的有关运行的动态信息和相关资料，并依据这些信息和资料来控制程序（进程）正确地并发执行。这个数据结构称为进程控制块（Process Control Block，PCB）。由此得

$$进程实体 = 程序段 + 数据段 + PCB$$

在组成进程实体的三部分中，程序段即用户所要执行的语句序列，是必须有的。相关数据段是指用户程序要处理的数据，数据量可大可小。需要说明的是，有些进程的数据是包含在程序中的，这时就没有数据段。由于 PCB 包含进程执行的相关资料，所以必须通过 PCB 才能了解进程的执行情况。PCB 的作用就是在多道程序环境下，使不能独立运行的程序（包括数据）成为一个能够独立运行的基本单位，而 PCB 与这个基本单位一起共同组成了一个能够与其他进程并发执行的进程。

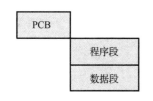

图 6-11　进程实体的结构

进程的概念比较抽象，进程实体的结构如图 6-11 所示。

3．进程的特征

进程作为系统中的一个实体具有以下五个特征。

（1）动态性。进程的实质是程序的一次执行活动，因此进程是动态的。既然是一次执行活动，就表明进程有生命期，具有"创建—运行—消亡"这样一个过程。

（2）并发性。多个进程在一段时间内能够并发执行。引入进程也正是为了使内存中的多个程序能够在执行时间上重叠，以提高系统资源的利用率。

（3）独立性。每个进程都是一个独立运行的基本单位，也是系统进行资源分配和调度的基本单位。

（4）异步性。各进程按各自独立的、不可预知的速度向前推进。对单 CPU 系统而言，任何时刻只能有一个进程占用 CPU，进程获得了所需要的资源即可执行，得不到所需资源则暂停执行。因此，进程具有"执行—暂停—执行"这种间断性活动规律。

（5）结构性。为了描述和记录进程运行的变化过程，满足进程独立运行的要求及能够反映、控制并发进程的活动，系统为每个进程配置了一个 PCB。因此，从结构上看，每个进程都由程序段、数据段及 PCB 这三个部分组成。

4．进程与程序的区别

程序就像一个乐谱，任何时候你都可以翻阅它，但乐谱本身是静态的。进程则可以看作依照乐谱的一次演奏，这个演奏有开始有结束（具有生命期），并随着时间的流逝演奏的音乐不复存在。也就是说，这个演奏过程本身是动态的，即使是重新演奏这个乐谱也绝不是刚刚逝去的那段音乐（不是刚刚执行过的进程，而是开始一个新进程）。

如果说进程就是正在执行的程序，那么这种说法是不完整的，因为进程是程序在 CPU 上的一次执行过程，所以进程除了包括正在执行的程序和数据段，还包括此次执行的环境信息，如 CPU 状态、核心栈数据及该程序在内存的存储空间等，而这些信息都保存在 PCB 中。因此，进程与程序是两个密切相关而又不同的概念，其区别主要表现在以下五个方面。

（1）程序是指令的有序集合，是一个静态的概念，其本身没有任何运行的含义；进程是程序在 CPU 上的一次执行过程，是一个动态的概念。

（2）程序作为软件资料可以长期保存；进程则有生命期，它因创建而诞生，因调度而执行，因得不到资源而暂停执行，因撤销而消亡。

（3）程序作为静态文本既不运行，也不分配和调度资源；而进程是一个独立运行的基本单位，也是系统进行资源分配和调度的基本单位。

（4）进程与程序之间无一一对应关系。既然进程是程序的一次执行，那么一个程序的多次执行可以产生多个进程，而不同的进程也可以包含同一个程序。

（5）程序是记录在介质（如磁盘）上指令的有序集合；进程则是由程序段、数据段和 PCB 这三个部分组成的。

6.3.4　两状态进程模型

操作系统的一个主要职责就是控制进程的执行。为了有效地设计操作系统，我们必须了解进程的运行模型。

进程最简单的运行模型基于这样一个事实，进程要么正在执行，要么没有执行。这样，一个进程就有两种状态：运行（Running）和非运行（Not-running），如图 6-12（a）所示。当操作系统产生一个进程之后，将该进程加入非运行系统，这样操作系统就知道该进程的存在，该进程则等待机会执行。每隔一段时间，正在运行的进程就会被中断运行，此时分派程序将选择一个新进程投入运行，被中断运行的进程则由运行状态变为非运行状态，而投入运行的进程则由非运行状态变为运行状态。

尽管这个模型很简单，但已经显示出操作系统设计的一些复杂性了。每个进程必须以某种方式来标识，以便操作系统能够对其进行跟踪。也就是说，必须有一些与进程相关的信息，包括进程的当前状态及进程在内存中的地址等。那些非运行状态的进程存放在一个排序队列中等待分派程序的调度运行。图 6-12（b）给出了一种进程运行模型，该模型中有一个进程队列，队列中的每一项是一个指向进程的指针。

分派程序的行为可以用图 6-12（b）中的队列来描述。当正在执行的进程中断运行时，它就被放入进程队列等待下一次运行；如果进程结束或运行失败，它就会被注销退出系统；无论哪种情况出现，分派程序都会选择队首非运行状态的进程投入运行。

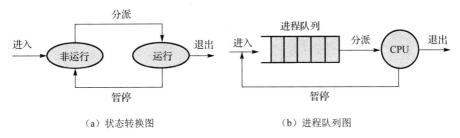

（a）状态转换图　　　　　　　　　（b）进程队列图

图 6-12　两状态进程模型

6.3.5　进程的三态模型

如果所有进程都已准备好执行，那么图 6-12（b）给出的排队原则是有效的，队列按先进先出原则排列，CPU 依次从队列选中进程投入运行，但这种调度运行方式是存在先天缺陷的。在等待执行的进程队列中，有一些非运行状态的进程在等待 CPU 的执行；而另一些非运行状态的进程除了等待 CPU，还需要等待输入、输出的完成，在输入、输出尚未完成之前，即使分派程序将 CPU 分派给它们，这些进程也无法执行（这些进程称为阻塞进程）。因此分派程序不能只选择进程队列中等待时间最长的队首进程投入运行，而应该扫描整个进程队列寻找未被阻塞且等待时间最长的进程投入运行。

因此要将非运行状态分为两种状态：就绪（Ready）和阻塞（Blocked）。三状态进程模型如图 6-13 所示。

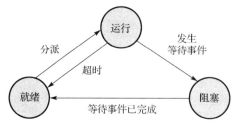

图 6-13　三状态进程模型

这样，进程就具有了三种基本状态：运行、阻塞和就绪。这三种状态构成了最简单的进程生命周期模型。进程在其生命周期内处于这三种状态之一，其状态将随着自身的推进和外界环境的变化而发生改变，即由一种状态变迁到另一种状态。

（1）运行状态。进程获得了 CPU 和其他所需要的资源，目前正在 CPU 上运行。对单 CPU 系统而言，只能有一个进程处于运行状态。

（2）阻塞状态。进程运行中发生了某种等待事件（如发生了等待输入、输出的操作）而暂时不能运行的状态。处于该状态的进程不能去竞争 CPU，因为此时即使把 CPU 分配给它，它也无法运行。处于阻塞状态的进程可以有多个。

（3）就绪状态。进程获得了除 CPU 外所需的其他资源，一旦得到 CPU 就可以立即投入运行。不能运行的原因是因为 CPU 资源太少，只能等待分配 CPU 资源。在系统中处于就绪状态的进程可能有多个，通常将它们组成一个进程就绪队列。

进程的各个状态变迁如图 6-13 所示。此后，我们将用功能更加完善的进程调度程序取代分派程序，"超时"通常也用"时间片到"取代。对图 6-13 来说，进程状态变迁应注意以下五点。

（1）进程由就绪状态变迁到运行状态是由进程调度程序完成的。也就是说，一旦 CPU 空闲，进程调度程序就立即依据某种调度算法从进程就绪队列中选择一个进程占用 CPU 运行。

（2）进程由运行状态变迁到阻塞状态通常是由运行进程自身提出的。当运行进程申请某种资源得不到满足时（发生等待事件），就主动放弃 CPU 而进入阻塞状态并插入进程阻塞队列。这时，进程调度程序就立即将 CPU 分配给另一个就绪进程开始运行。

（3）进程由阻塞状态变迁为就绪状态总是由外界事件引起的。因为处于阻塞状态的进程没有任何活动能力，所以也无法改变自身的状态。通常是当阻塞状态进程被阻塞的原因得到解除时（等待事件已完成），由当前正在运行的进程来响应这个外界事件的请求，唤醒相应的阻塞状态进程，将其转换为就绪状态并插入进程就绪队列，然后该运行进程继续完成自身的任务。

（4）进程由运行状态变迁为就绪状态通常在分时操作系统中出现，即系统分配给运行进程所使用的 CPU 时间片用完，这时进程调度程序将 CPU 轮转给下一个就绪进程使用，由于被取消 CPU 使用权的进程仅仅是没有了 CPU，而其他所需资源并不缺少，即满足就绪状态的条件，因此转为就绪状态并插入进程就绪队列。

（5）进程不能由阻塞状态直接变迁到运行状态。由于阻塞进程阻塞的原因被解除（等待事件已完成）后就满足了就绪状态的条件，因此将该阻塞进程由进程阻塞队列移至进程就绪队列，并将其状态改为就绪状态。

此外还要注意的是，虽然进程有三个基本状态，但对每一个进程而言，其生命期内不一定都要经历这三个状态。对于一些计算性的简单进程，运行很短的时间就结束了，也就无须进入阻塞状态，所以个别进程可以不经历阻塞状态。

6.3.6　PCB

1．PCB 产生的原因

此前，已经多次提到了 PCB，但得到的 PCB 信息是片段的、不完整的。在这里重点讨论 PCB 的内容。

CPU 的主要功能是执行存放在内存中进程（程序）里的指令。为了提高效率，CPU 可以在一段时间内执行多个进程（并发执行）。从 CPU 的角度来看，CPU 总是按照一定的次序来执行进程中程序的指令，这个次序是通过改变程序计数器（Program Counter，PC）的值来实现的。在多个进程的并发执行中，随着时间的推移，程序计数器会指向不同进程的程序。由于在任意时刻 CPU 只能执行一条指令，因此任意时刻在 CPU 上执行的进程只有一个，到底执行哪个进程的哪条指令是由程序计数器指定的。也就是说，在物理层面上所有进程共用一个程序计数器。

从逻辑层面上看，每个进程可以执行，也可以暂停执行而将 CPU 切换到其他进程去执行，之后的某个时刻又得到 CPU 而恢复该进程的执行。这样，每个进程就需要以某种方式记住暂停执行时该进程下一条将要执行的指令位置，这样当其再次执行时才能从这个位置恢复执行。因此每个进程都要有自己的逻辑计数器来记录该位置。但问题不仅仅是记住运行地址这么简单，恢复执行的操作还包括恢复该进程暂停执行那一时刻的所有 CPU 现场信息，如那一时刻未计算完成的中间结果，那一时刻的程序状态字内容等。

进程的物理基础是程序，进程在 CPU 上运行首先要解决的问题是为进程分配合适的内存。由于多个进程可能同时并存于内存，因此进程的存储还要考虑如何让多个进程共享内存且不发生冲突。

此外，如何获知进程的存在？如何获取各个进程的运行信息和状态信息？以便能够依据这些信息调度 CPU 在多个进程之间切换，实现进程的并发（交替）执行，这是进程实现所要解决的另一个问题。

因此，操作系统需要为进程定义一种能够描述和控制进程运行的数据结构，这就是 PCB。PCB 是操作系统中最重要的一种数据结构，是进程存在的唯一标志。PCB 中存放着操作系统所需的用于描述进程当前情况的全部描述信息，以及进程运行的全部控制信息和相关的资源信息。在绝大多数多道程序操作系统中，进程的 PCB 全部或部分常驻于内存，操作系统通过 PCB 感知进程的存在，并且根据 PCB 对进程实施控制和管理。

2．PCB 中的信息

不同的操作系统对进程的管理和控制机制是不同的，因此不同系统的 PCB 中的信息量也不同，但多数系统的 PCB 中包含以下信息。

（1）进程标识符。每个进程都必须有唯一的进程标识符，也称为进程的内部名。

（2）进程的当前状态。它表明进程当前所处的状态，并作为进程调度程序分配 CPU 的依据，仅当进程处于就绪状态时才可以被调度执行。若进程处于阻塞状态，则需要在 PCB 中记录阻塞的原因，以供唤醒原语唤醒进程时使用。

（3）进程中的程序段与数据段地址，其用于将 PCB 和与之对应的进程在内存或外存的程序段及数据段联系起来。

（4）进程资源清单。列出进程所拥有的除 CPU 外的资源清单，如打开的文件列表和拥有的输入、输出设备等。资源清单用于记录资源的需求、分配和控制信息。

（5）进程优先级。它通常是一个表示进程使用 CPU 优先级别的整数。进程调度程序根据优先级的大小来确定优先级的高低，并把 CPU 控制权交给优先级最高的就绪进程。

（6）CPU 现场保护区。当进程因某种原因放弃使用 CPU 时，需要将中断运行时（执行的断点处）CPU 的各种状态信息保护起来（暂存于内存中操作系统的内核区），以便该进程再次获得 CPU 时，能够恢复被中断时 CPU 的各种状态，即复原当时的运行现场和环境，使得该进程可以不受影响地由程序断点处恢复运行。被保护的 CPU 现场信息通常有程序状态字（PSW）、程序计数器的内容，以及各通用寄存器的内容和用户栈指针等。

（7）进程同步与通信机制。它用于实现进程之间的互斥、同步，传递通信所需的信号量、信箱或消息队列的指针等。

（8）PCB 队列指针或链接字。它用于将处于同一个状态的进程连接成一个队列，链接字中存放该进程所在队列中的下一个进程 PCB 的首地址。

（9）与进程相关的其他信息，如进程的家族信息、进程所属的用户、进程占用 CPU 的时间及进程记账信息等。

3．PCB 的组织方式

在一个系统中，通常可能有多个进程同时存在，所以就拥有多个 PCB。为了能对 PCB 进行有效的管理和调度，就要用适当的方法把这些 PCB 组织起来。目前常用的 PCB 组织方式有以下三种。

（1）线性表方式：无论进程的状态如何，将所有的 PCB 连续地存放于内存的系统区（内核空间）。这种方式适用于系统中进程数目不多的情况。按线性表方式组织 PCB 如图 6-14 所示。

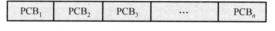

图 6-14　按线性表方式组织 PCB

（2）链接表方式：系统按照进程的状态将进程的 PCB 连接成队列，从而形成进程就绪队列、进程阻塞队列、进程运行队列等（单 CPU 系统进程运行队列中仅有一个 PCB）。按链接表方式组织 PCB 如图 6-15 所示。如果想要对阻塞进程进行更有效的管理，就需要更清晰地对阻塞进程加以分类，即可以按照进程阻塞原因的不同形成多个进程阻塞队列。

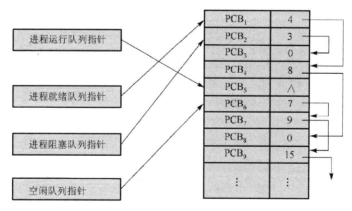

图 6-15　按链接表方式组织 PCB

按链接表方式组织 PCB 可以很方便地对同类 PCB 进行管理，操作简单，但是要查找某个进程的 PCB 就比较麻烦，因此只适用于系统中进程数比较少的情况。

（3）索引表方式：系统按照进程的状态分别建立就绪索引表、阻塞索引表等，通过索引表来管理系统中的进程。按索引表方式组织 PCB 如图 6-16 所示。

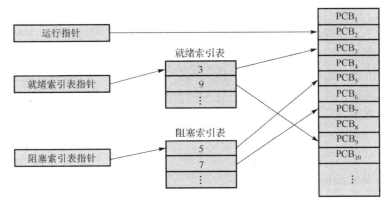

图 6-16　按索引表方式组织 PCB

按索引表方式组织 PCB 可以很方便地查找到某个进程的 PCB，因此适用于进程数较多的情况，但是索引表需要占用一定的内存空间。

由于操作系统是根据 PCB 对进程实施控制和管理的，因此进程状态的变迁是根据 PCB 中的状态信息实现的。

 # 6.4　进程的互斥与同步

6.4.1　并发进程的关系

人们经过大量的实践和分析后发现，多个并发执行的进程存在两种关系：无关和相关。无关的进程之间在并发执行后，可以保证程序的可再现性，只有相关的进程之间并发执行后，才可能破坏程序的可再现性，对于相关的并发进程，则存在着以下两种相互制约的关系。

（1）间接制约关系。一组（两个或多个）进程共享一种资源，且该资源一次仅允许一个进程使用。当一个进程正在访问或使用该资源时，就会制约其他进程对该资源的访问或使用，否则可能造成执行结果的错误。并发进程之间的这种制约关系称为间接制约关系。

例如，有两个并发执行的进程 P1 和 P2，如果在进程 P1 提出打印请求时，系统已经将唯一的打印机分配给了进程 P2，则进程 P1 只能阻塞等待，直到进程 P2 释放了打印机才将进程 P1 唤醒；否则，如果允许进程 P1 抢夺进程 P2 对打印机的使用权，就会出现打印结果混乱的情况。

像打印机这种在一段时间内只能由一个进程使用的资源称为独占资源或互斥资源。多个并发进程对互斥资源的共享导致进程之间出现了间接制约关系。间接制约的存在使得多个并发进程不能同时访问互斥资源，只有其他进程没有占用该互斥资源时，当前运行的进程才能访问它。也就是说，一个进程通过共享互斥资源来暂时限制（间接制约）其他进程的运行。

（2）直接制约关系。这种制约关系是由任务协作引起的，几个进程相互协作完成一项任务，这些进程因任务性质的要求必须按事先规定好的顺序依次执行，才能使任务得到正确的处理，否则就可能造成错误的结果。在直接制约关系中，一个进程的执行状态直接决定（直接制约）了相互协作的另一个或几个进程能否执行。

例如，在包裹自动分拣计算机系统中，分拣筐一次只能存放一个包裹，拣入进程选择包裹放入分拣筐，拣出进程则从分拣筐中取出包裹，拣入进程和拣出进程相互协作完成包裹的分拣任务。正常情况下分拣系统有条不紊地工作，但可能会出现在分拣筐中的包裹未取走之前拣入进程又将包裹放入分拣筐的问题；也可能会出现分拣筐中无包裹时，拣出进程要从分拣筐中取走包裹的问题。因此，必须事先规定好拣入进程和拣出进程的执行顺序，在拣出进程未取走分拣筐中存放的包裹之前，不允许执行拣入进程；在分拣筐为空且拣入进程未将包裹放入分拣筐之前，不允许执行拣出进程。使得拣入进程和拣出进程彼此直接制约对方的运行，相互协调完成既定任务。

一组进程如果存在间接制约或直接制约关系，那么它们在并发执行时，微观上的进程交替运行就要受到限制。这时，就需要操作系统合理地控制它们的工作流程，以保证执行结果的正确性。

6.4.2 进程的互斥与同步

由于间接制约关系是由进程共享互斥资源引起的，所以进程对互斥资源的访问必须以互斥方式进行。而相互合作进程之间的直接制约关系，决定了必须采用进程同步的方法来对合作进程的执行顺序进行协调，顺利完成各自的任务。

进程互斥与进程同步的相关概念如下。

（1）进程互斥。进程互斥是指某一资源同一时刻只允许一个进程对其进行访问，这种访问具有唯一性和排他性。进程互斥通常是由进程之间争夺互斥资源引起的，在这种情况下，任何时刻都不允许两个及两个以上的并发进程同时执行那段访问该互斥资源的程序代码。

（2）进程同步。进程同步是指某些进程之间在逻辑上的相互制约关系。也就是说，若干进程为完成一个共同的任务而相互合作，由于合作的每一个进程都是以各自独立的、不可预知的速度向前推进的，这就需要相互合作的进程在某些协调点处协调它们的工作。当一个合作进程到达此协调点后，在未得到其他合作进程发来的消息之前则阻塞自己，直到其他合作进程给出协调信号后，才被唤醒继续执行。进程之间这种相互合作等待对方消息的协调关系就称为进程同步。

例 6.1 以下给出的活动中，每个活动分别属于哪种关系，并说明理由。

（1）若干同学去图书馆借书。

（2）两队举行篮球比赛。

（3）流水线生产的各道工序。

（4）商品生产和社会消费。

【解答】（1）属于互斥关系，书是互斥资源，一次只能借给一个同学。

（2）属于互斥关系，篮球只有一个并且是互斥资源，两队都要争夺。

（3）属于同步关系，各道工序协调合作完成任务，即每道工序的开始都依赖于前一道工序的完成。

（4）属于同步关系，商品没有生产出来则消费无法进行，已生产的商品没有被消费完无须再生产。

6.4.3　临界资源与临界区

系统中同时存在着许多进程，它们共享各种资源。然而有许多资源在某一时刻只能允许一个进程使用，如打印机、磁带机等硬件设备，以及软件中的变量、队列等数据结构。如果多个进程同时使用这类互斥资源就会造成混乱，因此必须保护互斥资源，避免多个进程同时使用互斥资源。在并发进程的执行中，为了更准确、形象地反映进程对资源的竞争以及互斥资源分配的特性，我们把多个进程可以并发访问但一段时间内只允许一个进程使用的资源称为临界资源（Critical Resource）。

几个进程若共享同一个临界资源，则它们必须以相互排斥的方式来使用这个临界资源，即当一个进程正在使用某个临界资源且尚未使用完毕时，其他进程必须延迟对该资源的使用；当使用该资源的进程将其释放后，其他进程才可使用该资源。也就是说，任何其他进程不得强行插入使用这个临界资源，否则将会造成信息混乱或操作出错。

所以对临界资源的访问必须互斥进行，即各进程对同一临界资源进行操作的程序段（代码段）也应互斥执行，只有这样才能保证对临界资源的互斥访问。把进程中访问临界资源的代码段称为临界区（Critical Section）。

以进程 P1 和进程 P2 共享一个公用变量（共享变量）S 为例，假设进程 P1 需要对变量 S 进行加 1 操作，而进程 P2 需要对变量 S 进行减 1 操作。进程 P1 和进程 P2 的代码如下。

```
        进程 P1：                    进程 P2：
① register1= S;              ④ register2= S;
② register1=register1+1;     ⑤ register2=register2-1;
③ S =register1;             ⑥ S =register2;
```

假设 S 的当前值是 1，如果先执行进程 P1 的语句①、②、③，再执行进程 P2 的语句④、⑤、⑥，那么最终公用变量 S 的值为 1。同理，如果先执行进程 P2 的语句④、⑤、⑥，再执行进程 P1 的语句①、②、③，那么最终公用变量 S 的值仍为 1。但是，如果交替执行进程 P1 和进程 P2 的语句，如执行语句的次序为①、②、④、⑤、③、⑥，那么此时得到的最终公用变量 S 的值为 0。如果改变语句交替执行的顺序，还可得到 S 的值为 2 的答案，这表明程序的执行已经失去了可再现性。为了防止这种错误的出现，解决此问题的关键是把公用变量 S 作为临界资源处理。也就是说，要让进程 P1 和进程 P2 互斥地访问公用变量 S。

由于对临界资源的使用必须互斥进行，所以进程在进入临界区时首先要判断是否有其他进程在使用此临界资源，若有，则该进程必须等待；若没有，则该进程进入临界区执行临界区代码，同时还要关闭临界区以防其他进程进入。当进程使用完临界资源时，要开放临界区以便其他进程进入。因此使用临界资源的代码结构为

进入区

临界区

退出区

有了临界资源和临界区的概念，进程之间的互斥可以描述为禁止两个或两个以上的进程同时进入访问同一临界资源的临界区。此时，临界区就像一次仅允许一条船进入的船闸，而进程就像航行的船只。要进入船闸必须先开启闸门（进程在进入临界区前必须先经过进入区来占有临界区的使用权），一旦有船只进入船闸就关闭闸门以防其他船只进入（进程进入临界区后阻止其他进程进入临界区）。当船只离开船闸时则再次开启闸门，以便其他船只进入船闸（进程离开临界区时要经过退出区，通过退出区来释放临界区的使用权，以便其他进程

进入临界区）。

为了实现进程互斥地进入自己的临界区可以采用软件方法，但更多的是在系统中设置专门的同步机构来协调各进程间的运行。无论采用何种同步机制，都应该遵循以下四条准则。

（1）空闲让进。无进程处于临界区时意味着临界资源处于空闲状态，这时若有进程要求进入临界区应立即允许进入。

（2）忙则等待。当已有进程进入其临界区时则意味着某临界资源正在被占用，所有其他欲访问该临界资源的进程，试图进入各自临界区时必须等待，以保证各进程互斥地进入访问同一个临界资源的临界区。

（3）有限等待。若干进程要求进入访问同一个临界资源的临界区时，应在有限时间内使一个进程进入临界区，即不应出现各进程相互等待但都无法进入临界区的情况。

（4）让权等待。当进程不能进入其临界区时，应立即释放所占有的 CPU，以免陷入"忙等"（进程在占有 CPU 的同时一直等待），保证其他可执行的进程获得 CPU 得以运行。

6.4.4 信号量

信号量机制最先由荷兰计算机科学家 E.W.Dijkstra 在 1965 年提出，该方法使用信号量及有关的 P、V 操作原语来解决进程的互斥与同步问题。

在操作系统中，信号量代表一类物理资源，它是相应物理资源的抽象。具体实现时，信号量被定义成具有某种类型的变量，通常为整型或结构体型，即信号量可分为整型信号量和结构体型信号量。信号量除初始化外，在其他情况下其值只能由 P、V 两个原语操作才能改变。

1. 整型信号量

最初，E.W.Dijkstra 将信号量定义为一个整型变量。若信号量为 S，则 P 操作原语和 V 操作原语分别描述如下。

```
int S;
P(S):  while(S<=0);
       S=S-1;
V(S):  S=S+1;
```

整型信号量机制中的 P 操作，只要信号量 $S \leq 0$ 就会不断循环测试。因此该机制没有遵循"让权等待"原则，而使进程处于"忙等"状态。针对这种情况，人们对整型信号量机制进行了扩充，增加了一个进程阻塞队列，从而出现了结构体型信号量。

2. 结构体型信号量

结构体型信号量分为资源信号量和控制信号量两种。资源信号量用于系统互斥资源（如打印机等）的互斥管理，它涉及系统互斥资源的分配与回收；控制信号量用于除系统互斥资源外的进程同步与互斥控制，它不涉及系统互斥资源的分配与回收。

结构体型信号量被定义为具有两个分量成员的结构体类型数据结构。结构体型信号量描述如下。

```
typedef struct
{
```

```
    int value;
    struct PCB *L;                    //struct PCB 为 PCB 对应的结构体类型
                                      //L 为指向进程阻塞队列的指针
} Semaphore;
Semaphore S;
```

结构体型信号量中的一个分量成员是一个整型变量，它代表当前相应资源的可用数量，或用于进程同步与互斥控制的信号量；另一个分量成员是一个队列指针，指向因等待同类资源的进程阻塞队列或者同步、互斥控制中该信号量的进程阻塞队列。

当结构体型信号量作为资源信号量时，指针 S.L 指向因等待同类资源的进程阻塞队列（由各进程的 PCB 组成）的队首。S.value 的初值是一个非负整数，它代表着系统中某类资源的数量。随着该类资源不断地被分配，S.value 的值也随之发生变化，会出现以下三种情况。

（1）当 S.value＞0 时，S.value 表示该类资源当前的可用数量。

（2）当 S.value＝0 时，S.value 表示该类资源为空。

（3）当 S.value＜0 时，S.value 的绝对值表示因等待该类资源而阻塞的进程个数。

当结构体型信号量作为控制信号量时（包括对临界区和公用变量的互斥控制），S.value 的值用来控制是否允许进程继续执行。当 S.value≥0 时，当前运行进程继续执行；当 S.value＜0 时，当前运行进程被阻塞而放弃执行，此时 S.value 的绝对值表示被阻塞于信号量 S 的进程个数。指针 S.L 用来指向进程在信号量 S 的进程阻塞队列。

若 S.value 的初值为 1，则表示在同步与互斥控制中只允许各进程互斥执行，或用于临界区的控制。这种情况下结构体型信号量又称为互斥信号量。

结构体型信号量的 P(S)原语操作可以用如下函数描述。

```
void P(Semaphore S)
{
  lock out interrupts;                //关中断
  S.value=S.value-1;
  if(S.value<0)                       //S.value<0 时阻塞当前运行进程 i 的运行
  {
    i.status="block";                 //置运行进程 i 的状态为 "阻塞"
    Insert(BlockQueue,i);             //将进程 i 插入指针 S.L 所指向的进程阻塞队列
    unlock interrupts;                //开中断
    Scheduler();                      //执行进程调度程序调度另一就绪进程运行
  }
  else
  {
    if(S 是资源信号量)
      GetResouce(i_PCB,一个 S 资源); //将资源 S 分配给进程 i
    unlock interrupts;                //开中断
  }
}
```

P(S)操作的物理含义：① 在申请和释放如打印机这类互斥资源的操作中，执行一次 P(S) 操作相当于申请一个资源 S。若 S.value＞0，则意味着系统中有资源 S。此时 S.value-1 表示将一个资源 S 分配给当前运行进程，即资源 S 的可用数量减少了一个，而当前运行进程请求资

源 S 得到满足后则继续执行。若 S.value-1 后其值小于 0，表示已经没有资源 S 可用，立即将当前运行进程置为阻塞状态（放弃 CPU）并插入指针 S.L 所指的进程阻塞队列，然后由进程调度程序调度另一就绪进程运行，此时 S.value-1 后的绝对值表示等待资源 S 的阻塞进程又多了一个。② 在进程同步与互斥操作中，S 代表同步与互斥的信号量。若 S.value-1 后其值大于或等于 0，则表示当前运行进程不需同步或互斥而继续执行；若 S.value-1 后其值小于 0，则当前运行进程必需同步或互斥执行，即被阻塞于信号量 S 而放弃执行，然后由进程调度程序调度另一就绪进程运行。显然，结构体型信号量机制采用了"让权等待"策略。

V(S)原语操作可以用如下函数描述。

```
void V(Semaphore S)
{
    lock out interrupts;              //关中断
    S.value=S.value+1;
    if(S 是资源信号量)
        free(资源 S)                   //将资源 S 从当前运行的进程中回收到系统中
    if(S.value<=0)                    //进程阻塞队列中有阻塞进程
    {
        Remove(i);                    //从 S.L 所指向的进程阻塞队列中移出队首进程 i
        if(S 是资源信号量)
            GetResouce(i_PCB,一个 S 资源);    //将资源 S 分配给进程 i
        i.status="ready";            //置进程 i 的状态为"就绪"
        Insert(ReadyQueue,i);         //将进程 i 插入进程就绪队列
    }
    unlock interrupts;                //开中断
}
```

V(S)操作的物理含义：① 在申请和释放互斥资源的操作中，执行一次 V(S)操作相当于释放一个资源 S，于是执行 S.value+1 的操作（系统回收一个资源 S）。若 S.value+1 后其值仍然小于或等于 0，则表明仍然有处于阻塞状态的进程在等待资源 S，于是将 S.L 所指向的进程阻塞队列上的第一个阻塞进程唤醒并将刚回收的资源 S 分配给它，然后将其移入进程就绪队列。② 在进程同步与互斥操作中，若 S.value+1 后其值仍然小于或等于 0，则表明有处于阻塞状态的进程在等待信号量 S 的唤醒，此时将 S.L 所指向的进程阻塞队列上的第一个阻塞进程唤醒，并移入进程就绪队列。

注意，S 作为同步与互斥信号量时不涉及资源的分配与回收。

由于结构体型信号量具有整型信号量不能替代的优点，因此在操作系统中广泛使用它来解决进程之间的互斥与同步问题。本书后面提到的信号量若无特殊说明，均指结构体型信号量。

6.4.5 使用信号量实现进程互斥

利用信号量机制可以很容易实现多个并发进程以互斥的方式进入临界区（以互斥方式访问临界资源），其方法是首先为要进入的临界区设置一个互斥信号量 mutex，将 mutex.value 初值设为 1，然后将各进程的临界区（访问临界资源的那段代码）置于 P(mutex)和 V(mutex)之间。程序如下。

```
Semaphore mutex;
mutex.value=1;
cobegin
    process Pᵢ()                    //i=1,2,…,n
    {
        …                          //与临界资源无关的代码
        P(mutex);
        临界区;
        V(mutex);
        …                          //与临界资源无关的剩余代码
    }
coend
```

例如，有两个进程 P1 和 P2 要访问某一临界资源，它们各自的临界区（各自访问这个临界资源的程序代码）为 L1 和 L2。可设 S 为这两个进程的互斥信号量，S.value 的初值为 1。这时，只需把临界区置于 P(S)和 V(S)之间即可实现两进程的互斥。

```
进程 P1:                进程 P2:
…                      …
P(S);                  P(S);
L1;                    L2;
V(S);                  V(S);
…                      …
```

由于信号量 S.value 的初值为 1，故进程 P1 执行 P 操作后，S.value 的值由 1 减为 0，表明临界资源已分配给进程 P1，当前剩余的临界资源为空，此时可进入 P1 的临界区 L1（执行 L1）。若这时进程 P2 请求进入临界区 L2，也同样是先执行 P 操作使 S.value 的值减 1，即由 0 变为 -1，故进程 P2 因未分配到临界资源而被阻塞。当进程 P1 退出临界区 L1（L1 执行完毕）并执行了 V 操作后，则释放临界资源使 S.value 值加 1，即由-1 变为 0，这时将回收的临界资源分配给进程 P2，同时唤醒阻塞进程 P2，使进程 P2 进入临界区 L2（执行 L2）。当进程 P2 退出临界区 L2（L2 执行完毕）并执行了 V 操作后，又释放临界资源使 S.value 值加 1，即由 0 变为 1。先执行进程 P2 后执行进程 P1 时也可做类似的分析。

注意，系统中各进程虽然可以各自独立地向前推进，但在访问临界资源时必须协调，以免出错。这种协调的实质是当出现资源竞争的冲突时，就将原来并发执行的多个进程在 P、V 操作的协调下变为按顺序执行，当资源竞争的冲突消除后又恢复为并发执行。这就像与单线桥相连的多条铁路一样，多列火车在未上桥前都可以各自独立地运行，但通过单线桥（临界资源）时，就只能在调度员的协调下逐个过桥（互斥过桥），过桥后又可恢复各自的独立运行。

此外，在利用信号量机制实现进程互斥时仍需注意，对同一信号量，如 mutex 所进行的 P(mutex)和 V(mutex)操作必须成对出现。缺少 P 操作将会导致系统混乱，对临界资源进行互斥访问将得不到保证；而缺少 V 操作将会使临界资源永远不会被释放，导致因等待该资源而阻塞的进程不再被唤醒。

6.4.6　使用信号量实现进程同步

若干进程为完成一个共同的任务而相互合作，这就需要相互合作的进程在某些协调点处

（需要同步的地方），插入对信号量的 P 操作或 V 操作，以便协调它们的工作（实现进程间的同步）。实际上，进程的同步是采用信号应答方式进行的。

例如，在公共汽车上，司机和售票员各司其职，独立工作（各自相当于一个独立运行的进程）。司机只有等售票员关好车门后才能启动汽车，售票员只有等司机停好车后才能开车门，即两者必须密切配合、协调一致，他们的同步活动如图 6-17 所示。

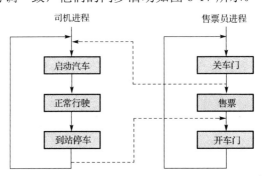

图 6-17　司机进程和售票员进程的同步活动

设置信号量 Start 来控制是否可以启动汽车，即作为是否允许司机启动汽车的信号量；信号量 Open 控制是否可以开车门，即作为是否允许售票员开车门的信号量。它们的初值均为 0（汽车未启动且车门已打开），表示不允许司机启动汽车也不允许售票员开车门（车门已打开，无须开车门）。当关车门后用 V 操作给 Start.value 加 1，使司机可以启动汽车，因此司机在启动汽车之前应用 P 操作给 Start.value 减 1，看是否能启动汽车。若售票员已关车门（V 操作已给 Start.value 加 1，Start.value 值已由 0 变为 1），则司机启动汽车的 P 操作将使 Start.value 减 1，其值由 1 变为 0，即司机可以启动汽车正常行驶；若售票员未关车门（即 Start.value 值仍为 0，未执行过 V 操作），则司机启动汽车的 P 操作将使 Start.value 减 1 后其值由 0 变为-1，启动汽车被阻止（阻塞）。当汽车到站停车后，司机应该用 V 操作给 Open.value 加 1，使售票员可以开车门，因此售票员开车门之前，则应用 P 操作给 Open.value 减 1，看是否允许开车门。若已到站停车（V 操作已给 Open.value 加过 1，Open.value 值已由 0 变为 1），则开车门的 P 操作将使 Open.value 减 1 后其值由 1 变为 0，即售票员可以开车门；若未到站（Open.value 值仍为 0，未执行过 V 操作），则售票员开车门的 P 操作将使 Open.value 减 1 后其值由 0 变为-1，开车门被阻止（阻塞）。程序如下。

```
Semaphore Start,Open;
Start.value=0,Open.value=0;
cobegin
  process 司机()
  {
    while(1)
    {
      P(Start);           //若 Start.value 的值为 1 则继续执行（车门已关）
                          //否则司机进程被阻塞（车门未关）

      启动汽车;
      正常行驶;
      到站停车;
      V(Open);            //通知售票员打开车门
                          //若售票员进程被阻塞则唤醒之
```

```
        }
    }
    process 售票员()
    {
        while(1)
        {
            关车门;
            V(Start);              //通知司机启动汽车正常行驶
                                   //若司机进程被阻塞则唤醒之

            售票;
            P(Open);               //若 Open.value 原值为 1 则继续执行（车已到站）
                                   //否则售票员进程被阻塞（车未到站）

            开车门;
        }
    }
coend
```

例如，包裹自动分拣系统中存在着两个进程：一个是拣入进程，一个是拣出进程。拣入进程将包裹放入分拣筐，拣出进程则从分拣筐中取出包裹，分拣筐一次只能存放一个包裹，如图 6-18 所示。试通过 P、V 操作写出这两个并发进程能够正确执行的程序。

拣入进程 ⟶ 分拣筐 ⟶ 拣出进程

图 6-18 两进程分拣包裹示意

为了保证分拣系统有条不紊地工作，就要事先规定好拣入进程和拣出进程的执行顺序，即首先执行拣入进程将包裹放入分拣筐，然后通知拣出进程从分拣筐中取出包裹。在拣出进程未取走分拣筐中的包裹之前，阻止拣入进程将包裹再放入分拣筐；当分拣筐为空时，阻止拣出进程从分拣筐中取包裹。为此，我们设置两个信号量 S1 和 S2。S1 用于控制拣入进程的执行，将 S1.value 的初值置为 1 来保证拣入进程先执行，即将包裹放入初始的空分拣筐；S2 用于控制拣出进程的执行，将 S2.value 的初值置为 0 来保证在初始时不会从空分拣筐中取出包裹。同时，S1 和 S2 又作为拣入进程和拣出进程的同步操作应答信号，使得拣入进程和拣出进程彼此直接制约对方的运行，相互协作地完成既定任务。

拣入进程和拣出进程交替分拣包裹的 P、V 操作流程如图 6-19 所示。由图 6-19（a）可以看出，每条虚线都对应一个控制信号量，用于拣入进程和拣出进程的同步应答，虚线的出发端对应一个 V 操作，虚线的到达端对应一个 P 操作，这样就得到了如图 6-19（b）所示的两进程 P、V 操作流程。

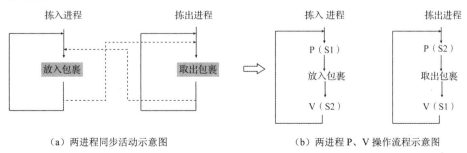

（a）两进程同步活动示意图　　　　　　　　　（b）两进程 P、V 操作流程示意图

图 6-19 拣入进程和拣出进程交替分拣包裹的 P、V 操作流程

用 P、V 操作实现的两进程交替分拣包裹的程序如下。

```
Semaphore S1,S2;
S1.value=1,S2.value=0;
cobegin
  process Put_inside()        //拣入进程
  {
    while(1)
    {
        P(S1);               //若 S1.value 的初值为 1,则继续执行(分拣筐为空)
                             //否则拣入进程被阻塞(分拣筐不空)

            放入包裹;

        V(S2);               //通知拣出进程取出分拣筐中的包裹
                             //若拣出进程被阻塞则唤醒之

    }
  }
  process Pick_out()          //拣出进程
  {
    while(1)
    {
            P(S2);           //若 S2.value 的初值为 1,则继续执行(分拣筐不空)

                             //否则拣出进程被阻塞(分拣筐为空)

        取出包裹;

        V(S1);               //通知拣入进程将包裹放入分拣筐(分拣筐已空)
                             //若拣入进程被阻塞则唤醒之

    }
  }
coend
```

注意,拣入进程和拣出进程之间除了需要进程同步,分拣筐实际上是一个临界资源,对其访问必须互斥进行,这一点已经体现在放入和取出包裹前的 P 操作上。

P、V 操作解决了因进程并发执行而引起的资源竞争问题,以及多个进程协作完成任务的同步问题。也就是说,对所有的相关进程都可以通过信号量及相应的 P、V 操作来协调它们的运行。P、V 操作也解决了因进程并发执行而带来的不可再现性问题,使得进程的并发执行真正得以实现。

6.4.7　生产者-消费者问题

在生产者-消费者问题中,所谓消费者,是指使用某一软、硬件资源的进程,而生产者是指提供(或释放)某一软、硬件资源的进程。在图 6-19 中,拣入进程就是生产者,拣出进程就是消费者。拣入进程为拣出进程这个消费者提供(生产)包裹这一资源,而拣出进程则取出包裹这一资源进行消费。

现在，生产者-消费者问题已经抽象为一组生产者向一组消费者提供产品，生产者与消费者共享一个有界缓冲池，生产者向其中投放产品，消费者从中取出产品消费。生产者-消费者问题是一个著名的进程同步问题，是许多相互合作进程的一种抽象。例如，在输入时，输入进程是生产者，计算进程是消费者；在输出时，计算进程是生产者，输出进程是消费者。

把一个长度为 n($n>0$，n 为缓冲池中缓冲区的个数)的缓冲池与一群生产者进程 P_1，P_2，…，P_m 和一群消费者进程 C_1，C_2，…，C_k 联系起来，如图 6-20 所示。只要缓冲池未满，生产者就可以把产品送入空缓冲区；只要缓冲池未空，消费者就可以从满缓冲区中取出产品进行消费。生产者和消费者的同步关系将禁止生产者向满缓冲区中投放产品，也禁止消费者从空缓冲区中取出产品。

用一个具有 n 个数组元素的一维数组 B 来构成循环队列，并用该数组模拟有界缓冲池，即每个数组元素代表一个缓冲区，如图 6-21 所示。

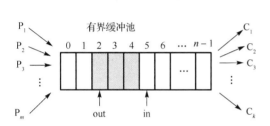

图 6-20　生产者-消费者问题示意图

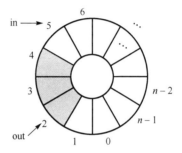

图 6-21　循环队列构成的环形缓冲池

解决的方法是首先考虑生产者，只有空缓冲区存在时才能将产品放入空缓冲区，即需要设置空缓冲区个数的信号量 empty，并且 empty.value 的初值为 n(初始时缓冲池中有 n 个空缓冲区)；其次考虑消费者，只有放入产品的满缓冲区存在时，才能从满缓冲区中取出产品，即需要设置放入产品的满缓冲区个数的信号量 full，并且 full.value 的初值为 0(初始时缓冲池中没有放入产品的满缓冲区)。此外，缓冲池也是一个临界资源，故需要设置一个互斥信号量 mutex 来保证多个进程互斥使用缓冲池资源，mutex.value 的初值为 1。

当两个或多个进程使用初值为 1 的信号量(称为互斥信号量)时，可以保证任何时刻只能有一个进程进入临界区。如果每个进程在进入临界区前都对信号量执行一个 P 操作，而在退出临界区时对该信号量执行一个 V 操作，就能实现多个进程互斥地进入各自的临界区(访问临界资源的那段程序代码)。

生产者-消费者问题的实现程序如下。

```
item B[n];                  //item 表示缓冲池的类型，数组 B 用来模拟 n 个缓冲区
Semaphore mutex,empty,full;
mutex.value=1,empty.value=n,full.value=0;
int in=0;                   //缓冲区指针，指向当前可投放产品的一个空缓冲区
int out=0;                  //缓冲区指针，指向当前可取出产品的一个满缓冲区
item product;               //product 代表一个产品
cobegin
process Producer_i()        //生产者进程，i=1,2,…,m
  {
    while(1)
```

```
        {
            product=produce();      //函数 produce 生产一个产品赋给 product
            P(empty);               //请求空缓冲区来投放产品
            P(mutex);               //请求独占缓冲池的使用权
            B[in]=product;          //将产品投放到由指针 in 所指向的空缓冲区中
            in=(in+1)%n;            //缓冲区循环队列中将指针 in 移至下一个空缓冲区
            V(mutex);               //释放对缓冲池的使用权
            V(full);                //装有产品的满缓冲区个数增加一个
                        //若有阻塞的消费者进程则唤醒进程阻塞队列中第一个消费者进程
        }
    }
process Consumer_j()                //消费者进程，j=1,2,…,k
    {
        while(1)
        {
        P(full);                    //请求消费满缓冲区中所放的产品
        P(mutex);                   //请求独占缓冲池的使用权
        product=B[out];             //从指针 out 所指向的满缓冲区中取出产品赋给 product
        out=(out+1)%n;              //缓冲区循环队列中将指针 out 移至下一个满缓冲区
        V(mutex);                   //释放对缓冲池的使用权
        V(empty);                   //空缓冲区个数增加一个
                        //若有阻塞的生产者进程则唤醒进程阻塞队列中第一个生产者进程
        consume();                  //通过函数 consume 进行产品消费
        }
    }
coend
```

生产者进程与消费者进程应该同步是显而易见的，只有通过互通消息（由私用信号量 empty 和 full 完成），才能知道缓冲区中是否可以放入产品或取出产品。但是，为什么要通过公用信号量 mutex 互斥地访问缓冲区呢？当多个生产者进程同时要往缓冲区中放产品时，如果不进行互斥，就可能将这些产品放入同一个缓冲区而出错；对消费者进程也是如此，可能有多个消费者进程同时需要从缓冲区中取出产品，如果不进行互斥，就可能都去同一个缓冲区取产品而出错。

生产者进程和消费者进程之间必须同步，才能合作完成生产和消费任务。

在生产者进程中，首先用 P(empty)原语测试是否有空缓冲区，若没有则等待；若有则通过 P(mutex)原语和 V(mutex)原语以互斥方式将产品投放到指定的空缓冲区中。由于投放产品后增加了一个满缓冲区，故生产者进程最后执行 V(full)原语使满缓冲区个数增加 1。如果此时有因取不到产品而阻塞的消费者进程，则 V(full)原语将唤醒进程阻塞队列中的第一个消费者进程。

在消费者进程中，首先用 P(full)原语测试是否有放入产品的满缓冲区，若没有则阻塞等待；若有则通过 P(mutex)原语和 V(mutex)原语以互斥方式从指定的满缓冲区中取出产品。由于取出产品后增加了一个空缓冲区，故消费者进程最后执行 V(empty)原语使空缓冲区个数增加 1；如果此时有因无空缓冲区（所有缓冲区都装满产品）放产品而被阻塞的生产者进程，则 V(empty)原语将唤醒进程阻塞队列中的第一个生产者进程。

当程序中出现多个 P 操作时，其出现次序的安排是否正确将会给进程的并发执行带来很大影响。例如，在上面程序中，我们调整消费者进程 P(full)和 P(mutex)的次序，即先执行 P(mutex)原语，再执行 P(full)原语。如果当前的情况是消费者进程正在执行，且缓冲池中没有满缓冲区（full.value 的值为 0），那么消费者进程先执行 P(mutex)原语使 mutex.value 的值由 1 变为 0，即允许消费者进程独占缓冲池的使用权，但接下来执行 P(full)原语却因 full.value 的值由 0 变为-1 而阻塞（没有可供消费的满缓冲区）。这时，如果生产者进程要将产品放入空缓冲区（缓冲池中全部为空缓冲区，即 empty.value 的值为 n），则先执行 P(empty)原语，并因 empty.value 的值由 n 变为 $n-1$ 而并不阻塞（有可供放入产品的空缓冲区），接下来执行 P(mutex)原语则因 mutex.value 的值由 0 变为-1 而阻塞（缓冲池的使用权已被消费者进程所占用）。也就是说，在这种状态下生产者进程和消费者进程都无法执行，即进入了"死锁"状态。如果调整生产者进程 P(empty)和 P(mutex)的次序，也容易出现"死锁"现象。

那么，如何确定多个 P 操作的次序呢？我们知道信号量 mutex 是所有生产者进程和消费者进程的互斥信号量，而 empty 仅是生产者进程使用的信号量，full 则仅是消费者进程使用的信号量。因此 mutex 明显比 empty 和 full 重要。我们称 mutex 为公用信号量，而称 empty 和 full 为私用信号量。也就是说，如果你占有了大家都要使用的紧缺资源（公用信号量控制的资源）使得其他人都不能使用，但你自身所需要的资源（私用信号量控制的资源）又得不到满足，那么你和大家只好一起等待。因此一定要先满足自身的要求（先请求私用信号量），再满足大家都使用的要求（后请求公用信号量）。这样，即使你不能满足自身的要求，也不会阻止其他人对资源的请求。

6.5　存储管理

程序运行需要两个最重要的条件：一是程序和数据要占有足够的内存空间；二是得到 CPU。因此除了 CPU 管理，存储管理的优劣不仅影响内存的利用率，而且也影响系统的性能。存储管理的主要任务就是为程序分配内存空间，将程序中出现的逻辑地址转换为可直接访问的内存物理地址，保证内存中的每道程序在运行中彼此隔离互不干扰，使程序能够在内存中正常运行。虽然现在内存容量越来越大，但它仍然是一个关键性的紧缺资源。尤其是在多道程序环境中，多个程序需要共享内存资源，内存紧张的问题依然突出。所以存储管理就要充分、合理的利用内存空间，为多道程序并发执行提供存储基础，并尽可能地方便用户使用。

6.5.1　地址重定位

1. 逻辑地址和物理地址

（1）逻辑地址。用户源程序经编译、连接后得到可装入程序。由于无法预先知道程序装入内存的具体位置，因此不可能在程序中直接使用内存地址，只能暂定程序的起始地址为 0。这样，程序中指令和数据的地址都是相对 0 这个起始地址进行计算的，按照这种方法确定的地址称为逻辑地址或相对地址。一般情况下，目标模块（程序）和装入模块（程序）中的地址都是逻辑地址。

（2）逻辑地址空间。一个目标模块（程序）或装入模块（程序）的所有逻辑地址的集合，称为逻辑地址空间或相对地址空间。

（3）物理地址。内存中实际存储单元的地址称为物理地址、绝对地址或内存地址。为了使程序装入内存后能够正常运行，就必须将程序代码中的逻辑地址转换为物理地址，这个转换操作称为地址转换或地址重定位。

（4）物理地址空间。内存中全部存储单元的物理地址集合称为物理地址空间、绝对地址空间或内存地址空间。由于每个内存单元都有唯一的地址编号，因此物理地址空间是一个一维的线性空间。要使装入内存的程序后能够正常运行、互不干扰，就必须将不同程序装入内存空间的不同区域。

（5）虚拟地址空间。CPU 支持的地址范围一般远大于机器实际内存的大小，对于多出来的那部分地址（没有对应的实际内存）程序仍然可以使用，我们将程序能够使用的整个地址范围称为虚拟地址空间，如 Windows XP 操作系统采用 32 位地址结构，每个用户进程的虚拟地址空间为 4GB（2^{32}B），但可能实际内存只有 2GB。虚拟地址空间中的某个地址称为虚拟地址，而用户进程的虚拟地址就是前面所说的逻辑地址。

源程序经过编译、连接后形成可装入模块，这时由装入程序根据内存当前的实际使用情况，将程序（可装入模块）装入内存中合适的物理位置。装入操作针对的是程序（可装入模块）的整个逻辑地址空间，而对应的物理地址空间既可以是连续的，也可以是离散的。程序装入内存后并不能立即运行，因为程序中凡涉及访问内存地址（简称访存地址）的指令，其访存地址仍然是逻辑地址，而不是内存中的物理地址，因此无法实现直接访问。要使装入内存的程序能够运行，就必须将程序中出现的逻辑地址都转换为计算机能够直接寻址的物理地址。

2．静态重定位

静态重定位（静态地址转换）是指程序运行前，在装入程序将整个程序静态装入内存时（也可在程序装入内存后到程序运行前的任何时间里），一次性将程序中出现的所有访存地址（逻辑地址）按下面的公式全部转换（替换）为物理地址，并且在程序运行过程中不再改变。

物理地址=逻辑地址+程序存放的内存起始地址

若采用静态重定位，通常不允许在程序静态重定位后，重新移动该程序代码和数据在内存的存放位置，因为这种移动意味着刚才对程序进行的重定位必须推倒重来，即需要按新的内存起始地址对程序再次进行静态重定位，这无疑会耗费大量的 CPU 空间。静态重定位示意图如图 6-22 所示。

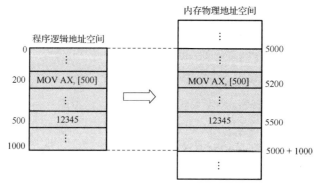

图 6-22　静态重定位示意图

在图 6-22 中，逻辑地址空间的用户程序在 200 号地址单元中有一条取数指令"MOV AX，[500]"，该指令的功能是将 500 号地址单元中存放的整数 12345 取到寄存器 AX 中。由于程序被装入起始地址为 5000 的内存区域，因此如果不把逻辑地址 500 转换为物理地址，而是从内存 500 号单元物理地址中取数就会出错。正确做法是将取数指令中数据的逻辑地址 500 加上本程序存放在内存中的起始地址 5000，将逻辑地址 500 转变成物理地址 5500，即取数指令"MOV AX，[500]"应修改为"MOV AX，[5500]"。因此程序在装入内存后应将其所有的逻辑地址都转换为物理地址。

采用静态重定位的优点是简单、容易实现，不需要增加任何硬件设备，可以通过软件全部实现。但缺点也很明显，主要表现在以下三个方面。

（1）程序装入内存后，在程序运行期间不允许该程序代码和数据在内存中移动，即无法实现内存重新分配，因此内存的利用率不高。

（2）如果内存提供的物理地址空间无法满足当前程序代码和数据的存储容量，则必须由用户在程序设计时采用某种方法来解决存储空间不足的问题，这无疑增加了用户的负担。

（3）不利于用户共享存放在内存中的同一个程序。如果几个用户要使用同一个程序，就必须在各自的内存空间中存放该程序的副本，这无疑浪费了内存资源。

3．动态重定位

动态重定位（动态地址转换）是指无论是程序运行前静态装入（一次性装入内存），还是在程序运行中动态装入各目标模块（或在虚拟存储器中动态装入程序的分页和分段）到内存，都不立即进行逻辑地址到物理地址的转换，地址转换工作是在程序运行中进行的，即当执行的指令中含有访存地址（此时为逻辑地址）时再进行地址转换。这样，那些虽然含有访存地址但却没有执行的指令，或者没有调入内存执行的目标模块都不进行地址转换，这无疑减少了地址转换的工作量。

为了提高地址转换的速度，动态重定位要依靠硬件地址转换机构来完成。硬件地址转换机构需要一个（或多个）基址寄存器（BR，又称重定位寄存器）和一个（或多个）逻辑地址寄存器（VR）。指令或数据在内存中的物理地址可表示为

$$物理地址 = (BR) + (VR)$$

式中，(BR)与(VR)分别表示基址寄存器和程序逻辑地址寄存器中的内容。

动态重定位的过程：装入程序先将程序（可装入模块）装入内存，然后将程序所装入的内存区域首地址作为基地址送入 BR 中。在程序运行中，当所执行的指令需要访问一个内存地址（该访存地址是逻辑地址）时，则将该逻辑地址送入 VR 中。这时，硬件地址转换机构把 BR 和 VR 中的内容相加（程序内存首地址加上逻辑地址）就形成了要访问的内存物理地址，如图 6-23 所示。

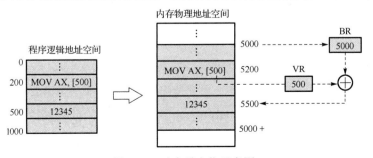

图 6-23　动态重定位示意图

在图 6-23 中，逻辑地址空间的用户程序在 200 号地址单元中有一条取数指令"MOV AX，[500]"，该指令的功能是将 500 号地址单元中存放的整数 12345 取到寄存器 AX 中。程序装入内存后，它在内存中的起始地址 5000 被送入 BR，当执行到"MOV AX，[500]"指令时，则将逻辑地址 500 送入 VR，这时硬件地址转换机构将两个寄存器 BR 和 VR 的内容相加得到该指令要访问的物理地址 5500，从而将内存物理地址 5500 中的数据 12345 取到寄存器 AX 中。

动态重定位具有以下三个优点。

（1）指令和数据的物理地址是在程序运行过程中由硬件动态形成的。只要将进程的各程序段在内存区中的起始地址存放到 BR 中，就能由地址转换机构得到正确的物理地址。因此可以给同一进程的不同程序段分配不连续的内存区域，并且在程序装入内存后，也可再次移动该程序代码和数据在内存中的存放位置，只要将移动后该程序代码和数据在内存的起始地址放入BR 即可正常运行，这有利于内存的管理和内存利用率的提高。

（2）动态重定位的地址转换工作是在程序执行过程中完成的，所执行的指令涉及访存地址时才进行地址转换，因此在程序运行时没有必要将它所有的模块都装入内存，可以在程序运行期间通过请求调入方式来装入所需要的模块，不需要的模块则不装入内存，按照这种方式使用内存就可以使有限的内存运行更大或更多的程序。因此动态重定位构成了虚拟存储器的基础。

（3）动态重定位有利于程序段的共享。多个进程可以共享位于内存区中的同一程序段，只要将该程序段在内存的起始地址放入 BR 即可。

动态重定位的缺点主要表现在两个方面：一是需要硬件支持；二是实现存储管理的软件算法比较复杂。

6.5.2　早期的内存管理方法

1．单一连续分区存储管理

单一连续分区存储管理方式只适合于单用户、单任务操作系统，是一种最简单的存储管理方式。单一连续分区存储管理将内存空间划分为系统区和用户区两部分，如图 6-24 所示。系统区仅供操作系统使用，通常放在内存的低地址部分，系统区以外的全部内存空间就是用户区，提供给用户使用。装入程序从用户区的低地址开始装入用户程序，且只能装入一个程序运行，用户区装入一个程序后，内存中的剩余区域无法再使用。

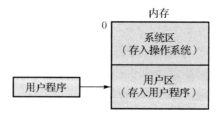

图 6-24　单一连续分区存储示意图

由于只有一个用户区可以使用，因此分配与回收都是针对这一区域进行的。分配过程是首先将待装入内存的程序所需的空间与用户区空间进行大小比较，若程序所需的内存空间没有超过用户区的大小，则为它分配内存空间；否则内存分配失败。回收操作则是在用户区的程序运行结束后，将该区域标志置为未分配即可。

单一连续分区存储管理的地址转换，可以采用静态重定位和动态重定位两种方式。

（1）采用静态重定位方式。

单一连续分区存储管理的地址转换多采用静态重定位方式，即用户程序在装入内存时采用静态重定位方式，一次性对程序中出现的所有访存地址（逻辑地址）进行转换。由于用户程序被装入从界限地址开始的内存区域，因此地址转换工作是对程序中出现的所有访存地址都以界限地址加访存地址所得到的物理地址进行替换，如图 6-25 所示。静态重定位之后，程序中出现的访存地址都修改成可以直接访问的内存物理地址，这样，程序就可以直接运行了。但是在程序运行期间，不允许再对程序进行修改，也不允许程序在内存中移动位置，因为这种修改和移动会造成地址改变，使程序无法正常运行。如果对程序进行了修改和移动，就必须重新对程序进行静态重定位。

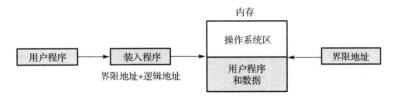

图 6-25　采用静态重定位方式

单一连续分区存储保护比较容易实现，即由装入程序检查用户程序的大小是否超过用户区的长度，若没有，则装入；否则不允许装入。

（2）采用动态重定位方式。

设置一个重定位寄存器并用它来指明内存中系统区和用户区的地址界限，同时作为用户区的基地址。用户程序由装入程序装入从界限地址开始的内存区域，但这时并不进行地址转换。地址转换要推迟到程序运行时，当所执行的指令含有访存地址（逻辑地址）时，硬件地址转换机构就将这个逻辑地址与重定位寄存器中的值（界限地址）相加，得到要访问的物理地址，如图 6-26 所示。

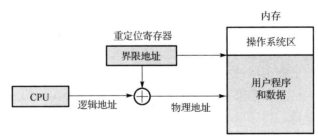

图 6-26　采用动态重定位方式

动态重定位的存储保护也很容易实现，即在程序执行过程中，由硬件地址转换机构将逻辑地址和重定位寄存器的值（界限地址）相加，从而获得要访问的物理地址，并通过检查该物理地址是否在允许的区域范围内来实现存储保护，即超出允许的区域，则产生地址越界错误。

采用动态重定位的优点：可以任意修改程序，以及在内存中移动程序的存放位置（系统同时将程序移动后存放的内存首地址送入重定位寄存器），由于程序中指令里出现的访存地址是逻辑地址，且地址转换是在指令执行过程中完成的，因此程序的修改和移动并不对地址转换造成影响。动态重定位的缺点：需要附加硬件的支持，而且实现动态重定位的管理软件也较为复杂。

2．固定分区存储管理

固定分区存储管理是最早使用的一种可运行多道程序的存储管理方法，即将内存中操作系统区之外的用户空间划分成若干个固定大小的区域，每个区域称为一个分区，可装入一个用户程序运行，如图 6-27 所示。分区一旦划分完成，就在系统的整个运行期间保持不变。由于每个分区允许装入一道程序运行，这就意味着系统允许在内存中同时装入多道程序并发运行。

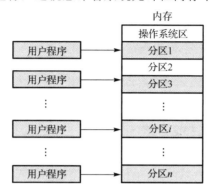

图 6-27　固定分区分配示意图

在固定分区存储管理方式中，分区的数目和每个分区的大小一般由系统操作员或操作系统决定。分区划分一般采用以下两种方式。

（1）分区大小相等方式。

所有内存分区的大小均相等，这种分配方式的优点是管理简单，缺点是缺乏灵活性。例如，若程序过小，则会造成内存空间浪费；若程序过大，则因程序无法装入分区而导致其不能运行。

（2）分区大小不等方式。

为了克服分区大小相等这种缺乏灵活性的缺点，可以把内存空间划分为若干大小不等的分区，使得内存空间含有较多的小分区，适量的中分区和较少的大分区。装入程序时可以根据用户程序的大小将其装入合适的分区。

为了有效管理内存中各分区的分配与使用，系统建立了一张分区分配表，用来记录内存中所划分的分区及各分区的使用情况。分区分配表的内容包括分区号、起始地址、大小和状态，状态的值为 0 表示该分区空闲可以装入程序。当某分区装入程序后，将状态栏的值改为所装入的程序名，表示该分区被此程序占用，如图 6-28 所示。

分区号	起始地址	大小/KB	状态
1	16 k	8	程序A
2	24 k	8	0
3	32 k	16	程序B
4	48 k	16	程序C
5	64 k	32	0
6	96 k	64	0

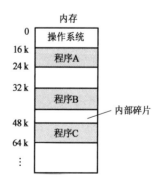

（a）分区分配表　　　　　　　　　（b）内存空间分配示意图

图 6-28　固定分区管理示意图

当系统启动后在为程序分配分区时，根据内存分区的划分，在分区分配表中填入每个分区的起始地址和大小，并且将所有的状态栏均填入 0，表示这些分区可用。

当有程序申请内存空间时，则检查分区分配表，选择那些状态为 0 的分区来比较程序地址空间的大小和分区的大小。当所有空闲分区的大小都不能容纳该程序时，则该程序暂时不能装入内存，并由系统显示内存不足的信息；当某个空闲分区的大小能容纳该程序时，则把该程序装入这个分区，并将程序名填入这个分区的状态栏。

程序进入分区有两种排队策略：一是每个程序被调度程序选中时，就将其排到一个能够装入它的最小分区号（不管该分区是否空闲）等待队列中，但这种策略在等待处理的程序大小很不均匀时，会出现有的分区空闲而有的分区忙碌的情况；二是所有等待处理的程序排成一个队列，当调度其中一个程序进入内存分区时，则选择可容纳它的最小空闲分区，分配给它以充分利用内存。

当程序运行结束时，根据程序名检索分区分配表，从状态栏信息可找到该程序所使用的分区，然后将这个分区状态栏置为 0，表示这个分区已经空闲可以装入新的程序。

固定分区存储管理的地址转换可以采用静态重定位方式，即

$$物理地址=逻辑地址+分区起始地址$$

因此程序一旦装入内存，其位置就不会再发生改变。系统设置了两个地址寄存器，分别称为上界寄存器和下界寄存器。上界寄存器用来存放分区的低地址，即起始地址；下界寄存器用来存放分区的高地址，即结束地址。装入程序在将用户程序和数据装入内存分区时进行地址转换，即将用户程序和数据中出现的逻辑地址，改为由逻辑地址加上上界寄存器中所存放的分区低地址，即转换为可直接访问的物理地址。

3．可变分区存储管理

可变分区（又称为动态分区）存储管理方式在程序装入内存之前并不预先建立分区，而是在程序运行时根据程序对内存空间的需要，动态建立内存分区。分区的划分时间、大小及其位置都是动态的，因此这种管理方式又称为动态分区分配。由于分区的大小完全按程序装入内存的实际大小来确定，且分区的数目也可变化，因此这种分配方式能够有效减少固定分区方式中出现的内存空间浪费现象，有利于多道程序的设计并进一步提高内存资源的利用率。

为了实现可变分区分配，系统必须配置相应的数据结构来反映内存资源的使用情况，以便为可变分区的分配与回收提供依据。通常使用的数据结构包括已分配分区表、空闲分区表及空闲分区链。

已分配分区表用于登记内存空间中已经分配的分区，每个表项记录一个已分配分区，其内容包括分区号、起始地址、大小和状态，如表 6-1 所示。空闲分区表则记录内存中所有空闲的分区，每个表项记录一个空闲分区，其内容包括分区号、起始地址、大小和状态，如表 6-2 所示。空闲分区链以系统当前的空闲分区为节点，利用链指针将所有空闲分区节点连接成一个双向循环队列，如图 6-29 所示。为了检索方便，每个空闲分区节点的头部和尾部除了链指针，还用专门的单元记录了本空闲分区节点的大小、状态等控制分区分配的信息。

表 6-1　已分配分区表

分区号	起始地址	大小/KB	状态
1	50 k	20	P1
2	90 k	15	P2
3	260 k	40	P3
⋮	⋮	⋮	⋮

表 6-2　空闲分区表

分区号	起始地址	大小/KB	状态
1	70 k	20	0
2	105 k	155	0
3	300 k	100	0
⋮	⋮	⋮	⋮

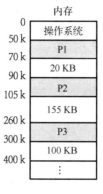
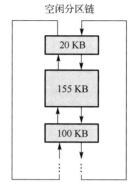

图 6-29　内存及空闲分区链

将一个新程序装入内存时，需要先按照某种分配算法为其寻找一个合适的内存空闲区，然后将其装入该空闲区。根据空闲区在空闲分区表中的不同排列方法，相应形成了不同的空闲区分配算法，包括首次适应算法、最佳适应算法和最差适应算法。

（1）首次适应算法。

首次适应算法（也称为最先适应算法）要求空闲分区按内存地址递增的次序排列在空闲分区链上。每当一个程序申请装入内存时，管理程序从空闲分区链链首开始查找空闲分区（按内存地址递增的顺序查找），直到找到一个最先满足此程序需求的空闲分区，并按此程序的大小从该空闲分区中划出一块连续的内存区域给该程序使用。而该分区剩余的部分，仍按地址递增的次序保留在空闲分区链中，但还需修改该空闲分区在空闲分区表中的起始地址和大小。若未能找到满足程序需求的空闲分区，则此次分配失败。

首次适应算法的特点：每次都从内存的低地址端开始查找满足需求的空闲分区，即优先对低地址部分的空闲分区进行分配，从而保留了高地址部分的大空闲区，这就给未来大程序的分配预留了内存空间。

（2）最佳适应算法。

最佳适应算法要求空闲分区按分区大小递增的次序排列在空闲分区链上。最佳适应算法在为用户程序分配内存空闲分区时，从空闲分区链链首的最小空闲分区开始查找，找到的第一个大小满足程序需求的空闲分区就是最佳空闲分区。该分区能满足程序的存储需要，并且在分配后剩余的空闲空间最小（因浪费最小故称为最佳适应算法），这剩余的小空闲分区仍按分区的大小插入空闲分区链，同时修改该空闲分区在空闲分区表中的起始地址和大小。

需要注意的是，最佳仅仅是针对每一次分配而言的。若从分配的整体情况来看，由于每次分配后所剩余的空闲空间总是最小，因此随着分配的不断进行，就会在内存留下越来越多无法再继续使用的小空闲分区。

（3）最差适应算法。

最差适应算法要求空闲分区按分区大小递减的次序排列在空闲分区链上。最差适应算法在分配空闲分区时，恰好与最佳适应算法相反，即每一次总是把空闲分区链链首的最大的空闲分区分配给请求的用户程序。若该空闲分区小于程序需求的大小，则分配失败，因为系统此时已没有能够满足程序需求的空闲分区了；若能够满足程序的需求，则按程序需求的大小，从该空闲分区中划出一块连续区域分配给它，而将该空闲分区剩余的部分仍作为一个空闲分区，按其大小插入空闲分区链，同时修改该空闲分区在空闲分区表中的起始地址和大小。

由于最差适应算法在分配时总是选择内存中最大的空闲分区进行分配，因此分配后所剩余的部分也相对较大，这有利于以后再分配给其他程序使用。

上述三种内存分配算法特点各异，很难说哪种算法更好或更高效，应根据实际情况合理进行选择。

6.5.3　分页存储管理

前面介绍的分区存储管理要求每个程序在分区内是连续存储的，致使无论是固定分区管理还是可变分区管理，在内存空间利用率上都是较低的，这是因为前者产生内部碎片（分区内部的碎片），后者产生外部碎片（无法分配的小分区碎片）。在可变分区管理中，虽然紧凑技术是解决内存外部碎片的一种途径，但需要在内存中移动大量信息而花费不少 CPU 时间，代价较高。为了彻底解决连续分配方式所存在的问题，内存的分配发展出离散分配方式。在离散分配方式下，允许程序分散地放入不连续的内存区，这样既能减少内存的碎片，提高内存的利用率，也无须在内存紧张时进行内存的紧凑工作，因此节省了 CPU 时间。分页存储管理就是跳出了内存区连续分配的限制，采取了离散分配内存空间的方式，离散分配的基本单位是页（Page）。

1．实现原理

在分页存储管理中，一个程序的逻辑地址空间被划分成若干个大小相等的区域，每个区域称为页或页面，并且程序地址空间中所有的页都是从 0 开始顺序编号的。相应地，内存物理地址空间也按同样方式划分成与页大小相同的区域，每个区域称为物理块或页框；与页一样，内存空间中的所有物理块也从 0 开始顺序编号。在为程序分配内存时，允许以页为单位将程序的各个页分别装入内存中相邻或不相邻的物理块，如图 6-30 所示。由于程序的最后一页往往不能装满分配给它的物理块，于是会有一定程度的内存空间浪费，这部分被浪费的内存空间称为页内碎片。

分页系统中页的选择对系统性能有重要影响。若页划分得过小，虽然可以有效减少页内碎片，并提高内存利用率，但会导致每个进程需要更多的页，这样会使分页系统中用于管理页的页表（Page Table）增大从而占用更多的内存空间。若页划分得过大，虽然可以减少页表大小并提高页的置换速度，但会导致页内碎片增大，而且当一个页大到能装下一个程序时就退化为分区存储管理了，因此页的大小应适中。分页系统中页的大小取决于机器的地址结构，一般设置为 2 的整数幂，通常为 512B～8KB。

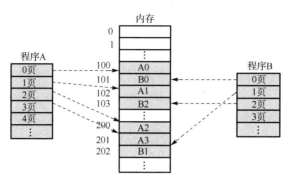

图 6-30　程序以页为单位离散装入内存示意图

2．逻辑地址结构

在分页存储管理中，程序中的逻辑地址被转换为页号和页内地址。这个转换工作在程序执行时由系统硬件自动完成，整个过程对用户透明。因此用户编程时不需要知道逻辑地址与页号和页内地址的对应关系，只需要使用一维的逻辑地址。

程序的一维逻辑地址空间经过系统硬件自动分页后，形成"页号+页内地址"的地址结构，如图 6-31 所示。在如图 6-31 所示的逻辑地址结构中，逻辑地址通过页号和页内地址来共同表示。其中，0～11 位是页内地址，即每个页的大小是 4KB；12～31 位是页号，即地址空间最多允许有 2^{20} 个页。一维逻辑地址与页号和页内地址的关系为（页长即一页的大小）

一维逻辑地址=页号×页长+页内地址

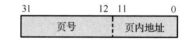

图 6-31　分页存储管理中的逻辑地址结构

3．数据结构

为了实现分页存储管理，系统主要设置了以下两种表格。

（1）页表。

在分页系统中，允许程序所有的页以离散方式分别存储在内存不同的物理块中，为了使程序能够正确运行，必须在内存空间中找到存放每个页的物理块。因此操作系统为每个程序（进程）建立了一张页映射表，简称页表，用来存储页号及其映射（装入）的内存物理块号。最简单的页表由页号及其映射的物理块号组成，如图 6-32 所示。由于页表的长度由程序所拥有页的个数决定，故每个程序的页表长度通常不同。

（2）内存分配表。

为了正确地将一个页装入内存的某一物理块，就必须知道内存中所有物理块的使用情况，因此系统建立一张内存分配表来记录内存中物理块的分配情况。由于每个物理块的大小相同且不会改变，因此最简单的办法是用一张位图（Bitmap）来构成内存分配表。位图是指在内存中开辟若干个字，它的每一位与内存中的一个物理块相对应。每一位的值可以是 0 或 1，当取值为 0 时，表示对应的物理块空闲；当取值为 1 时，表示对应的物理块已分配。此外，在位图中增加一个字节，来记录内存当前空闲物理块的总数，如图 6-33 所示。

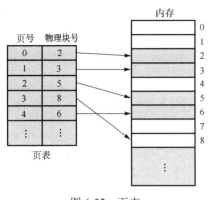

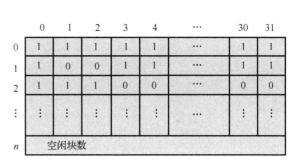

图 6-32　页表

图 6-33　位图

4．地址转换

在分页存储管理中，程序运行时如果执行的指令中含有访存地址（逻辑地址），就要将这个逻辑地址转换为物理地址。如何将由页号和页内地址组成的逻辑地址转换为内存中实际的物理地址呢？系统是通过硬件地址转换机构来完成地址转换工作的。由于页内地址和物理块内的地址一一对应（如一个大小为 4KB 的页，其页内地址是 0～4095，则对应的物理块大小也为 4KB，其块内地址也是 0～4095）因此硬件地址转换机构的主要任务实际上是完成页号到物理块号的转换。由于页表记录了程序中所有的页号到内存物理块号的映射关系，因此硬件地址转换机构要借助页表来完成地址转换工作。

在分页存储管理中，系统为每个程序建立了一张页表并存放于内存。当程序被装入内存但尚未运行时，页表始址（页表在内存中的起始地址）和页表长度（程序逻辑地址空间从页号 0 开始划分出的最大页号）等信息被保存到为该程序（进程）创建的 PCB 中。一旦进程调度程序调度该进程运行时，其 PCB 中保存的页表始址和页表长度（或请求表中的这两项信息）便被装入页表控制寄存器，基本地址转换过程如图 6-34 所示。

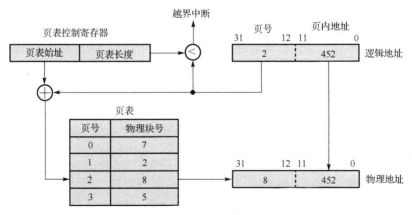

图 6-34　基本地址转换过程

当程序（进程）运行时，所执行的指令含有访存地址（逻辑地址），此时启动硬件地址转换机构，硬件地址转换机构按照以下步骤完成逻辑地址到物理地址的转换工作。

217

（1）地址转换机构自动将一维逻辑地址划分为页号和页内地址，如图 6-31 中逻辑地址的 12～31 位的值为页号，而 0～11 位的值为页内地址。

（2）将从逻辑地址中得到的页号与页表控制寄存器中存放的页表长度进行比较，如果页号大于页表长度，系统就产生地址越界中断，表示要访问的逻辑地址已经超出了该进程使用的逻辑地址空间；否则就根据页表控制寄存器中的页表始址，找到页表在内存中存放的起始地址。

（3）首先由页表的起始地址（指向 0 号页）加上逻辑地址中的页号（在页表中该页号又表示页表项的相对位移）得到该页号所在的页表项位置，由这个页表项可得到该页映射（装入）到的内存物理块号。然后将这个物理块号与逻辑地址中的页内地址拼接在一起（不是相加），即用物理块号取代逻辑地址中的页号，而页内地址保持不变就形成了要访问的内存物理地址。在图 6-31 中，由页表始址（指向 0 号页）加上页号 2，即在页表中向下偏移两个页表项位置，就得到 2 号页在内存的物理块号为 8。这时，只需将物理块号 8 取代逻辑地址中 12～31 位的页号 2，而页内地址 452 保持不变，就得到了要访问的内存物理地址。也就是说，实际要访问的物理地址与物理块号和页内地址的关系是

$$物理地址=物理块号×页长+页内地址$$

5．具有快表的地址转换

从基本地址转换过程可知，由于页表驻留在内存中，因此当 CPU 依据指令中的逻辑地址进行操作时，至少要访问两次内存。第一次访问内存中的页表，先从页表的对应表项中找到欲访问页所映射的内存物理块号，再将该物理块号和逻辑地址中的页内地址拼接形成真正的物理地址；第二次根据这个物理地址对内存该地址中存放的数据进行操作。这种数据访问方式虽然提高了内存的利用率，但却使 CPU 的处理速度降低了将近一半，显然这不是我们希望看到的结果。

为了提高地址转换的速度，可以将页表存放在一组专门的寄存器中，即一个页表项用一个寄存器存放。但由于寄存器的价格昂贵，这种做法的实际意义不大。

另一种行之有效的方法是在地址转换机构中增加一个具备并行查找能力的高速缓冲寄存器[又称联想存储器（Associative Memory）]来构成一张快表，快表中保存着当前运行进程最常用的页号及其映射的物理块号。具有快表时的地址转换过程：当 CPU 给出需要访问的逻辑地址后，地址转换机构根据该逻辑地址中的页号，在快表中查找其映射的物理块号。若含有该页号的页表项已在快表中，则可直接从快表中获得该页号所映射的物理块号，并完成物理地址的转换；若在快表中没有找到与页号对应的页表项，则仍然通过内存中的页表进行查找，并从该页号对应的页表项中获得该页号映射的物理块号来完成物理地址的转换，同时将此页表项存入快表。显然，在向快表中存入新页表项时，可能出现快表已满的情况，这时操作系统必须按某种算法淘汰快表中的页表项，以便把新的页表项信息装入快表。注意，在快表中查找和在内存中查找是同时进行的，只不过在内存页表中查找的速度要慢一些，当快表中找到含有该页号的页表项时，则终止内存中页表的查找。具有快表的地址转换过程如图 6-35 所示。

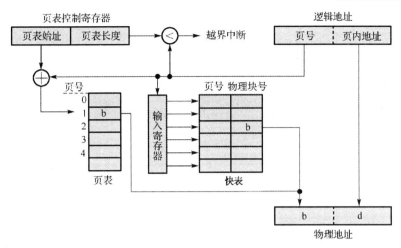

图 6-35　具有快表的地址转换过程

6.5.4　分段存储管理

存储管理从固定分区分配发展到可变分区分配，再发展到分页存储管理，主要是为了提高内存空间的利用率。但从用户角度看，以上几种管理方式都存在局限性，难以满足用户在编程和使用上的多方面需求，如在分页存储管理方式中，程序的逻辑地址空间是一维线性的，虽然可以将程序划分为若干页，但页与程序之间并不存在逻辑关系，也就很难以模块为单位对程序进行分配、共享和保护。事实上，程序大多采用分段结构，若能以段为单位为程序离散分配内存空间，则可满足用户多方面的需求，由此出现了分段存储管理。

1. 实现原理

在分段存储管理中，系统将程序的逻辑地址空间分成若干逻辑段，如主程序段、子程序段、数据段等，每段都是一组逻辑意义完整的信息集合，且有各自的段名或段号，即在逻辑上是各自独立的。每段都是从 0 开始编号的一维连续地址空间，其长度由段自身包含的逻辑信息长度决定，所以各段的长度可以不同，整个程序的所有段构成了二维地址空间，如图 6-36 所示。在为程序分配内存空间时，允许以段为单位将程序离散地装入相邻或不相邻的内存空间，而每个段则占用一段连续的内存区域，系统通过硬件地址转换机构，将段的逻辑地址转换为实际的内存物理地址，从而使程序能够正确运行。

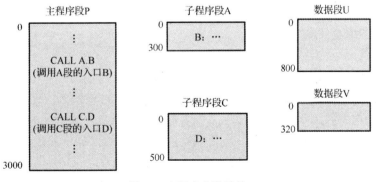

图 6-36　程序分段结构

2．逻辑地址结构

在分段存储管理中，由于程序的地址空间被分成若干段，因此程序中指令里出现的访存地址（逻辑地址）是二维的，即逻辑地址由段号（段名）和段内地址两部分组成，如图 6-37 所示。段号和段内地址都从 0 开始编号，段号范围决定了程序中最多允许有多少个段，段内地址的范围则决定了每个段的最大长度。在图 6-37 所示的逻辑地址结构中，一个程序最多允许 256（2^8）个段，每个段的最大长度为 16MB（2^{24}B）。

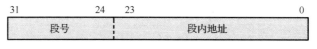

图 6-37　分段存储管理中的逻辑地址结构

在现代操作系统中，绝大多数编译程序都支持分段存储方式，因此用户程序如何分段这个问题对用户来说是透明的，即可以由编译程序根据源程序的情况自动分成若干个段。

3．段表

在分段存储管理中，程序的各段以离散分配方式装入内存中相邻或不相邻的空闲分区，即内存中各段之间可以不连续，但每个段在所装入的分区中是连续的。为了使程序正常运行，必须要找到每个逻辑段在内存中具体的物理存储位置，即实现将二维逻辑地址转换为一维物理地址，这项工作通过段映射表（简称段表）来完成。系统为每个程序建立了一个段表，程序的每段在段表中都有一个段表项，这个段表项记录了该段的段号，该段在内存中的起始地址（内存始址），以及该段的长度（段长）等信息，如图 6-38 所示。

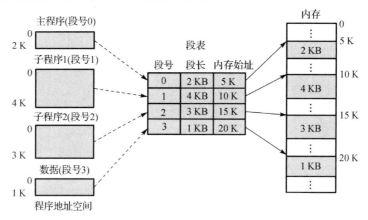

图 6-38　通过段表实现地址转换

4．地址转换

分段存储管理也涉及地址转换问题，为了实现段的逻辑地址到内存物理地址的转换，系统为每个程序设置了一个段表，地址转换机构通过段表来完成逻辑段到内存物理分区的映射。由于段表一般存放在内存中，因此系统使用了段表控制寄存器来存放运行程序（进程）的段表始址（段表在内存中的起始地址）和段表长度（程序的逻辑地址空间中从段号 0 开始划分出的最大段号）。进行地址转换时，先通过段表控制寄存器中存放的段表始址找到段表，再从段表中找到对应的段表项来完成逻辑段到内存物理分区的映射。图 6-39 所示为分段存储管理中的地址转换过程。

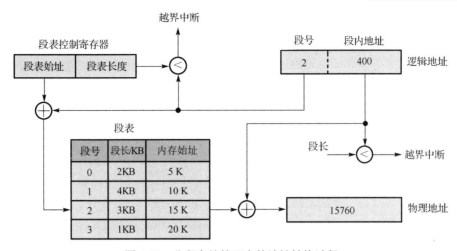

图 6-39 分段存储管理中的地址转换过程

程序运行中如果执行的指令里含有访存地址（逻辑地址），就要将这个逻辑地址转换为内存物理地址。在地址转换过程中，硬件地址转换机构首先将逻辑地址中的段号与段表控制寄存器中的段表长度（程序中允许的最大段号）进行比较，若段号超过了段表长度，则产生一个段越界中断信号；否则，将段表控制寄存器中的段表始址和逻辑地址中的段号（在段表中表示段表项的相对位移）相加，找到该段在段表中对应的段表项，并从此段表项中获得该段的内存始址。然后根据逻辑地址中的段内地址是否大于段表项中的段长，来判断是否产生段内地址越界，若大于，则产生地址越界中断信号；若不大于（段内地址未越界），则将已获得的该段的内存始址与逻辑地址中的段内地址相加，得到要访问的内存物理地址。

通过以上地址转换过程可知，若段表存放在内存中，根据所执行指令中的访存地址（逻辑地址）找到要访问的内存物理地址，CPU 需要两次访问内存。第一次是访问内存中的段表，找到与该段对应的段表项，并从中得到该段的内存始址，然后由内存始址加上逻辑地址中的段内地址，得到要访问的内存物理地址；第二次再对该内存物理地址中存放的数据进行操作。这种访问方式降低了计算机的处理速度，解决的方法与分页存储管理类似，也是设置联想存储器（快表）。由于程序的分段数量远少于分页的数量，这使得段表中的段表项个数也比页表中页表项个数少得多，因此所需要的联想存储器也相对较少。具有快表的分段存储管理与具有快表的分页存储管理的地址转换过程基本一致，此处不再赘述。

分段存储管理与分页存储管理都属于离散分配方式，因此它们有许多相似之处。首先，它们对程序的内存空间都采用离散分配方式；其次，为了实现各自的管理，它们都设置了相似的数据结构；最后，在地址转换时都要通过地址转换机构，即分别利用段表或页表来实现地址的转换。此外，在指令执行中，对数据进行操作都需要多次访问内存，且都可以通过设置快表来提高地址转换的速度。

然而，由于分段与分页是两个完全不同的概念，因此二者之间存在着明显的差异。分段是信息的逻辑单位，由源程序的逻辑结构所决定，分段是用户的需要且用户可见，段长可以根据用户需要来确定，段的起始地址可以从任何内存地址开始。在分段方式中，源程序中的逻辑地址（段号、段内地址）经连接装配后仍然保持二维结构。而分页是信息的物理单位，是系统管理内存的需要而不是用户的需要，即分页与源程序的逻辑结构无关，且用户不可见。页长由系统决定，每一页只能从页大小的整数倍地址开始，源程序中的逻辑地址（页号、页内地址）经连接装配后其地址已变成了一维结构。

分段存储管理主要是为了满足用户的多方面需求而引入的。分页存储管理是针对连续分配方式的局限性而产生的一种离散分配方式，其优点是：在为程序分配内存空间时，不要求一个连续的内存空间，它增大了分配的灵活性，提高了内存空间的利用率，有效缓解了连续分配方式下的碎片（指外部碎片）问题。

6.5.5 段页式存储管理

分段存储管理与分页存储管理在离散分配中各有优点：分段存储管理是基于用户程序结构的存储管理技术，有利于模块化程序设计，便于段的扩充、动态链接、共享和保护，但往往会产生段之间的外部碎片，浪费内存空间；分页存储管理是基于系统存储器结构的存储管理技术，内存利用率高，便于系统管理，可以避免产生外部碎片，但不易实现共享。如果这两种存储管理方式各取所长，就可形成一种新的存储管理方式——段页式存储管理。这种新的存储管理方式既具有分页存储管理能够有效提高内存利用率的优点，又具有分段存储管理能够很好满足用户需要的长处，显然是一种更有效的存储管理方式。

段页式存储管理结合了分段存储管理和分页存储管理的优点，在为程序分配内存空间时，采用的是各段之间按分段存储管理进行分配，每个段内部则按分页存储管理进行分配的方式。首先，根据程序自身的逻辑结构，运用分段存储管理的思想，把程序的逻辑地址空间划分为若干段，每段有各自的段名或段号；然后，依据分页存储管理的方法，在每个段内按页的大小将该段划分为不同的页，且段内的这些页从 0 开始顺序编号。内存空间的管理则只按页的大小将内存划分为若干个物理块，并且内存中所有物理块从 0 开始顺序编号。在为程序分配内存空间时，允许以页为单位，一次性将一个程序中每个段的所有页装入内存若干相邻或不相邻的物理块。

需要强调的是，在分段存储管理中，尽管程序的各段以离散方式装入内存，但每段在内存中仍需连续，因此段的大小仍然受到内存空闲区大小的限制。然而在段页式存储管理中，由于对段又进行了分页，即逻辑地址空间中的最小单位是页，内存空间也被划分为与页大小相等的若干个物理块。分配以页为单位进行，因此每个段包含的所有页在内存中也实现了离散存储（这些页可以存储到内存不相邻的物理块中）。

1. 逻辑地址结构

在段页式存储管理中，一个程序的逻辑地址结构由段号、段内页号和页内地址这三部分组成，如图 6-40 所示。

图 6-40　段页式存储管理中的逻辑地址结构

程序的逻辑地址仍然是一个二维地址空间，用户可见的仍然是段号和段内地址，而地址转换机构则根据系统要求自动把段内地址分为两部分，高位部分为页号（段内页号），低位部分为页内地址。假定逻辑地址的长度为 32 位，若段号占 8 位，段内页号占 12 位，页内地址占

12 位，则一个程序最多允许有 256（2^8）个段，每段最多允许 4096（2^{12}）个页，每页的大小为 4KB（2^{12}B）。

2．数据结构

为了实现段页式存储管理，系统必须设置以下两种数据结构。

（1）段表。系统为每个程序建立一张段表，程序的每个段在段表中有一个段表项，此段表项记录了该段的页表长度和页表始址（页表在内存中存放的起始地址）。

（2）页表。系统为程序中的每一个段都建立一张页表，一个段中的每个页在该段的页表中都有一个页表项，每个页表项记录了一个页的页号及其映射的内存物理块号。

3．地址转换

在段页式存储管理中，所执行指令中的访存地址（逻辑地址）到内存物理地址的转换也是由硬件地址转换机构完成的。在地址转换过程中需要使用段表和页表，而程序的段表和页表通常都存放在内存中。因此地址转换机构配置了一个段表控制寄存器，用来记录运行程序的段表长度和段表始址（段表存放在内存的起始地址）。段页式存储管理的地址转换过程如图 6-41 所示。

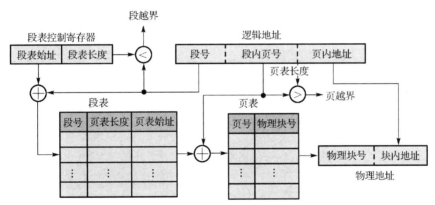

图 6-41　段页式存储管理的地址转换过程

地址转换时，地址转换机构首先将逻辑地址中的段号与段表控制寄存器中的段表长度（程序中允许的最大段号）比较，若段号大于段表长度，则产生段越界中断；否则未越界，这时将段表控制寄存器中的段表始址和逻辑地址中的段号（表示段表项的相对位移）相加，获得该段号所对应的段表项在段表中的位置，找到该段表项后，从中获得该段的页表在内存中的页表始址和页表长度。若逻辑地址中的段内页号大于该段表项中的页表长度（该段所允许的最大页号），则产生页越界中断；否则，在该段表项中取出页表始址和逻辑地址中的段内页号（页表项的相对位移）相加，获得该段的页表中段内页号对应的页表项位置，并从此页表项中获得该页号所映射的内存物理块号，最后将此物理块号和逻辑地址中的页内地址拼接（由物理块号替换逻辑地址中的段内页号而页内地址不变），形成要访问的内存物理地址。

对段页式存储管理而言，要完成对内存中某个数据的访问，至少要访问三次内存：第一次访问内存是根据段表控制寄存器中的段表始址加上逻辑地址中的段号（段表项的相对位移），在内存中查找程序的段表找到该段号对应的段表项，并在此段表项中找到该段号所对应的页表始址；第二次访问内存是根据页表始址加上逻辑地址中的段内页号到内存中访问页表找到对应的页表项，并从此页表项中找到段内页号映射的物理块号，并将该物理块号与逻辑地址中的页内地址拼接，形成要访问的内存物理地址；第三次才是根据这个内存物理地址访问该地址中存放的数据。显然，内存访问次数的增加会使计算机的运行速度受到很大的影响。

为了提高地址转换的速度，在段页式存储管理系统中设置联想存储器（快表）显得尤为重要。快表中存放了当前执行程序最常用的段号、段内页号和映射的内存物理块号。当要访问内存中某个数据时，可以先根据段号、段内页号在快表中查找是否有与之对应的表项，若找到，则不必再到内存中访问段表和页表，直接将快表中找到的表项中所映射的物理块号与逻辑地址中的页内地址拼接成要访问的内存物理地址；若快表中未找到相应的表项，则仍需两次访问内存（一次访问段表，一次访问页表）来获得内存物理地址，并同时将此次访问的段号、段内页号与所映射的物理块号保存到快表中；若快表已满，则还需在保存前根据某种算法淘汰快表中的某个表项。

6.5.6　虚拟存储器管理

前面介绍的各种存储管理方式都有一个共同的特点，即程序运行时必须先将该程序一次性全部装入内存。当程序大小超出内存可用空间大小时，则因程序无法全部装入内存而导致其不能装入，即该程序无法运行。此外也存在着多个程序要求运行，却因内存容量不足只能装入一部分程序投入运行，而未装入的其他程序只好驻留在外存等待。为了解决内存不足的问题，最直接的方法是从物理上增加内存容量，但受多方面因素的制约，不可能在系统中无限制地扩大物理内存。于是就提出了这样一个问题：在程序未全部装入内存的情况下能否使程序正常运行呢？由此促使虚拟存储器（Virtual Memory）管理方式的产生。

1．虚拟存储器概念

前面介绍的存储管理方式有两个明显的特征，即一次性和驻留性：一次性是指进程在执行前，必须将它所有的程序和数据一次性全部装入内存；驻留性是指程序和数据一旦装入内存就一直在内存中存放，直到进程运行结束。显然，一次性和驻留性直接导致了内存空间利用率的降低。

早在 1968 年，P.Denning 就通过大量实验提出了程序的局部性原理，该原理表明，在一段时间内程序的执行仅局限于程序的某个部分。相应地，所访问的存储空间也局限于内存的某一区域内，它描述了一个进程中程序和数据引用的簇聚性倾向。具体而言，程序局部性原理表现为时间局部性和空间局部性。时间局部性是指若程序中某条指令执行，则不久的将来该指令可能会再次执行。产生时间局部性的典型原因是在程序中存在着大量的循环操作。空间局部性是指若某个存储单元被访问，则不久以后该存储单元及与该存储单元相邻的那些存储单元也最有可能被访问，即程序在一段时间内所访问的地址可能集中在一定的范围内，如对数组元素的访问。

根据程序的局部性原理，一个进程在运行的某个时间段内只访问其程序的一部分指令或数据，所以就没必要在进程运行之前将其所属的全部程序和数据都装入内存，即只装入进程当前运行所需要的部分程序和部分数据就可启动运行，以后再根据需要逐次装入剩余的部分程序和数据。并且，内存中暂不执行的那部分程序和暂不使用的那部分数据也不必放在内存中，可以将其由内存调至外存，释放它们所占用的内存空间。对内存中的各进程也是如此，内存中暂时没有执行的进程也可以将其由内存调至外存，释放它所占用的内存空间，并用来装入外存上需要投入运行的进程，被调出到外存的进程在需要运行时，再重新调入内存。这样一来，在内存容量不变的情况下，就可以使一个大程序在较小的内存空间中运行，也可以装入更多的进程（程序）并发运行。

由于一次性和驻留性在进程运行时不是必需的，因此可以按照以下方式来运行进程，即一个进程只装入其部分程序和数据便投入运行。在进程运行过程中，若需要访问的指令和数据在内存中，则继续执行；若不在内存中，则系统通过调入功能，把进程需要执行或访问的这部分程序和数据由外存自动装入内存（称为部分装入）；若内存已无足够的空闲区装入这部分信息，则系统把该进程在内存中暂时不用的部分程序和数据从内存中调出到外存（称为部分对换），以便腾出内存空间装入该进程需要调入内存的这部分信息。进程按照这种方式运行，会明显提高内存空间的利用率和系统吞吐量。对用户而言，所感觉到的是一个容量更大的内存，通常把它称为虚拟存储器，简称虚存。

严格地说，虚拟存储器是指内存采取离散方式分配，自动实现进程在内、外存之间的部分装入和部分对换，仅将进程的一部分程序和数据装入内存即可运行。从逻辑上讲，虚拟存储器是对内存容量进行扩充的一种虚拟的存储器。虚拟存储器的逻辑容量由内存容量和外存容量之和决定，其运行速度接近于内存速度，而存储信息的成本接近于外存。需要注意的是，虚拟存储器所指的部分对换，与前面介绍的交换技术都可以在内存和外存交换区之间交换信息，进而实现内存的扩充，但两者却有很大的差别。交换是以整个进程为单位的，称为整体对换，被广泛用于分时操作系统，其目的是进一步提高内存利用率；部分对换是以块（页或段）为单位的，用于支持虚拟存储器的实现。

那么，如何实现虚拟存储器呢？如果采用连续分配方式为进程分配内存空间，即使一个进程的程序和数据可以拆分为多个部分多次装入内存，但是连续分配方式要求进程在内存空间中的地址必须是连续的，因此在为进程分配内存时，必须按其逻辑地址大小一次性为其分配足够的连续内存空间。在这种情况下，若不将整个进程的程序和数据一次性装入内存，就会造成在某一时间段为该进程分配的部分内存空间处于空闲状态，且受连续分配方式的制约，这部分空闲的内存空间又无法分配给其他进程使用，于是就造成了内存资源的严重浪费，并且也不可能从逻辑上对内存容量进行扩充。基于上述理由可以得出这样一个结论：要想实现虚拟存储器，就必须采用建立在离散分配基础上的存储管理方式。因此要实现虚拟存储器，系统一般应具备以下四个条件。

（1）能够完成虚拟地址到物理地址的转换。程序中使用的是虚拟地址（逻辑地址），为了实现虚拟存储器，就必须完成虚拟地址到内存物理地址的转换。虚拟地址的大小可以远远超过实际内存容量的大小，它只受地址寄存器的位数限制，如一个 32 位的地址寄存器，其支持的虚拟地址最大可达 4GB。

（2）实际内存空间。程序装入内存后才能运行，所以内存空间是构成虚拟存储空间的基础。因为虚拟存储器的运行速度接近于内存速度，所以内存空间越大，所构成的虚拟存储器的运行速度也就越快。

（3）外存交换区。为了从逻辑上扩大内存空间，一般将外存空间分为文件区和交换区。交换区中存放的是在内、外存之间交换的程序和数据，交换区可大可小。

（4）换入、换出机制。它表现为中断请求机构、淘汰算法，以及换入、换出软件。

系统只要具备了以上条件就能够实现虚拟存储器，就能够以离散分配方式将进程的一部分程序和数据装入内存，启动进程运行。在进程运行过程中，把外存中需要运行或使用的那部分程序和数据逐次调入内存。当内存紧张时，则把暂不使用的部分程序和数据由内存换出至外存，以腾出内存空间来装入需要调入内存的那部分程序和数据，从而保证进程能够顺利运行直到结束。虚拟存储器本质上采取以"时间"换取"空间"的方法，将一次性装入进程的整个程序和数据改为逐次装入部分程序和数据，即以牺牲 CPU 的运行时间为代价换取部分程序和数据在内存与外存之间的换入、换出，以 CPU 的时间代价来换取内存空间的"扩大"。

虚拟存储管理方式与常规存储管理方式的区别在于前者具有虚拟性，而虚拟性的实现又建立在程序分配、调入及驻留时所表现的离散性、多次性和对换性的基础上。虚拟存储器的特性主要表现在以下四个方面。

（1）离散性。指在内存分配时，采用离散分配方式，它是虚拟存储器最本质的特性。

（2）多次性。与常规存储管理的一次性相反，一个进程的程序和数据可以分多次装入内存。一个进程运行时，只装入一部分程序和数据到内存，在运行过程中再根据需要逐次装入其余的程序和数据。多次性是虚拟存储器最重要的特性。

（3）对换性。与常规存储管理的驻留性相反，虚拟存储器允许在进程运行过程中，将那些暂时不用的程序和数据，由内存调出至外存的交换区以腾出内存空间，当需要时，再由外存调入内存。

（4）虚拟性。以多次性和对换性为基础，从逻辑上扩充了内存的容量，使用户能够使用比实际物理内存更大的逻辑地址空间，但它并非真实存在。

现代操作系统一般都支持虚拟存储器，但不同系统实现虚拟存储器的具体方式存在差异。程序装入内存时，若以页或段为单位装入，则分别形成请求分页存储管理方式和请求分段存储管理方式；若将分段和分页结合起来，则形成请求段页式存储管理方式。

2．请求分页存储管理

请求分页存储管理是在分页存储管理的基础上，增加了请求调页功能和页置换功能所形成的页式虚拟存储管理。这样，无须将一个进程的所有页（全部程序和数据）装入内存就可以运行，当需要不在内存中的页时，再通过请求调页功能将需要的页调入内存，从而可以在内存中装入更多的进程并发执行，提高系统的效率和内存的使用率。而实现请求调页功能和页置换功能，必须要有相应的硬件和软件支持。

请求分页存储管理把程序的逻辑地址空间划分为大小相等的若干页，称为虚页。把内存划分成与页大小相同的若干块，称为实块（物理块）。由于在请求分页存储管理中首先调入内存的是进程（程序）中的部分页，之后再根据需要陆续将进程中的其他页调入内存，内存紧张时也需要将进程在内存中暂不使用的某些页换出至外存，所以在请求分页存储管理中，页表除了用于记录进程中的逻辑地址和内存物理地址之间的映射关系，还应增加相关的字段来实现对页调入、调出的管理，从而实现页式虚拟存储器，这些新增的字段有中断位（状态位）、修改位、外存地址、访问位等，页号和物理块号字段是原分页存储管理已有的字段，主要为地址转换提供相应的信息。中断位字段用来表示进程所访问的这一页是否已调入内存，若未调入内存，则产生一次缺页中断。修改位字段用来记录此页在调入内存后是否被修改过，页置换时据此判断是否需要将此页重新写回外存，由于调入内存的页在外存中都保留有相应的副本，若此页调入（换入）内存后没有做过任何修改，则当它被换出时就无须写回外存。外存地址字段用来记录此页在外存中存放的地址，通常是外存物理块的块号，该字段信息在此页由外存调入内存或由内存调出至外存时使用。访问位字段记录此页在一段时间以来，被访问的次数或者最近有多久未被访问，页置换算法则根据这个字段信息来选择是否将此页从内存中淘汰（换出至外存）。

3．请求分段存储管理

请求分段存储管理是在分段存储管理的基础上，增加了请求分段功能和分段置换功能后形成的一种段式虚拟存储管理。在请求分段存储管理中，进程在运行前并不需要将它的所有分段都装入内存，仅把当前所需的若干个分段装入内存即可启动运行。在进程运行过程中，若需要访问的段不在内存，则产生缺段中断信号，并由系统从外存将该段调入内存。请求分段存储管理也需要通过软件和硬件结合的方式来实现。

为了实现段式虚拟存储器，请求分段存储管理对分段存储管理中的段表进行了扩充，增加了一些相关的字段。新增的字段包括访问位、修改位、中断位、增补位、存取方式和外存始址等，段号、段长和内存始址（段在内存中的起始地址）意义与分段存储管理相同，其余新增字段的意义如下。

（1）访问位字段用来记录该段在一段时间内被访问的次数，或最近有多久未被访问过，此字段为置换算法选择是否淘汰该段提供依据。

（2）修改位字段用来记录该段调入内存后是否进行过修改。若该段没有被修改过，则将其换出时不需要再把它写回外存，以减少外存的读写操作；反之，则必须将该段重新写回外存。

（3）中断位字段用于表示该段是否被调入内存。

（4）增补位字段用来表示该段在运行过程中是否可动态增长。

（5）存取方式字段规定了该段的访问权限，为防止对该段的越权操作提供了保护。

（6）外存始址字段给出该段在外存中存放的起始地址，进程产生缺段中断时，系统将根据此地址从外存将该段调入内存；或者当需要将该段由内存换出到外存时，作为该段写回外存的地址。

在请求分段存储管理中，将当前执行指令中的访存地址（逻辑地址）转换为内存物理地址也是由硬件地址转换机构完成的，其基本转换过程与分段存储管理中的地址转换过程相同。但是在请求分段存储管理中，该逻辑地址所在的段可能并不在内存中，这种情况下必须先将该段调入内存后再进行地址转换。所以在请求分段存储管理的地址转换机构中，增加了用来实现虚拟存储器的缺段中断请求及缺段中断处理等功能。

4．请求段页式存储管理

请求段页式存储管理是建立在段页式存储管理基础上的一种段页式虚拟存储管理。根据段页式存储管理的思想，请求段页式存储管理首先按照进程（程序）自身的逻辑结构，将其划分为若干个不同的分段，在每个段内则按页的大小划分为不同的页，内存空间则按照页的大小划分为若干个物理块。内存以物理块为单位进行离散分配，不必将进程所有的页装入内存即可启动运行。当进程运行过程中，访问到不在内存的页时，若该页所在的段在内存，则只产生缺页中断，将所缺的页调入内存；若该页所在的段不在内存，则先产生缺段中断再产生缺页中断，将所缺的页调入内存。若进程需要访问的页已在内存，则对页的管理与段页式存储管理相同。

请求段页式存储管理中的页表和段表是两个重要的数据结构。页表的结构与请求分页存储管理中的页表相似，段表则在段页式存储管理中的段表基础上增加了一些新的字段，这些新增的字段包括中断位、修改位和外存始址等，用来支持实现虚拟存储器。

请求段页式存储管理与段页式存储管理的地址转换机制类似，但由于请求段页式存储管理支持虚拟存储器，因此在它的地址转换机制中增加了用于实现虚拟存储器的中断功能和置换功能。

6.6 文件管理

在现代计算机系统中要用到大量的程序和数据，由于内存容量有限且程序和数据不能在内存中长期保存，因此程序和数据平时总是以文件的形式存放在外存中，需要时可随时将它们调入内存。保存在外存上的文件不能由用户直接管理，这是因为管理文件必须熟悉外存的物理特性及文件的属性，熟悉文件在外存上的具体存放方式，并且在多用户环境下，还必须保证文件的安全性及文件各副本中数据的一致性。显然，这是用户所不能胜任也不愿意承担的工作。为了管理文件，操作系统中设置了文件管理功能，即通过文件系统管理外存上的文件，并为用户提供了存取、共享和保护文件的手段。由操作系统管理文件，不仅方便了用户，保证了文件的安全性，还可以有效地提高系统资源的利用率。

6.6.1 文件

文件是信息的一种组织形式，是存储在外存中具有文件名的一组相关信息的集合，如源程序、数据、目标程序等。文件由创建者定义，任何一段信息，只要给定一个文件名并将其存储在某种存储介质上就形成了一个文件，它包含两个方面的信息：一是本身的数据信息；二是附加的组织与管理信息。文件是操作系统进行信息管理的最小单位。文件主要有以下三个特点。

（1）保存性。文件被长期存储在某种存储介质上并被多次使用。

（2）按名存取。每个文件都有唯一的文件名，并通过文件名来存取文件的信息，无须知道文件在外存的具体存放位置。

（3）一组信息集合。文件的内容（信息）可以是一个源程序、一个可执行的二进制程序、一篇文章、一首歌曲、一段视频、一张图片等。

一个文件通常由若干个逻辑数据元素组成，数据元素是一个有意义的信息集合，是对文件进行存取的基本单位。一个文件的各个数据元素可以是等长的也可以是不等长的，最简单的情况下，一个数据元素只有一个字符（看作字符流文件）。所以文件的数据元素是一个可编址的最小信息单位，其意义由用户或文件的创建者定义。文件应保存在一种存储介质上，如磁带、磁盘、光盘、优盘等。

文件包括的范围非常广泛，系统或用户都可以将具有一定独立功能的程序模块、一组数据或一组文字命名为一个文件，如用户的一个源程序、系统中的库程序、一批待处理的数据、一篇文章、一首歌曲、一段视频、一张图片等都可以构成一个文件。某些慢速的字符设备，因为设备上传输的信息可以看作一组顺序字符序列，所以也可以看作一个文件，称为设备文件。此外，多数文件都有一个扩展名，并通过扩展名来表示文件的类别。

用户看到的文件称为逻辑文件，逻辑文件的内容（数据）可由用户直接处理，它独立于文件的物理特性。逻辑文件是以用户观点为基础并按用户思维把文件抽象为一种逻辑结构清晰、使用简便的文件形式，供用户存取、检索和加工文件中的信息。物理文件是按某种存储结构实际存储在外存上的文件，它与外存介质的存储性能有关，操作系统按文件的物理结构管理文件并与外存设备打交道。

文件是文件系统管理的基本对象，用户通过文件名来访问和区分文件。

6.6.2 文件的逻辑结构

文件的逻辑结构分为两大类：无结构文件和有结构文件。无结构文件中的信息不存在结构，所以也称为字符流文件或流式文件；有结构文件由若干个数据元素构成，所以又称为记录式文件。

1．流式文件

流式文件是有序字符的集合，即整个文件可以看作字符流的序列，字符是构成文件的基本单位。流式文件一般按照字符组的长度来读写信息。

为了输入、输出操作的需要，流式文件中也可以通过插入一些特殊字符，将文件划分成若干个字符分组，并将这些字符分组称为记录。但这些记录仅仅是字符序列分组，并不改变流式文件中字符流序列本身的组织形式，只是为了使信息传送方便所采用的一种传送方法。

在实际应用中，许多情况下都不需要在文件中引入记录，按记录方式组织文件反而会给操作带来不便，如用户写的源程序原本就是一个字符序列，强制将该字符序列按照记录序列组成文件，只会带来操作复杂、开销增大等缺点。

相对记录式文件而言，流式文件具有管理简单、操作方便等优点。但在流式文件中检索信息则比较麻烦，效率较低。因此对不需要执行大量检索操作的文件，如源程序文件、目标文件、可执行文件等，采用流式文件比较合适。

为了简化文件系统，现在大多数操作系统，如 Windows 操作系统、UNIX 操作系统、Linux 操作系统等只提供流式文件。

2．记录式文件

记录式文件是指用户把文件内的信息按逻辑上独立的含义划分为一个个信息单位，每个信息单位称为一个逻辑记录，即记录式文件是由若干逻辑记录构成的序列。从操作系统管理的角度看，逻辑记录是文件信息按逻辑上的独立含义划分的最小信息单位，使用者的每次操作总以一个逻辑记录为对象。但从程序设计语言处理信息的角度看，逻辑记录还可以进一步分成一个或多个更小的数据项。数据项被看作不可分割的最小数据单位，数据项的集合构成逻辑记录，相关逻辑记录的集合又构成文件。因此数据项是文件最低级别的数据组织形式，常用于描述一个实际对象在某个方面的属性，而逻辑记录则描述了一个实际对象中人们关心的各方面属性。如某班学生信息文件中的一个逻辑记录包括学号、姓名、成绩等数据项，每个逻辑记录表示一个学生的基本信息，多个逻辑记录则构成了一个班级的学生信息文件。

为了简化文件的管理和操作，大多数现代操作系统对用户只提供流式文件，记录式文件则由程序设计语言或数据库管理系统提供。

　　记录的结构也存在逻辑结构和物理结构之分。记录的逻辑结构是指记录在用户面前呈现出的组织形式，而记录的物理结构则指记录在外存上的具体存储形式。记录逻辑结构的组织目标是方便用户访问文件中存放的信息，而记录物理结构的组织目标则是提高外存空间的利用率和减少记录的存取时间。逻辑记录和物理记录（物理块）之间不一定一一对应，它们之间存在三种对应关系：①一个物理记录存放一个逻辑记录；②一个物理记录包含多个逻辑记录；③多个物理记录存放一个逻辑记录。用户要访问一个记录是指访问一个逻辑记录，而查找该逻辑记录所对应的物理记录则是操作系统的职责。

　　根据记录式文件中每个记录的长度是否相等，可以将文件分为定长记录文件和变长记录文件两种。

　　（1）定长记录文件。

　　文件中所有记录的长度均相同，所有逻辑记录的数据项在逻辑顺序上位于相同的位置且有相同的长度。文件的长度用记录的个数表示，检索时可以根据记录号和记录长度来确定记录的逻辑位置。定长记录文件处理方便、开销小、可以直接访问（随机访问），是目前常用的一种文件组织形式，被广泛用于数据库文件。

　　（2）变长记录文件。

　　文件中记录的长度不等，产生记录长度不等的原因可能是不同记录的数据项个数不同，也可能是数据项本身的长度不等。由于变长记录文件中各记录长度不等，一般情况下只能从第一个记录开始进行顺序访问，因此处理起来相对复杂，花费的开销也较大。

6.6.3　文件的物理结构

　　呈现在用户面前的文件是逻辑文件，其组织方式是文件的逻辑结构。逻辑文件总要按照一定的方法保存在外存中，它在外存中具体的存储和组织形式称为文件的物理结构，而这时的文件称为物理文件。物理文件的实现，归根结底就是能够把文件的内容存放在外存中合适的地方，并且在需要时能够很容易地读出文件中的数据，即物理文件的实现需要解决以下三个问题。

　　（1）给文件分配外存空间。

　　（2）记住文件在外存空间中的存储位置。

　　（3）将文件内容存放在属于该文件的外存空间里。

　　给文件分配外存空间就是要按照用户要求或文件大小，给文件分配适当容量的外存空间。记住文件在外存空间的位置，对以后文件的访问至关重要。而将文件内容存放在属于该文件的外存空间里，则可通过相应的外存设备驱动器来实现。实现上述三点均需要了解文件在外存上的存放方式，即文件的物理结构。

　　文件在磁盘上的存放方式就像程序在内存中存放方式一样有以下两种。

　　（1）连续空间存放方式（连续结构）。

　　（2）非连续空间存放方式。

　　其中，非连续空间存放又可以分为链接方式（链接结构）、索引方式（索引结构）及散列方式（散列结构）三种。

1．连续结构

连续结构也称为顺序结构，是一种最简单的物理文件结构，其特点是逻辑上连续的文件信息依次存放在物理上相邻的若干物理块中，如图 6-42 所示。具有连续结构的文件称为连续文件或顺序文件。

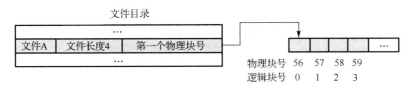

图 6-42　文件的连续结构

磁带上的文件只能采用连续结构。每个磁带文件包括文件头标、文件信息、文件尾标三部分：文件头标包含文件名、文件的物理块数、物理块长度等文件属性，并标志文件由此开始；文件信息位于文件头标和文件尾标之间；文件尾标标志文件到此结束。要访问磁带上的某个文件，必须从第一个文件开始查找，即首先读出第一个文件的文件头标进行文件名比较，若不是用户要访问的文件，则磁头前进到下一个文件的文件头标处继续进行文件名的比较，直到找到用户指定的文件为止，找到指定的文件后就可以进行文件的读写操作。

磁盘上的连续文件存储在一组相邻的物理块中，这组物理块的地址构成了磁盘上的一段线性地址。例如，若文件第一个物理块的地址为 a，则第二个物理块的地址为 $a+1$，第三个物理块的地址为 $a+2$，以此类推，连续文件的所有物理块总是位于同一磁道或同一柱面上，若仍然放不下，则存储在相邻磁道或相邻柱面上，因此存取同一个文件中的信息，不需要移动磁头或磁头仅需移动很短的距离。为了确定连续文件在磁盘上的存放位置，需要将该文件第一个物理块号及文件长度（物理块个数）等信息记录在文件目录中该文件所对应的目录项中。

连续文件的优点是顺序访问方便。连续文件的最佳应用场合是对文件的多个数据元素进行批量存取，即每次要读写一大批数据元素，这时连续文件的存取效率是所有文件物理结构中最高的。若要对连续文件进行顺序访问，只需从目录中找到该文件的第一个物理块，就可以逐个物理块地依次进行访问。连续文件存储空间的连续分配特点也支持直接访问（随机访问），若需要存取文件（设起始物理块号为 a）的第 i 号物理块内容，则可通过直接存取 $a+i$ 号物理块来实现。此外，也只有连续文件才能存储在磁带上并有效地工作。

2．链接结构

为了克服连续文件增加或删除数据元素比较困难且容易产生外存碎片的缺点，可以采用非连续方式为文件分配外存空间。链接结构也称为串联结构，它是为了实现文件离散分配磁盘物理块而产生的一种文件物理结构。采用链接结构，文件的信息可以保存在磁盘的若干相邻或不相邻的物理块中，每一个物理块中设置一个指针指向逻辑顺序中的下一个物理块，从而使同一个文件中的各物理块按逻辑顺序连接起来。具有链接结构的物理文件称为链接文件或串联文件。

为链接文件离散分配外存空间的方法消除了外存碎片，所以可显著提高外存（磁盘）空间的利用率。此外，链接文件不需要事先知道文件的大小，而是根据文件当前需求的大小来分配磁盘物理块。随着文件的动态增长，当文件需要新的物理块时再动态地为其追加分配，这便于文件的增长和扩充；不需要文件中某物理块时也可从该文件的物理块链中将其删除。链接文件可以动态分配物理块的特点决定了在这类文件中能够方便地进行插入、删除和修改操作。链接文件的缺点是只适合顺序访问，不适合直接访问（随机访问），并且因每个物理块中的链接指针都要占用一定的存储空间而导致存储效率降低。

根据连接方式的不同，链接结构又可以分为隐式链接结构和显式链接结构两种。

（1）隐式链接结构。

采用隐式链接结构时，文件的每一个物理块中有一个指针指向该文件中逻辑顺序的下一个物理块，即通过每一个物理块中的指针将属于同一个文件的所有物理块连接成一个链表，并且将指向文件第一个物理块的指针保存到该文件的目录项中。隐式链接文件的结构如图 6-43 所示。

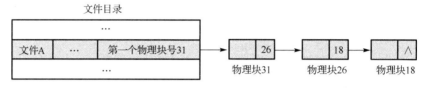

图 6-43　隐式链接文件的结构

若要访问隐式链接文件的某个物理块，必须先从它的第一个物理块起，沿着指针一个接着一个物理块地查找，直到找到所要访问的物理块为止，通常这种查找需要花费较多的时间。另外，仅通过链接指针将大量离散的物理块连接起来可靠性较差，一个指针出现了问题就会导致整个物理块链断开。

为了提高文件的检索速度和减少指针占用的存储空间，可以先将相邻的几个物理块组成一个单位——簇，再以簇为单位来分配磁盘空间。这样做的好处是成倍地减少了查找指定物理块的时间，同时也减少了指针占用的存储空间。不足之处是以簇为单位分配磁盘空间会使外存碎片增多。

（2）显式链接结构。

隐式链接文件的缺点首先是访问速度慢，尤其是直接访问，需要从文件的第一个物理块开始一个指针一个指针地找下去，任何一个指针损坏，都无法恢复整个文件（连续文件则不存在这个问题）。其次，一个物理块的大小总是 2 的整数次幂，这是因为计算机里 2 的整数次幂比较容易处理。但隐式链接文件使用物理块中的一部分空间来存放指针，使得物理块中存放数据的空间不再是 2 的整数次幂，这将造成数据处理效率下降。最后，读取数据时要将指针从物理块中分离出来，这也会影响数据处理效率。

解决的方法是将所有的指针从物理块里分离出来集中存放在一张表中，这样，要想知道任意一个物理块的存储地址，只需要查找该表即可。并且该表可以存放在内存中，这既解决了物理块中的数据不是 2 的整数幂的问题，又解决了直接访问速度慢的问题。

显式链接结构就是按上述方法将用于连接文件各物理块的指针，显式地存放在内存中的一张链接表中，称为文件分配表（FAT）。FAT 的设置方式是将整个磁盘配置一张 FAT，该磁盘的每一个物理块各对应一个 FAT 表项，因此 FAT 的项数与磁盘的物理块数相同。FAT 的表项从 0 开始编号，直至 $n-1$（n 为磁盘的物理块总数）。每个 FAT 表项存放一个链接指针，用于指向同一文件中逻辑顺序的下一个物理块，利用链接指针将属于同一个文件的所有 FAT 表项连接成一个链表，并且将该链表的头指针（文件第一个物理块号）保存到该文件的目录项中。链接文件的显式链接结构如图 6-44（a）所示，-1 为链表的结束标志，图 6-44（b）为图 6-44（a）的链表。

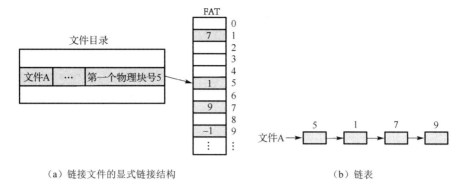

（a）链接文件的显式链接结构　　　　　　　　　　　　　　（b）链表

图 6-44　链接文件的显式链接结构及其链表

显式链接结构由于使用了 FAT 保存磁盘中所有文件物理块之间的关联信息，因此可以按照以下方式存取文件的某个物理块：将 FAT 读入内存并在 FAT 中进行查找，待找到需要访问的物理块号后，再将该物理块的信息读入内存进行存取操作。对于显式链接结构的链接文件，其查找操作全部在内存中进行，与隐式链接结构相比不仅提高了查找速度，而且大大减少了访问磁盘的次数。DOS 操作系统和 Windows 操作系统的链接文件就采用了显式链接结构。

3．索引结构

FAT 虽然有效但占用内存较多，因为 FAT 记录了整个磁盘的所有物理块号，但如果系统中的文件数量较小，或者每个文件都不太大，那么 FAT 中将有很多未为文件使用的空表项，这样将整个 FAT 都放入内存就没有必要了。如果能将一个文件占用的所有物理块磁盘地址收集起来，集中放在一个索引物理块中，而在文件打开时将这个索引物理块加载到内存，这样就可以从内存索引物理块中获得文件的任何一个物理块磁盘地址。由于内存中存放的只是我们当前使用文件的索引物理块，而不使用的那些文件的索引物理块仍在磁盘上，因此，显式链接结构中 FAT 占用内存太多的问题就解决了，这种索引物理块的方式就是索引结构。

索引结构的组织方式：文件中的所有物理块都可以离散地存放于磁盘，系统为每一个文件建立一张索引表，用于按逻辑顺序存放该文件占用的所有物理块号。索引表或者保存在文件的目录项（文件控制块 FCB）中，或者保存在一个专门分配的物理块（索引物理块）中，这时文件目录中只含有指向索引物理块的指针（索引物理块的块号）。具有索引结构的文件称为索引文件，文件的索引结构如图 6-45 所示。

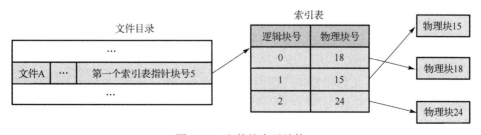

图 6-45　文件的索引结构

索引结构除了具备链接结构所有的优点，还克服了链接结构的缺点，既支持顺序访问又支持直接访问，当要访问文件的第 i 个物理块时，可以从该文件的索引表中直接找到第 i 个逻辑块对应的物理块号（有点像内存管理中的页表）。此外，文件采用索引结构查找效率高，便于文件进行增加或删除数据元素的操作，也不会产生外存碎片。

4．散列结构

链接文件很容易把物理块组织起来，但是查找某个数据元素则需要遍历文件的整个物理块链表，使得查找效率较低。为了实现文件的快速存取，目前应用最广的是散列结构，散列结构是针对记录式文件存储在直接（随机）存取设备上的一种物理结构。采用该结构时，数据元素的关键字与数据元素存储的物理位置之间通过哈希函数（Hash Function）建立起某种对应关系，换言之，数据元素的关键字决定了数据元素存放的物理位置。具有散列结构的文件称为直接文件、散列文件或哈希文件。

为了实现文件存储空间的动态分配，直接文件通常并不使用哈希函数将数据元素直接散列到相应的物理块号上，而是设置一个目录表，目录表的表项中保存了数据元素所存储的物理块号，而数据元素关键字的哈希函数值则是该目录表中相应表项的索引号，如图 6-46 所示。

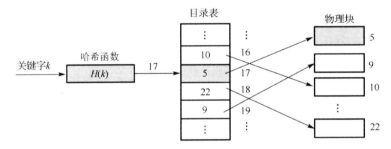

图 6-46　直接文件的物理结构

6.6.4　文件存储空间管理

文件存储空间由系统和用户共享。由于文件存储设备（外存）的存储空间被分成若干大小相等的物理块，并且以块为单位来交换信息，因此文件存储空间的管理主要是对外存中的磁盘物理块进行管理。

文件管理的基本任务是为新建文件分配外存空间及回收已删除文件的外存空间。为新建文件分配外存空间可以采用连续分配和离散分配两种方式。连续分配方式具有较高的文件访问速度，但容易产生外存碎片；离散分配方式不会产生外存碎片，但访问速度较慢。要实现外存空间的分配与回收，就必须设置相应的数据结构来记录外存空间当前的使用情况，同时还必须提供相应的手段实现外存空间的具体分配与回收。

1．空闲分区表法

空闲分区表法属于连续分配方式，它为每个文件分配一块连续的空闲块（未使用的物理块）。系统为外存中的所有空闲分区建立一张空闲分区表，每个空闲分区在空闲分区表中占有一个表项，表项包括空闲分区的序号、第一个空闲块号、该空闲分区所包含的空闲块个数等，所有空闲分区按其第一个空闲块号递增的次序排列，如表 6-3 所示。

表 6-3　空闲分区表

序号	第一个空闲块号	空闲块个数
1	2	4
2	9	3
3	15	6
...	...	...

空闲分区的分配与内存的可变分区分配类似，同样可以采用首次适应算法、循环首次适应算法等。例如，在系统为某个新创建的文件分配磁盘空闲块时，先按顺序检索空闲分区表中的各表项，直至找到第一个能满足文件大小要求的空闲分区，再将该空闲分区分配给这个文件，同时修改空闲分区表。在回收一个空闲分区时，首先要考虑回收分区是否在空闲分区表中与其他空闲分区前、后邻接。若邻接，则将该空闲分区与相邻的空闲分区进行合并，尽可能形成一个较大的空闲分区。

在内存分配上很少采用连续分配方式，但是在外存管理中，由于连续分配的速度快而且可以减少所存储的文件在读写操作时访问磁盘的次数，因此它在诸多分配方式中仍占有一席之地。

2. 空闲块链法

空闲块链法是把文件存储设备上的所有空闲块用指针连接在一起，每个空闲块中都设置了一个指向另一空闲块的指针，从而形成一个空闲块链。系统则设置一个链首指针用来指向空闲块链中的第一个空闲块，最后一个空闲块中的指针为 0，标志该块为空闲块链中的最后一个空闲块。当用户请求为文件分配存储空间时，系统就从空闲块链的链首开始依次分配所需数目的空闲块给用户。当用户删除文件时，系统就将该文件占用的物理块回收（已变为空闲块），并链入空闲块链。

空闲块链的优点是分配与回收一个空闲块的过程都非常简单；缺点是效率较低，每次分配或回收一个空闲块时，都要启动磁盘才能取得空闲块内的指针，或把指针写入归还的物理块（已变为空闲块）中。改进的方法是采用空闲区链法或成组链接法。

空闲区链法是指将磁盘上当前的所有空闲空间，以空闲区为单位连接成一个链表。由于各空闲区的大小可能不一样，因此每个空闲区除了含有指向下一个和前一个空闲区的指针，还用一定的字节来记录空闲区的大小（空闲块个数）。使用空闲区链分配磁盘空间的方法与内存的可变分区分配类似，可以采用首次适应等算法。在回收空闲区时，也要考虑相邻空闲区的合并问题。为了提高对空闲区的检索速度可以采用显式链接结构，即将连接各空闲区的指针显式地存放于内存中的链接表。

成组链接法是将空闲分区表法和空闲块链法相结合形成的一种空闲块管理方法，它兼备了两种方法的优点，并克服了两种方法均有的表太长的缺点。成组链接法简单，但工作效率低，因为在空闲块链上增加或移动空闲块时，需要做许多输入、输出操作。

在 UNIX 操作系统中，磁盘的存储空间管理采用空闲块成组链接法，每 100 个空闲块为一组，每一组作为空闲块成组链接链表中的一个节点，最后不足 100 个空闲块的这组，作为空闲块成组链接链表中的首节点。以每组（每个节点）100 个空闲块为例，在该组的第一个空闲块中，0 号单元记录了本组可用空闲块的总数 100；从 1 号单元到 100 号单元，每个单元都存放着一个可用于分配的空闲块号，以供内存分配时使用；1 号单元存放的空闲块号还有一个用途，即在该块号所指的空闲块中又登记了下一组（后继节点）可用于分配的空闲块信息。

假定现在共有 438 个物理块，编号为 12～449，图 6-47 所示为 UNIX 操作系统的空闲块成组链接示意图（白框表示在内存，灰框表示在磁盘）。其中，空闲块 50#～12#这一组为链表中的首节点，50#的空闲块中登记了下一组（后继节点）100 个空闲块 150#～51#；同样，150#的空闲块中登记了再下一组 100 个空闲块 250#～151#，以此类推。注意，空闲块 350#～251#这组中的 350#的空闲块里登记了最后一组（链表的最后一个节点）99 个空闲块 449#～351#，且 350#空闲块中 1 号单元中并不放置空闲块号而是填"0"（链表尾部标志），表示空闲块成组链接链表到此结束。

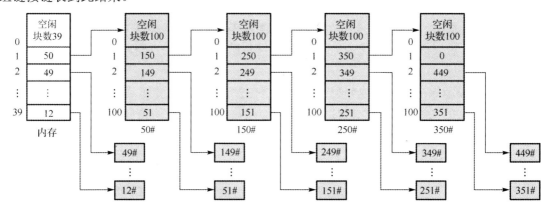

图 6-47　UNIX 操作系统的空闲块成组链接示意图

系统初始化时，先将空闲块成组链接链表中首节点的空闲块号及块数信息读到内存专用块中（称为当前组信息）。当有申请空闲块要求时，就直接按内存专用块存放的当前组信息（空闲块号）分配空闲块，每分配一块空闲块后就把 0 号单元记录的当前组空闲块数减 1。分配是从内存专用块中按 100 号单元至 1 号单元的顺序依次分配各单元中的空闲块。当分配到 1 号单元所存放的空闲块号（当前组剩余的最后一个空闲块。由于是逆序分配，该空闲块实际上是排列在该组的第一个空闲块）时，则需先把记录在该空闲块中的下一组（当前组节点的后继节点）空闲块信息读到内存专用块中成为新的当前组，再分配该空闲块（这时内存专用块中记录的原当前组空闲块都已分配完毕），即此时内存专用块中又有了新的一组可用于分配的空闲块信息。这样，每当分配完一组空闲块时，就将下一组空闲块信息读到内存专用块中，以便继续进行空闲块分配。因此每组（每个节点）第一个空闲块的 1 号单元，除了存放空闲块号，还同时起着链接指针的作用，即通过每组（每个节点）第一个空闲块的 1 号单元将系统中所有的空闲块以组为单位（作为链表中的节点）连接起来，这种链接方式被称为空闲块成组链接法。

当系统回收一个物理块（该物理块现已成为空闲块）时，若回收该块之前内存专用块中当前组的空闲块未满 100 块，则把回收的块号登记在内存专用块的当前组中，且 0 号单元中的当前组空闲块数加 1 即可完成回收；若回收该块之前内存专用块中当前组的空闲块已达 100 块，则先把内存专用块所登记的 100 个空闲块号作为一组写到这个待回收的空闲块中，并清空内存专用块中登记的所有空闲块号，然后回收这个待回收的空闲块，即将该空闲块号登记到内存专用块的 1 号单元中，作为当前组中的第一个空闲块，并置内存专用块 0 号单元中的当前组空闲块数为 1。这时，刚填到当前组第一个空闲块中的这组信息，即构成了当前组节点的后继节点。

3. 位图法

位图法是指利用一个由若干二进制位构成的图形来描述磁盘当前存储空间的使用情况。二进制位的数量与磁盘的物理块数量相同，每一个二进制位对应一个物理块。其中，若某二进制位为 0，则表示对应的物理块为空闲块可用于分配；若某二进制位为 1，则表示对应的物理块已被分配。位图法如图 6-48 所示。

	1	2	3	4	5	6	7	8	9	10	11	12	13	14	15	16
1	1	1	1	1	1	0	0	0	0	1	1	0	0	1	1	1
2	0	0	1	1	0	0	1	1	1	1	0	0	0	0	1	1
3	1	1	1	0	0	1	0	1	1	1	1	1	0	1	1	0
4	0	0	1	1	1	1	0	1	0	1	1	0	1	1	1	0
5	1	0	1	1	1	0	0	0	0	1	1	1	1	1	0	0
6	0	0	0	0	1	1	1	0	0	0	0	0	0	0	0	0

图 6-48　位图法

利用位图进行空闲块分配时只需查找位图中为 0 的位并将其置为 1，表示该二进制位对应的空闲块现在已经分配出去；反之，回收时只需把回收物理块块号在位图中所对应的位由 1 改为 0 即可（此时该物理块变为空闲块）。由于位图很小，可以将它保存在内存中以方便查找。

习题 6

1. 单项选择题

（1）从用户的观点看，操作系统是_____。

  A．用户与计算机之间的接口

  B．控制和管理计算机资源的软件

  C．合理组织计算机工作流程的软件

  D．由若干层次的程序按一定的结构组成的有机体

（2）操作系统在计算机系统中位于_____之间。

  A．CPU 和用户   B．CPU 和内存

  C．计算机硬件和用户   D．计算机硬件和软件

（3）批处理操作系统首先要考虑的问题是_____。

  A．灵活性和可适应性   B．交互性和响应时间

  C．作业周转时间和系统吞吐量 D．实时性和可靠性

（4）_____不是分时操作系统的基本特征。

  A．同时性 B．独立性 C．实时性 D．交互性

（5）以下对进程的描述中，错误的是_____。

  A．进程是动态的概念   B．进程执行需要 CPU

  C．进程是有生命期的   D．进程是指令的集合

（6）进程最基本的特征是_____。

    A．动态性和并发性   B．顺序性和可再现性

    C．不可再现性   D．执行过程的封闭性

（7）一个进程是_____。

    A．由 CPU 执行的一个程序   B．一个独立的程序与数据集的组合

    C．PCB 结构、程序和数据的组合   D．一个独立的程序

（8）以下进程的状态转变中，_____转变是不可能发生的。

    A．运行→就绪   B．运行→阻塞   C．阻塞→运行   D．阻塞→就绪

（9）当_____时，进程从运行状态转变为就绪状态。

    A．进程被调度程序选中   B．时间片到

    C．等待某一事件   D．等待的事件结束

（10）一个进程的某个基本状态可以从其他两种基本状态转变过来，这个基本状态一定是_____。

    A．运行状态   B．阻塞状态   C．就绪状态   D．完成状态

（11）_____由进程自身决定。

    A．从运行状态到阻塞状态   B．从运行状态到就绪状态

    C．从就绪状态到运行状态   D．从阻塞状态到就绪状态

（12）两个并发进程之间_____。

    A．一定存在互斥关系   B．一定存在同步关系

    C．彼此独立没有关系   D．可能存在同步或互斥关系

（13）在多进程的系统中，为了保证公用变量的完整性，各进程应互斥地进入临界区。所谓临界区是指_____。

    A．一个缓冲区   B．一段数据区   C．同步机制   D．一段程序

（14）以下关于临界资源的叙述中，正确的是_____。

    A．临界资源是共享资源   B．临界资源是任意共享资源

    C．临界资源是互斥资源   D．临界资源是同时共享资源

（15）_____不属于临界资源。

    A．打印机   B．公用队列结构

    C．公用变量   D．可重入程序代码

（16）我们把一段时间只允许一个进程访问的资源称为临界资源，下述论述中正确的是_____。

    A．临界资源不能共享

    B．只要能使程序并发执行，这些程序就可以共享临界资源

    C．为临界资源配上相应的设备控制块后就可以共享临界资源

    D．对临界资源采取互斥访问方式就可以共享临界资源

（17）一个正在访问临界资源的进程由于申请输入、输出操作而被阻塞时，_____。

    A．允许其他进程进入该进程的临界区

    B．不允许其他进程进入临界区和占用 CPU 执行

    C．允许其他就绪进程占用 CPU 执行

D. 不允许其他进程占用 CPU 执行

（18）P、V 操作是进程同步、互斥的原语，用 P、V 操作管理临界区时，信号量的初值定义为_____。

　　A. -1　　　　　　B. 0　　　　　　C. 1　　　　　　D. 任意值

（19）对两个并发进程，设互斥信号量为 mutex（mutex.value 初值为 1），若 mutex.value 当前值为-1，_____。

　　A. 表示没有进程进入临界区

　　B. 表示有一个进程进入临界区

　　C. 表示有一个进程进入临界区，而另一个进程等待进入临界区

　　D. 表示有两个进程进入临界区

（20）存储管理的目的是_____。

　　A. 方便用户　　　　　　　　　　B. 提高内存利用率

　　C. 方便用户和提高内存利用率　　D. 增加内存实际容量

（21）以下关于重定位的描述中，错误的是_____。

　　A. 绝对地址是内存空间的地址编号

　　B. 用户程序中使用从 0 地址开始的地址编号是逻辑地址

　　C. 动态重定位中装入内存的程序仍保持原来的逻辑地址

　　D. 静态重定位中装入内存的程序仍保持原来的逻辑地址

（22）采用动态重定位方式装入程序，其地址转换工作是在_____完成的。

　　A. 程序装入时　　　　　　　　　B. 程序被选中时

　　C. 执行一条指令时　　　　　　　D. 程序在内存中移动时

（23）在固定分区分配中，每个分区的大小_____。

　　A. 相同　　　　　　　　　　　　B. 随程序长度变化

　　C. 可以不同但预先固定　　　　　D. 可以不同但根据程序长度固定

（24）在可变分区存储管理中，采用拼接技术的目的是_____。

　　A. 合并空闲分区　　　　　　　　B. 合并分配区

　　C. 增加内存容量　　　　　　　　D. 便于地址转换

（25）首次适应算法的空闲分区_____。

　　A. 按大小递减顺序连接在一起　　B. 按大小递增顺序连接在一起

　　C. 按地址由小到大排列　　　　　D. 按地址由大到小排列

（26）最佳适应算法的空闲分区_____。

　　A. 按大小递减顺序连接在一起　　B. 按大小递增顺序连接在一起

　　C. 按地址由小到大排列　　　　　D. 按地址由大到小排列

（27）_____存储管理方式提供一维地址结构。

　　A. 分段　　　　B. 分页　　　　C. 段页式　　　　D. 以上都不是

（28）分段管理提供_____维的地址结构。

　　A. 一　　　　　B. 二　　　　　C. 三　　　　　D. 四

（29）在分段存储管理中，CPU 每次在内存中存取一次数据需要访问_____次内存。

　　A. 1　　　　　　B. 3　　　　　　C. 2　　　　　　D. 4

（30）在段页式存储管理中，CPU 每次在内存中存取一次数据需要访问_____次内存。

    A．1   B．3   C．2   D．4

（31）_____存储管理方式能使存储碎片（外部碎片）尽可能少，而且使内存利用率较高。

    A．分段   B．可变分区   C．分页   D．段页式

（32）分区管理和分页管理的主要区别是_____。

    A．分区管理中的空闲分区比分页管理中的页要小

    B．分页管理有地址映射（地址转换）而分区管理没有

    C．分页管理有存储保护而分区管理没有

    D．分区管理要求程序存放在连续的内存空间而分页管理没有这种要求

（33）操作系统采用分页存储管理方式，要求_____。

    A．每个进程拥有一张页表，且进程的页表驻留在内存中

    B．每个进程拥有一张页表，但只有当前运行进程的页表驻留在内存中

    C．所有进程共享一张页表以节约有限的内存，但页表必须驻留在内存中

    D．所有进程共享一张页表，只有页表中当前使用的页必须驻留在内存中

（34）一个分段存储管理系统中，地址长度为 32 位，其中段号占 8 位，则最大段长是_____。

    A．2^8B   B．2^{16}B   C．2^{24}B   D．2^{32}B

（35）在分段存储管理方式中，_____。

    A．以段为单位分配内存，每段是一个连续存储区

    B．段与段之间必定不连续

    C．段与段之间必定连续

    D．每段都是等长的

（36）段页式存储管理拥有分页和分段的优点，其实现原理结合了分页和分段管理的基本思想，即_____。

    A．用分段方法来分配和管理内存物理空间，用分页方法来管理用户地址空间

    B．用分段方法来分配和管理用户地址空间，用分页方法来管理内存物理空间

    C．用分段方法来分配和管理内存空间，用分页方法来管理辅存空间

    D．用分段方法来分配和管理辅存空间，用分页方法来管理内存空间

（37）在下列有关请求分页管理的叙述中，正确的是_____。

    A．程序和数据在开始执行前一次性装入

    B．产生缺页中断一定要淘汰一个页

    C．一个被淘汰的页一定要写回外存

    D．在页表中要有中断位、访问位、修改位及外存地址等信息

（38）虚存管理和实存管理的主要区别是_____。

    A．虚存管理区分逻辑地址和物理地址，实存管理则不区分

    B．实存管理要求一程序在内存必须连续，而虚存管理则不需要连续的内存

    C．实存管理要求程序必须全部装入内存才开始运行，而虚存管理则允许程序在执行过程中逐步装入

D．虚存管理以逻辑地址执行程序，而实存管理以物理地址执行程序

（39）有关虚拟存储器的叙述中，正确的是_____。

　　A．程序运行前必须全部装入内存，且在运行中必须常驻内存

　　B．程序运行前不必全部装入内存，且在运行中不必常驻内存

　　C．程序运行前不必全部装入内存，但在运行中必须常驻内存

　　D．程序运行前必须全部装入内存，但在运行中不必常驻内存

（40）_____是请求分页存储管理和分页存储管理的区别。

　　A．是否进行地址转换　　　　　　　B．是否需要将程序全部装入内存

　　C．是否采用快表技术　　　　　　　D．是否需要将程序装入内存连续区域

（41）文件系统的主要目的是_____。

　　A．实现对文件的按名存取　　　　　B．实现虚拟存储

　　C．提高外存的读写速度　　　　　　D．用于存储系统文件

（42）下列文件中属于逻辑结构的无结构文件是_____。

　　A．变长记录文件　　　　　　　　　B．索引文件

　　C．连续文件　　　　　　　　　　　D．流式文件

（43）在记录式文件中，一个文件由称为_____的最小单位组成。

　　A．物理文件　　　B．物理块　　　　C．逻辑记录　　　D．数据项

（44）以下说法中正确的是_____。

　　A．连续文件适合建立在顺序存储设备上而不适合建立在磁盘上

　　B．索引文件是在每个物理块中设置一链接指针将文件的所有物理块连接起来

　　C．连续文件必须采用连续分配方式，而串联文件和索引文件都可采用离散分配方式

　　D．串联文件和索引文件本质上是相同的

（45）在下列文件的物理结构中，不便于文件内容增删的是_____。

　　A．连续文件　　　B．链接文件　　　C．索引文件　　　D．直接文件

（46）位图方法可用于_____。

　　A．磁盘空间的管理　　　　　　　　B．磁盘的驱动调度

　　C．文件目录的查找　　　　　　　　D．页式虚拟存储管理中的页面调度

2．判断题

（1）采用多道程序设计的系统中，系统中的程序道数越多，系统的效率越高。（　　　）

（2）操作系统的所有程序都必须常驻内存。（　　　）

（3）不同的进程必然对应不同的程序。（　　　）

（4）并发是并行的不同表述，其原理相同。（　　　）

（5）进程状态的转换是由操作系统完成的，对用户是透明的。（　　　）

（6）进程从运行态变为阻塞态是由于时间片中断发生的。（　　　）

（7）当某些条件满足时，进程可以由阻塞状态直接转换为运行状态。（　　　）

（8）当某些条件满足时，进程可以由就绪状态转换为阻塞状态。（　　　）

（9）进程可以自身决定从运行状态转换为阻塞状态。（　　　）

（10）一次仅允许一个进程使用的资源叫作临界资源，所以临界资源是不能共享的。（　　　）

（11）对临界资源应采用互斥访问方式实现共享。（   ）

（12）进程在要求使用某一临界资源时，若资源正被另一进程所使用则该进程必须等待，当另一进程使用完并释放后方可使用，这种情况即所谓的进程同步。（   ）

（13）进程间的互斥是一种特殊的同步关系。（   ）

（14）P、V操作只能实现进程互斥，不能实现进程同步。（   ）

（15）在信号量上只能执行P、V操作，不能执行其他任何操作。（   ）

（16）当且仅当一个进程退出临界区以后，另一个进程才能进入相应的临界区。（   ）

（17）若信号量的初值为1，则用P、V操作可以禁止任何进程进入临界区。（   ）

（18）存储管理的主要目的是扩大内存空间。（   ）

（19）在现代操作系统中不允许用户干预内存的分配。（   ）

（20）采用动态重定位技术的系统，可执行程序可以不经过任何改动直接装入内存。（   ）

（21）采用可变分区（动态分区）方式将程序装入内存后，程序的地址不一定是连续的。（   ）

（22）在分页存储管理中，用户应将自己的程序划分成若干相等的页。（   ）

（23）在分页存储管理中，程序装入内存后其地址是连续的。（   ）

（24）分页存储管理中一个程序可以占用不连续的内存空间，而分段存储管理中一个程序则需要占用连续的内存空间。（   ）

（25）分段存储管理中的分段是由用户决定的。（   ）

（26）由分页系统发展为分段系统，进而发展为段页式系统的原因是既要满足用户的需要又要提高内存的利用率。（   ）

（27）分段存储管理中的段内地址是连续的，段间地址也是连续的。（   ）

（28）采用虚拟存储技术，用户编写的应用程序其地址空间是连续的。（   ）

（29）在虚拟存储系统中，用户地址空间的大小可以不受任何限制。（   ）

（30）在请求分页存储系统中，页的大小根据程序长度可以动态改变。（   ）

（31）文件的物理结构是指文件在外存上的存放形式。（   ）

（32）链接文件只能顺序存取，不能直接存取。（   ）

（33）索引文件既可以顺序存取，又可以直接存取。（   ）

（34）文件存取空间管理中的空闲分区表法，适用于连续文件且不会产生碎片。（   ）

（35）用位图管理磁盘空间时，一位表示磁盘上一个字的分配情况。（   ）

3．什么是操作系统，它有什么基本特性？

4．什么是多道程序设计技术？多道程序设计技术的特点是什么？

5．操作系统是随着多道程序设计技术的出现逐步发展起来的，要保证多道程序的正常运行，在技术上需要解决哪些基本问题？

6．分时操作系统形成和发展的主要动力是什么？

7．假设有 n 个进程共享一个程序段，对于如下两种情况：

（1）如果每次只允许一个进程进入该程序段。

（2）如果每次最多允许 m 个进程（$m \leqslant n$）同时进入该程序段。

试问所采用的信号量初值是否相同？信号量的变化范围如何变化？

8．存储管理研究的主要内容有哪些？

9．什么叫重定位？动态重定位的特点是什么？

10．分区管理主要使用的数据结构有哪些？常用哪几种方法寻找和释放空闲区？这些方法各有何优缺点？

11．分页存储管理有效地解决了什么问题？试叙述其实现原理。

12．段页式管理的主要缺点是什么？有何改进方法？

13．试论述虚拟存储器的优点。

14．什么是文件？它包含哪些内容及特点？

15．什么是逻辑文件？什么是物理文件？

16．简述文件的连续结构、链接结构和索引结构各有什么优缺点。

17．有哪些常用的文件存储空间管理方法？并说明其主要优缺点。

18．文件管理与内存管理有何异同点？

19．有一阅览室共有 100 个座位，最多允许 100 个读者进入阅览室，读者人数多于 100 时则不允许进入阅览室。请用 P、V 操作写出读者进程。

20．在一个盒子中混装了数量相等的围棋白子和黑子，现在要用自动分拣系统把白子和黑子分开。设分拣系统有两个进程 P1 和 P2，其中 P1 捡白子、P2 捡黑子，规定每个进程每次只捡一子。当一个进程正在捡子时不允许另一个进程去捡子，当一个进程捡了一子时必须让另一个进程去捡子，试写出这两个并发进程能够正确执行的程序。

21．在一个使用可变分区存储管理的系统中，按地址从低到高排列的内存空间为 10KB、4KB、20KB、18KB、7KB、9KB、12KB 和 15KB。对下列顺序的段请求：

（1）12KB 　　　（2）10KB 　　　（3）15KB 　　　（4）18KB 　　　（5）12KB

分别使用首次适应算法、最佳适应算法、最差适应算法和循环首次适应算法说明空间的使用情况，并说明对暂时不能分配情况的处理方法。

22．在分页存储管理系统中，逻辑地址长度为 16 位，页的大小为 2048B，对应的页表如表 6-4 所示。现有两个逻辑地址分别为 0A5CH 和 2F6AH，经过地址变换后所对应的物理地址各是多少？

23．对表 6-5 所示的段表，请将逻辑地址 [0, 137]、[1, 4000]、[2, 3600]、[5, 230]（方括号中第一个项为段号，第二个项为段内地址）转换成物理地址。

表6-4 页表

页号	物理块号
0	5
1	10
2	4
3	7

表6-5 段表

段号	段长/KB	内存始址
0	10	50 k
1	3	60 k
2	5	70 k
3	8	120 k
4	4	150 k

24．在一个段页式系统中，某作业的段表与页表如图 6-49 所示，计算逻辑地址 69732 所对应的物理地址。

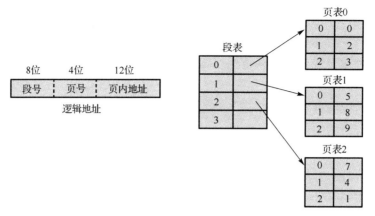

图 6-49　段页式存储管理的数据结构

25. 设某文件为链接文件并由 5 个逻辑记录组成,每个逻辑记录的大小与磁盘物理块的大小相等均为 512B,并依次存放在 50 号、121 号、75 号、80 号和 63 号物理块上。若要存取文件的第 1569 逻辑字节处的信息,则访问哪一个物理块?

参 考 文 献

[1] 胡元义，黑新宏．数据结构教程[M]．北京：电子工业出版社，2018．
[2] 黑新宏，胡元义．操作系统原理[M]．2 版．北京：电子工业出版社，2022．
[3] 黑新宏，胡元义．数据结构实践教程[M]．3 版．北京：电子工业出版社，2021．
[4] 胡元义，等．C 语言与程序设计[M]．2 版．西安：西安交通大学出版社，2018．
[5] 瞿亮．软件技术基础[M]．北京：清华大学出版社，2020．
[6] 牟艳．计算机软件基础[M]．2 版．北京：机械工业出版社，2015．

反侵权盗版声明

电子工业出版社依法对本作品享有专有出版权。任何未经权利人书面许可，复制、销售或通过信息网络传播本作品的行为；歪曲、篡改、剽窃本作品的行为，均违反《中华人民共和国著作权法》，其行为人应承担相应的民事责任和行政责任，构成犯罪的，将被依法追究刑事责任。

为了维护市场秩序，保护权利人的合法权益，我社将依法查处和打击侵权盗版的单位和个人。欢迎社会各界人士积极举报侵权盗版行为，本社将奖励举报有功人员，并保证举报人的信息不被泄露。

举报电话：（010）88254396；（010）88258888

传　　真：（010）88254397

E-mail：dbqq@phei.com.cn

通信地址：北京市万寿路 173 信箱
　　　　　电子工业出版社总编办公室

邮　　编：100036